21世纪高等院校移动开发人才培养规划教材
21Shiji Gaodeng Yuanxiao Yidong Kaifa Rencai Peiyang Guihua Jiaocai

HTML 5移动平台的Java Web实用项目开发

陈承欢 编著

Java Web Project Development Based on HTML 5 Mobile Platform

人 民 邮 电 出 版 社
北 京

图书在版编目（CIP）数据

HTML 5移动平台的Java Web实用项目开发 / 陈承欢编著. -- 北京 : 人民邮电出版社, 2015.1（2018.8 重印）
21世纪高等院校移动开发人才培养规划教材
ISBN 978-7-115-36714-3

Ⅰ. ①H… Ⅱ. ①陈… Ⅲ. ①超文本标记语言－程序设计－高等学校－教材②JAVA语言－程序设计－高等学校－教材 Ⅳ. ①TP312

中国版本图书馆CIP数据核字(2014)第183408号

内 容 提 要

本书以真实购物网站为项目原型，以购物网站为载体，将购物网站的功能模块合理划分为 8 个教学单元：导航栏和信息提示设计、访问量统计模块设计、商品展示与查询模块设计、购物车模块设计、登录与注册模块设计、喜爱商品投票统计模块设计、用户留言模块设计、订单模块设计和多模块集成。这 8 个教学单元按由浅入深、由易到难、由简单到综合的顺序排列，符合学习者的认知规律和技能形成规律。

本书每个教学单元都设置了 6 个教学环节：知识梳理→应用技巧→环境创设→任务描述→任务实施→单元小结。使学生在循序渐进、对照比较的过程中理解知识，化解难点，训练技能。

本书可作为计算机各专业和非计算机专业 HTML 5 移动平台 Java Web 实用项目开发课程的教材，也可作为计算机培训教材及自学教材。

◆ 编　　著　陈承欢
责任编辑　桑　珊
责任印制　杨林杰

◆ 人民邮电出版社出版发行　　北京市丰台区成寿寺路 11 号
邮编　100164　　电子邮件　315@ptpress.com.cn
网址　http://www.ptpress.com.cn
北京虎彩文化传播有限公司印刷

◆ 开本：787×1092　1/16
印张：19.5　　　　2015 年 1 月第 1 版
字数：516 千字　　　　2018 年 8 月北京第 2 次印刷

定价：45.00 元

读者服务热线：(010)81055256　印装质量热线：(010)81055316
反盗版热线：(010)81055315
广告经营许可证：京东工商广登字 20170147 号

前　言

手机，早已经成了人们生活中必不可少的一件物品，手机上网、手机购物、手机游戏正在悄然改变人们的生活方式。手机网民爆炸式增长，促使手机网络应用蓬勃发展，这成为互联网市场的热点。手机网民发展的巨大潜力使得购物网站将目光转向了移动互联网市场。淘宝网、京东商城、苏宁易购、凡客诚品都纷纷推出了手机触屏版，即基于智能手机浏览器而推出的网页版本，智能手机、平板电脑等各种终端设备都能实现网上购物。

移动通信带来的便捷，使得任何时刻的购物欲望都能轻松实现。人们可以随时随地掏出自己的手机或平板电脑，上网搜索产品、比较价格、下单购买、在线支付等。基于移动平台的时尚购物潮流和全新生活方式正在兴起，这种方式使我们的生活更为便利，能够更好地享受我们购物的乐趣，并潜移默化地影响着我们的购物习惯。随着智能手机的普及，3G 乃至 4G 网络时代的到来，移动购物平台将更加的专业化、大众化、个性化，它的发展拓展了未来电子商务新的增长点。

如今，HTML 5 已经成为互联网的热门话题之一。据统计，2013 年全球已有 10 亿手机浏览器支持 HTML 5，同时 HTML Web 开发者数量将达到 200 万人。毫无疑问，HTML 5 将成为未来 5～10 年内移动互联网领域的主宰者。据 IDC 的调查报告统计，截至 2012 年 5 月，有 79%的移动开发商已经决定要在其应用程序中整合 HTML 5 技术。购物网站所推出的手机触屏版大多数都使用了 HTML 5 技术，用一种 Web App 的体验呼应触屏机用户的操作习惯。随着 HTML 5 网站、HTML 5 应用软件及 HTML 5 游戏的不断涌现，让我们更加有理由相信未来 HTML 5 技术将会成为 Web 程序员必备的专业技能。本书正是基于 HTML 5 移动平台探索 Java Web 实用项目——购物网站的开发。

本书具有以下特色。

（1）以真实购物网站为项目原型，确保所开发的 Web 项目源自真实需求。

我们对国内多个购物网站的手机触屏版进行分析与比照，最终选择苏宁易购触屏版作为购物网站的原型，对苏宁易购触屏版的功能模块、页面布局、颜色搭配、导航结构、网页元素等方面进行了深入了解，也对其 HTML 代码、CSS 代码、JavaScript 代码、功能实现方法等方面进行了认真分析。确保本书所开发的购物网站来源于真实需求，接近企业 Web 项目的最新开发标准。

（2）以购物网站为载体，以购物网站的功能模块为依据合理划分教学单元。

本书将移动平台的购物网站合理划分为导航栏和信息提示、网站访问量统计、商品展示与查询、购物车、登录与注册、喜爱商品投票统计、用户留言、订单等 8 个模块，站在实现功能模块和应用技术解决问题的角度系统化整合教学内容。与购物网站的功能模块对应，本书分为 8 个教学单元，这 8 个教学单元按由浅入深、由易到难、由简单到综合的顺序排列，符合学习者的认知规律和技能形成规律。

（3）面向教学全过程合理设置教学流程。

从学习者理解与应用 Java Web 知识实现程序功能的角度，设计合理的教学流程，每个教学单元面向教学全过程设置了 6 个教学环节：知识梳理→应用技巧→环境创设→任务描述→任务实施→单元小结，在环境创设环节完成开发环境的配置，做好项目开发的各项准备工作；在任务实施过程中加深理论知识的理解，熟悉理论知识的应用场合，明确关键技术的应用技巧，实现任务描述环节提出的功能需求。

（4）在循序渐进、对照比较过程中理解知识，化解难点，训练技能。

本书任务实施过程细分为 4 个环节：网页结构设计→网页 CSS 设计→静态网页设计→网页功能实现。由于 JSP 页面主要由 HTML 代码和程序功能实现代码组成，先分析 HTML 代码，后分析功能实现代码，这种比较教学法更有助于学习者在对照比较过程中理解页面布局结构和程序功能的实现方法。本书同时将静态网页设计分为主体布局结构设计、CSS 样式代码设计和静态网页实现 3 个阶段，这种循序渐进的教学法更有助于学习者认知网页的结构、美化方法、内容的实现方法，了解 HTML 5 和 CSS 3 在网页中的具体应用。

（5）采用“项目导向，任务驱动，理论实践一体”的教学模式，强调“学用结合，做中学”的教学理念。

各个教学单元围绕购物网站功能模块的实现训练编程技能，全书设置了 21 项设计任务，各项设计任务为实现 Web 应用程序的功能而探寻解决方法，讲解 Java Web 的编程知识，这样带着问题探索性学习，比平淡乏味地学习理论知识效果会更好。本书将带领读者在完成各项设计任务的过程中有机结合理论知识与实际应用，在分析实际需求、解决实际问题过程中学习编程知识，体会编程规则，积累编程经验，锻炼编程能力。

本书 Java Web 项目的开发环境如下所示。

（1）操作系统：Windows Server 2008。

（2）网页浏览器：Google Chrome 32.0.1700.76。

（3）静态网页开发工具：Adobe Dreamweaver CS6。

（4）Java 开发工具包：JDK1.7.0_40。

（5）Web 服务器：Apache Tomcat 7.0。

（6）JSP 程序开发环境：Eclipse IDE 2014。

（7）数据库管理系统：SQL Server 2008。

（8）HTML 版本：HTML 5。

（9）CSS 版本：CSS 3。

本书由陈承欢教授编著，颜谦和、谢树新、吴献文、颜珍平、宁云智、肖素华、林保康、冯向科、刘荣胜、林东升、陈雅、言海燕、薛志良、郭外萍、侯伟、张丽芳等老师参与了案例的设计与部分章节的编写、校对、整理工作。

由于编者水平有限，书中的疏漏之处敬请专家与读者批评指正。编者的 QQ 为 1574819688。本书免费提供电子教案、源代码等相关教学资源，任课教师可登录人民邮电出版社教学服务与资源网（www.ptpedu.com.cn）下载。

编　者

2014 年 8 月

目 录 CONTENTS

PART 1

单元 1 购物网站导航栏和信息提示设计（JSP）

JSP（Java Server Pages）是目前流行的 Web 开发技术中应用最广泛的一种，是 Java 开发 Web 应用程序的基础与核心，主要用于开发企业级的 Web 项目，属于 Java EE 技术范筹。

JSP 程序采用 Java 语言作为脚本编程语言，这样不但使系统具有强大的对象处理能力，还可以动态创建 Web 页面的内容。但 Java 语言中在使用一个对象之前都要通过关键字 new 先将这个对象进行实例化才可以使用。为了简化编程者的操作，JSP 提供了 9 个内置对象，这也是 JSP 的预定义变量，也可以将其称为隐含对象或固有对象，它们都是由系统容器进行实例化和统一管理，在 JSP 页面中不需要使用 new 进行实例化，可以直接使用。

本单元我们将一起走进 JSP 开发领域，应用 JSP 开发技术设计包含导航栏和提示信息的页面。

【知识梳理】

1. page 指令

JSP 程序属于动态网页，在没有添加功能代码的前提下，其基本代码与静态网页相比，主要是使用了页面指令 page，对应的代码如下所示。

```
<%@ page language="java"  contentType="text/html ; charset= UTF-8"  pageEncoding="UTF-8"%>
```

以下代码使用 page 指令指定页面出错的错误处理页面，导入相关的包。

```
<%@  page language="java" import="java.util.* " errorPage="error.jsp"  contentType="text/html ; charset= UTF-8"  pageEncoding="UTF-8"% >
```

page 指令作用于整个 JSP 页面，定义了许多与页面相关的属性，这些属性在 JSP 被服务器解析成 Servlet 时会转换成相应的 Java 程序代码。其常用属性如表 1-1 所示，这些属性将被用于和 JSP 容器通信，描述了和页面相关的指令信息。在一个 JSP 页面中，page 指令可以出现多次，但是该指令中的属性只能出现一次，重复的属性设置将覆盖前面的属性设置。

表 1-1　page 指令常用的属性及说明

序号	属性名称	使用样例	使用说明
1	language	language="java"	用于设置 JSP 页面使用的语言，其默认值是 Java
2	contentType	contentType="text/html; charset= UTF-8"	用于设置 JSP 页面发送到客户端文档的响应报头的 MIME 类型和字符编码，浏览器据此显示网页内容

续表

序号	属性名称	使用样例	使用说明
3	pageEncoding	pageEncoding="UTF-8"	用于定义JSP页面的编码格式,也就是指定文件编码。如果没有设置该属性,JSP页面使用contentType属性指定的字符编码。如果两个属性都没有设置，则JSP页面使用“ISO-8859-1”字符编码
4	import	import="java.util.* "	用于设置JSP导入的包，如果需要导入多个包，则使用半角逗号“,”分隔。JSP页面可以嵌入Java代码片段，这些Java代码在调用API时需要导入相应的包。默认情况下，如果未指定包，则将导入java.lang.*、java.servlet.*和java.servlet.jsp包
5	errorPage	errorPage="error.jsp"	用于指定处理当前JSP页面异常错误的另一个JSP页面，指定的JSP错误处理页面必须设置isErrorPage属性为true。errorPage属性的值是一个url字符串。如果设置该属性，那么在web.xml文件中定义的任何错误页面都将被忽略，而优先使用该属性定义的错误处理页面
6	isErrorPage	isErrorPage="true"	通过该属性可以将当前JSP页面设置成错误处理页面来处理另一个JSP页面的错误，也就是异常处理
7	session	session="false"	用于指定JSP页面是否使用HTTP的session会话对象。其属性值是boolean类型，可选值为true和false。默认值是true，表示可以使用session会话对象。如果设置为false，则当前JSP页面将无法使用session会话对象
8	info	info="提示信息"	用于设置JSP页面的相关信息，该信息可以通过调用Servlet接口的getServletInfo()方法中获取

2．Java Web应用程序的部署与运行

首先对Web应用程序进行部署，然后在Google Chrome浏览器的地址栏中输入URL地址，运行Java Web应用程序，方法主要有以下两种。

方法1：通过复制Web应用到Tomcat进行部署

首先将Web应用文件夹（这里为project01）及其子文件夹和JSP文件复制到Tomcat安装目录下的webapps文件夹中，然后重新启动Tomcat服务器。

接着打开Google Chrome浏览器，在地址栏中输入“http://服务器IP:端口号/路径/应用程序名称”形式的URL地址，这里在地址栏中输入“http://localhost:8080/ project01/WebContent/task1-1.jsp”，就可以运行Java Web应用程序了。

方法2：通过在server.xml文件中配置<Context>元素部署Web应用

首先打开Tomcat安装目录下conf文件夹下的server.xml文件，然后在<Host></Host>元素中间添加<Context>元素。例如，要配置“D:\ project01\WebContent\”文件夹下的Web应用程序“task1-2.jsp”，可以使用以下代码：

```
<Context path="/task" docBase="D:/ project01/WebContent" />
```

path是虚拟路径，其中“/”不能缺少；docBase是JSP应用程序的物理路径，配置完成后，虚拟路径“task”即可代替物理路径“D:/ project01/WebContent”。

接着保存修改的server.xml文件，并重新启动Tomcat服务器。启动Google Chrome浏览器，在地址栏中输入URL地址“http://localhost:8080/task/task1-2.jsp”访问Java Web应用程序

task1-2.jsp 即可。

也可以设置为以下形式<Context path="" docBase="D:/project01/WebContent" />，path 设置为空字符串，则在地址栏中输入 URL 地址 “http://localhost:8080/task1-2.jsp” 访问 Java Web 应用程序 task1-2.jsp 即可。

【注意】：在设置<Context>元素的 docBase 属性值时，路径中的斜杠 “\” 应该使用反斜杠 “/” 代替。另外在物理路径中不能出现汉字，否则 Tomcat 可能不能成功启动。

3．Java 代码片段

在 JSP 页面中可以嵌入 Java 代码片段来完成业务处理，例如，task1-3.jsp 文件中在页面中输出当前系统日期，就是通过嵌入 Java 代码片断实现的。Java 代码片段是指在 JSP 页面中嵌入的 Java 代码，代码片断将在页面请求的处理期间被执行。

Java 代码片段被包含在 “<%” 和 “%>” 标记之间。可以编写单行或多行的 Java 代码，语句以半角分号 “;” 结尾，其格式与 Java 程序中的代码格式相同。

4．JSP 表示式

Java 表示式可以直接把 Java 的表达式结果输出到 JSP 页面中。表达式的最终运算结果将被转换为字符串类型，因为在网页中显示的文字都是字符串。

JSP 表示式的语法格式如下：

```
<%=表示式%>
```

其中，表达式可以是任何 Java 语言的完整表达式。例如，<%=strDate%>表示在 JSP 页面输出变量的值。

5．include 指令与 jsp:include 动作标签

（1）include 指令

include 指令用于文件包含，该指令可以在 JSP 页面中包含另一个文件的内容，但是它仅支持静态包含，也就是说被包含文件中的所有内容都原样包含到该 JSP 页面中。被包含文件的内容可以是一段 Java 代码、HTML 代码或者是另一个 JSP 页面。如果将 JSP 的动态内容使用 include 指令包含的话，也会被当作静态内容包含到当前页面。被包含的文件内容与当前 JSP 页面一个整体。

例如：以下代码表示将与当前文件相同位置的 top1-3.jsp 文件包含进来。其中，file 属性用于指定被包含的文件，其值是当前 JSP 页面文件的相对 URL 路径。被包含的 top1-3.jsp 文件中的 Java 代码以静态方式导入到 task1-3.jsp 文件中，然后才被服务器编译执行。

```
<%@ include file="top1-3.jsp" %>
```

由于 top1-3.jsp 文件被包含在 task1-3.jsp 文件中，所以 top1-3.jsp 文件中的 page 指令代码可以省略不写，在被包含到 task1-3.jsp 文件后会直接使用 task1-3.jsp 文件的设置。

【注意】：被 include 指令包含的 JSP 页面中不要使用<html>和<body>标签，它们是 HTML 页面的结构标签，被包含进其他 JSP 页面时可能会破坏页面格式。另外，源文件和被包含文件中的变量和方法的名称不要产生冲突，因为它们最终会生成一个文件，重名将导致错误产生。

（2）jsp:include 动作标签

jsp:include 动作标签用于将另一个文件的内容包含到当前 JSP 页面中，被包含的文件内容可以是静态文本，也可以是动态代码。当前页面和被包含的页面是两个独立的实体，被包含的页面会对包含它的 JSP 页面中的请求对象进行处理，然后将处理结果作为当前 JSP 页面的包含内容，与当前页面内容一起发送到客户端。

例如：以下代码表示将与当前文件相同位置的 bottom1-3.jsp 文件包含进来。

```
<jsp:include page="bottom1-3.jsp"    flush="true" />
```

属性 page 是用于指定被包含文件的相对路径，例如，page="bottom1-3.jsp"是将与当前 JSP 文件在同一文件夹中的 bottom1-3.jsp 文件包含到当前 JSP 页面中。

属性 flush 为可选项，用于设置是否刷新缓冲区，默认值为 false。如果设置为 true，则在当前页面使用了缓冲区的情况下，将先刷新缓冲区，然后再执行包含操作。

6．JSP 注释

由于 JSP 页面由 HTML 代码、JSP 脚本和 Java 代码等组成，所以在 JSP 文件中可以使用 HTML 注释、JSP 注释和 Java 注释。

（1）HTML 注释

"<!-- 获取当前日期的 Java 代码片断 -->" 为 HTML 注释，这种注释不会被显示在网页中，但在浏览器中查看网页源代码时，却能够看到注释内容。

（2）Java 代码注释

"<% //声明规定日期格式的变量 %>" 为 Java 代码中的单行注释。

（3）JSP 注释

"<%--使用 JSP 表达式在页面上显示的当前日期 --%>" 为 JSP 注释，这种注释是被服务器编译执行，不会发送到客户端，在浏览器中查看网页源码时也就看不到注释内容。

7．JSP 的<% %>标记

JSP 的<% %>标记是 JSP 文件中最常用的标记之一，并且有多种相似的形式，但其功能却有区别，小结如下：

① <% %> 这里面可以添加 java 代码片段；

② <%= %> 将变量或表达式值输出到页面；

③ <%-- --%> 是 JSP 注释；

④ <%@ %>是 JSP 的指令标签；

⑤ <%! %>是声明标签，例如，<%! int count=0 ; %>声明了一个全局变量 count，该变量可以在整个 JSP 页面中使用。

声明标签对将要在 JSP 程序中用到的变量和方法进行声明，在声明语句中，可以一次性声明多个变量和方法，必须以半角分号 ";" 结尾。在 JSP 程序中变量和方法必须先声明后使用，否则会出错。因为 JSP 页面被送到 tomcat 的时候会被编译为 java 文件，JSP 页面里面的所有内容都会包含在一个方法里，如果不用声明标签去声明这是个变量或方法，就会报错了。对被包含文件中已经声明的变量和方法，则不需要重新进行声明。

8．JSP 的内置对象简介

在 JSP 中提供 9 个内置对象，分别是 request、response、session、application、out、page、pageContext、config 和 exception。JSP 页面的内置对象被广泛应用于 JSP 的各种操作中，例如，使用 request 对象获取客户端的请求信息，使用 reponse 对象向客户端返回服务器的回应信息，使用 session 对象保存每一个用户的数据，使用 application 对象保存所有用户的共享信息，使用 out 对象向页面输出信息。

（1）request 对象

request 对象的作用是获取客户端的请求信息，主要用于接收通过 HTTP 协议传送到服务器端的数据，包括页面头信息、客户端主机 IP 地址、端口号、客户信息请求方式以及请求参数等，客户端可以通过表单提交或者地址重定向发送参数。request 对象是 javax.servlet.http.HttpServlet Request 类型的对象。

（2）response 对象

response 对象的作用是对客户端的请求做出响应，将 Web 服务器的处理结果返回给客户端。response 对象可以实现客户端跳转，也可以利用该对象操作 cookie 对象。response 对象是 javax.servlet.http.HttpServletResponse 类型的对象。

使用 response 的 setHeader()方法可以实现限时自动跳转至指定页面，以下代码设置 3 秒后自动跳转至 task1-2.jsp 页面。

```
response.setHeader("refresh","3 ; URL=task1-2.jsp");
```

（3）session 对象

session 对象是由服务器自动创建的与用户请求相关的对象，服务器为每一个用户都生成一个 session 对象，用于保存该用户的信息，跟踪用户的操作状态。session 对象内部使用 Map 类来保存数据。

session 对象是 java.servlet.http.HttpSession 类型的对象，用于存储页面的请求信息。它是与请求有关的会话对象，从一个客户打开浏览器并连接到服务器开始，到客户关闭浏览器离开这个服务器结束，被称为一个会话。

每一个 session 对象表示不同的访问用户，session 对象保存的信息关闭浏览器时会丢失。当一个客户首次访问服务器上的一个 JSP 页面时，JSP 引擎产生一个 session 对象，同时分配一个不重复的 ID 号，服务器依靠这些不同的 session ID 来区分不同的用户，JSP 引擎同时将这个 ID 号发送到客户端，存放在 Cookie 中，这样 session 对象和客户之间就建立了一一对应的关系，在 Web 应用程序中可以使用 getId()方法取得该 ID 号。当客户访问连接服务器的其他页面时，不再分配给客户新的 session 对象，直到客户关闭浏览器后，服务器将该客户的 session 对象取消，服务器与该客户的会话对应关系消失。当客户重新打开浏览器再一次连接到服务器时，服务器为该客户重新创建一个新的 session 对象。

JSP 页面中可以使用 session 对象的 setAttribute(String name , Object obj)方法设置一个指定名称的属性，将当前登录的用户名存入属性“username”中的示例代码如下：

```
String strName=request.getParameter("login_username");
session.setAttribute("username" , strName);
```

JSP 页面中可以使用 getAttribute(name)方法获取指定的属性值，示例代码如下：

```
String strName=(String)session.getAttribute("username");
```

JSP 页面中可以使用 session 对象的 isNew()方法判断一个用户是否是第一次访问页面，示例代码如下所示。

```
<% if (session.isNew()){ %>
    <span>欢迎您第一次光临易购网！</span>
<%  }
 else{   %>
      <span>欢迎您再次光临易购网! </span>
<% } %>
```

（4）application 对象

application 对象可以将所有用户的共享信息保存在服务器中，直到服务器关闭，否则 application 对象中保存的信息会在整个应用中都有效，使得每个用户都能访问该对象。与 session 对象相比，application 对象的生命周期更长，类似于系统的“全局变量”。

application 对象是 javax.servlet.ServletContext 类型的对象，服务器启动后，当客户访问网站

的各个页面时，该 application 对象都是同一个，直到服务器关闭。

（5）out 对象

out 对象用于在 Web 浏览器内输出信息，并且管理服务器上的输出缓冲区。在使用 out 对象输出数据时，可以对数据缓冲区进行操作，及时清除缓冲区中的残余数据，为其他的输出让出缓冲空间。待数据输出完毕后，要及时关闭输出流。

（6）page 对象

page 对象代表 JSP 页面本身，只有在 JSP 页面内才是合法的。page 隐含对象本质上包含当前 Servlet 接口引用的变量，类似于 Java 语言中的 this 指针。

（7）pageContext 对象

pageContext 对象主要用于取得任何范围的参数，通过它可以获取 JSP 页面的 request、response、session、application、out 等对象。pageContext 对象的创建和初始化都是由容器来完成的，在 JSP 页面中可以直接使用 pageContext 对象。

（8）config 对象

config 对象主要用于获取服务器的配置信息，通过 pageContext 对象的 getServletConfig()方法可以获取一个 config 对象。

（9）exception 对象

exception 对象用于显示异常信息，在页面如果要使用 exception 对象，必须将该页面 page 指令的 isErrorPage 属性设置为 true。如果在 JSP 页面中出现没有捕捉到的异常时，就会生成 exception 对象，并把 exception 对象传送到 page 指令是设定的错误信息页面中，然后在错误信息页面中处理相应的 exception 对象。

9．JSP 主要内置对象有效作用范围比较

① page 对象只在同一个 JSP 页面内有效。

② response 对象只在 JSP 页面（包括当前 JSP 页面中使用<%@ include>标签、<jsp:include>标签和<forward>标签包含的其他 JSP 页面）内有效。

③ request 对象在一次访问请求内有效，服务器跳转后依然有效，但客户端跳转后无效。request 表示的是客户端的请求，正常情况下，一次请求服务器只会给予一次回应，那么此时如果服务器端跳转，请求的地址没有改变，也就相当于回应了一次，而如果访问地址改变了，就相当于发出了第二次请求，则第一次请求的内容肯定就已经消失了，所以无法获取。

④ session 对象在一次会话范围内有效，无论是客户端跳转还是服务器端跳转都有效，但浏览器关闭后则无效。

⑤ application 对象在服务器中保存所有用户的共享信息，该对象中保存的信息在整个应用中都有效，使得每个用户都能访问该对象。

10．使用地址重写的方法进行参数传递

在 Web 应用开发时，参数不一定全是由表单传递，也可以使用地址重写的方法进行参数传递，然后同样通过 request 对象的 getParameter()方法获取参数的值。

地址重写方法传递参数的格式如下：

页面地址?参数名称 1 = 参数值 1&参数名称 2 = 参数值 2…

例如：

```
<a href="test01.jsp?name=LinMin&sex=Man">测试 1</a>
```

11．cookie 对象简介

cookie 是保存在客户端本机硬盘中的一段文本信息，通过 cookie 可以标识用户身份，记录用户名及密码等用户信息，跟踪重复用户。cookie 在服务器端生成并发送给客户端的浏览器，浏览器将 cookie 的“键/值”信息保存到某个指定的文件夹中，cookie 的名称和值可以由服务器端定义。

cookie 是浏览器所提供的一种技术，这种技术让服务器端的程序能将一些只需保存在客户端或者在客户端进行处理的数据，存放在客户端的计算机中，而不需要通过网络传输，因而提高网页处理的效率，同时也能够减少服务器端的负载。

与 cookie 相关的方法有多个，其功能如下所示。

（1）request 对像的 getCookies()方法

request 对像的 getCookies()方法用于获取客户端设置的全部 cookie 对象集合。

（2）response 对象的 addCookie()方法

response 对象的 addCookie()方法用于将 cookie 对象发送到客户端。

（3）cookie 对象的构造方法

cookie 对象的构造方法为 Cookie(String name , String value)用于实例化 cookie 对象。

（4）cookie 对象的 setMaxAge()方法

cookie 对象的 setMaxAge()方法用于设置 cookie 的有效作用时间，单位为秒。

（5）cookie 对象的 getName()方法

cookie 对象的 getName()方法用于获取客户端 cookie 的名称。

（6）cookie 对象的 getValue()方法

cookie 对象的 getValue()方法用于获取客户端 cookie 对象的值。

12．关于中文乱码问题的处理

在提交表单时，如果控件中输入的内容为中文，则会出现乱码，这种情况是编码不统一引起的，可以使用 request 对象的 setCharacterEncoding()方法设置统一的编码（例如，request.setCharacterEncoding("UTF-8");），表单提交后就可以正常显示中文。

如果使用地址重写方法传递参数，并且参数值为中文，也会出现中文乱码问题，例如：

```
<a href="test02.jsp?name=李民&sex=男">测试 2</a>
```

此时可以将参数值进行编码转换，代码如下所示：

```
<%
String name=new String(request.getParameter("name").getBytes("ISO8859_1"),"UTF-8");
String sex=new String(request.getParameter("sex").getBytes("ISO8859_1"),"UTF-8");
%>
```

另外，对 JSP 页面，在超链接中参数传递的值为中文时，可以使用 java.net.URLEncoder.encode()方法进行编码处理，这样可以避免产生中文乱码。

例如，<a href="test02.jsp?name=<%= URLEncoder.encode('李民')%>">测试 2</a>。

13．关于 JSP 页面中超链接的访问路径

如果 JSP 页面中有一个超链接，其完整的访问路径为：http://localhost:8080/project01/task1-2.jsp。其中，http://localhost:8080/是服务器的基本路径，project01 是当前应用程序项目名称，根路径是 http://localhost:8080/project01/。

如果页面中有多个超链接，则需要多次重复书写根路径，我们可以使用以下方法指定公用的根路径，然后与页面内的相对路径进行拼装。

使用 request 对象的多个方法获取当前应用的根路径，代码如下：

```
<%
```

```
    String path = request.getContextPath();
    String basePath = request.getScheme()+"://"+request.getServerName()+":"
                +request.getServerPort()+path+"/";
%>
```

方法 getContextPath()获取当前页面所在项目的名称，本实例为“project01”，如果项目为根目录，则得到一个""，即空的字符串。

方法 request.getSchema()返回当前页面使用的协议，本实例为“http”。

方法 request.getServerName()返回当前页面所在服务器的名称，本实例为“localhost”。

方法 request.getServerPort()返回当前页面所在服务器使用的端口，本实例为“8080”。

将这 4 个方法获取的字符串进行拼装，就是当前应用的根路径了。

在页面的<head>和</head>之间添加以下代码：

```
<base href="<%=basePath%>">
```

有了这个<base ... >标签以后，页面内部的超链接，就可以不写全路径，只需写 task1-2.jsp 就可以了。服务器会自动把<base ...>标签指定的路径和页面内的相对路径拼装起来，组成完整路径。如果没有这个<base...>标签，那么页面内的超链接就必须写全路径，否则服务器会找不到。

14．关于静态网址中获取表单控件的值并作为参数进行传递

自定义一个函数 redirect()，该函数获取表单控件的值，并带参数重定向网页，其代码如下所示：

```
<script type="text/javascript">
    function  redirect(){
        var username;
        username=form1.username.value;
        location.reload("test02.jsp?name="+username);
    }
</script>
```

然后在链接地址中调用该自定义函数即可，代码如下所示：

```
<a href="javascript:redirect();">测试 3</a>
```

15．比较 response.sendRedirect()跳转方法和<jsp:forword>标签跳转指令

response.sendRedirect()跳转方法和<jsp:forword>标签跳转指令都可以实现页面跳转，但有所区别，比较如下。

① response 对象的 sendRedirect()方法可以实现页面的跳转，该跳转属于客户端跳转，跳转后地址栏的地址会发生改变，变为跳转之后的页面地址。<jsp:forward>跳转属于服务器端跳转，跳转之后地址栏中的地址不会发生改变。

② 客户端跳转，在整个页面都执行完成后才进行跳转，而服务器跳转，执行到跳转语句时会立刻进行跳转。

③ 使用 sendRedirect()方法时，可以通过地址重写的方式完成参数的传递，使用<jsp:forward>时，可以通过<jsp:param>方式进行参数的传递。

④ 使用 request 对象时，如果是客户端跳转，则 request 对象中的属性值全部失效，并且进入一个新 request 对象的作用域，只有服务器端跳转才能将 request 对象的属性值保存到跳转页。

16．getParameter()方法和 getParameterValues()方法的正确使用

使用 request 对象可以获取从表单中提交过来的信息，在一个表单中会有不同的表单控件元素，对于文本框、单选按钮、下拉列表框都可以使用 getParameter()方法获取其值，该方法接收的是一个参数的内容，参数的名称就是表单控件的名称。

对于复选框及多选列表框被选定的内容要使用 getParameterValues()方法获取，该方法返回一个字符串数组，数组的大小和内容取决于用户的选择，通过循环遍历这个数组就可以得到用户选定的所有内容。

在进行表单参数接收时，如果用户没有在文本框中输入内容或者没有选择复选框，那么在使用 getParameter()方法和 getParameterValues()方法接收参数时，返回的内容为 null，此时有可能会产生 NullPointerException 异常，所以在使用时应判断接收的参数是否为 null。

17．HTML 5 简介

HTML 5 是万维网的核心语言，是标准通用标记语言下的一个应用超文本标记语言（HTML）的第五次重大修改。HTML 5 草案的前身名为 Web Applications 1.0，于 2004 年被 WHATWG 提出，于 2007 年被 W3C 接纳，并成立了新的 HTML 工作团队。

HTML 5 的第一份正式草案已于 2008 年 1 月 22 日公布。HTML 5 仍处于完善之中。然而，大部分现代浏览器已经具备了某些 HTML 5 支持。

2012 年 12 月 17 日，万维网联盟（W3C）正式宣布凝结了大量网络工作者心血的 HTML 5 规范已经正式定稿。根据 W3C 的发言稿称："HTML 5 是开放的 Web 网络平台的奠基石"。

2013 年 5 月 6 日，HTML 5.1 正式草案公布。该规范定义了第五次重大版本，第一次要修订万维网的核心语言——超文本标记语言（HTML）。在这个版本中，新功能不断推出，以帮助 Web 应用程序的作者，努力提高新元素的操作性。

本次草案的发布，从 2012 年 12 月 27 日至今，进行了多达近百项的修改，包括 HTML 和 XHTML 的标签，相关的 API、Canvas 等，同时 HTML 5 的图像 img 标签及 svg 也进行了改进，性能得到进一步提升。

支持 HTML 5 的浏览器包括 Firefox（火狐浏览器）、IE 9 及其更高版本、Chrome（谷歌浏览器）、Safari、Opera 等；傲游浏览器（Maxthon），以及基于 IE 或 Chromium（Chrome 的工程版或称实验版）所推出的 360 浏览器、搜狗浏览器、QQ 浏览器、猎豹浏览器等国产浏览器同样具备支持 HTML 5 的能力。

HTML 5 手机应用的最大优势就是可以在网页上直接调试和修改。原先应用程序的开发人员可能需要花费非常大的力气才能达到 HTML 5 的效果，不断地重复编码、调试和运行。如今基于 HTML 5 标准的 Web 应用程序开发，开发人员可以轻松地进行调试修改。

18．HTML 5 的主要特性

（1）语义特性（Class：Semantic）

HTML 5 赋予网页更好的意义和结构，更加丰富的标签将随着对 RDFa 的微数据与微格式等方面的支持，构建对程序、对用户都更有价值的数据驱动的 Web。

（2）本地存储特性（Class：Offline & Storage）

基于 HTML 5 开发的网页 APP 拥有更短的启动时间、更快的联网速度、这些全得益于 HTML 5 APP Cache 以及本地存储功能。

（3）设备兼容特性 （Class：Device Access）

从 Geolocation 功能的 API 文档公开以来，HTML 5 为网页应用开发者们提供了更多功能上的优化选择，带来了更多体验功能的优势。HTML 5 提供了前所未有的数据与应用接入开放接口。使外部应用可以直接与浏览器内部的数据直接相连，例如，视频影音可直接与 microphones 及摄像头相联。

（4）连接特性（Class：Connectivity）

更有效的连接工作效率，使得基于页面的实时聊天，更快速的网页游戏体验，更优化的在线交流得到了实现。HTML 5 拥有更有效的服务器推送技术，Server-Sent Event 和 WebSockets 就是其中的两个特性，这两个特性能够帮助我们实现服务器将数据“推送”到客户端的功能。

（5）网页多媒体特性（Class：Multimedia）

支持网页端的 Audio、Video 等多媒体功能， 与网站自带的 APPS、摄像头、影音功能相得益彰。

（6）三维、图形及特效特性（Class：3D，Graphics & Effects）

基于 SVG、Canvas、WebGL 及 CSS3 的 3D 功能，用户会惊叹于浏览器中所呈现的惊人视觉效果。

（7）性能与集成特性（Class：Performance & Integration）

没有用户会永远等待你的 Loading——HTML 5 会通过 XML、Http、Request2 等技术，解决以前的跨域等问题，帮助你的 Web 应用和网站在多样化的环境中更快速地工作。

（8）CSS3 特性（Class：CSS3）

在不牺牲性能和语义结构的前提下，CSS3 中提供了更多的风格和更强的效果。此外，较之以前的 Web 排版，Web 的开放字体格式（WOFF）也提供了更高的灵活性和控制性。

19．HTML 5 的主要变化

HTML 5 提供了一些新的元素和属性，如<nav>（网站导航块）和<footer>。这种标签将有利于搜索引擎的索引整理，同时更好地帮助小屏幕装置和视障人士使用，除此之外，还为其他浏览要素提供了新的功能，如<audio>和<video>标记。

（1）取消了一些过时的 HTML4 标记

其中包括纯粹显示效果的标记，如<font>和<center>，它们已经被 CSS 取代。HTML 5 吸取了 XHTML2 的一些建议，包括一些用来改善文档结构的功能，比如，新的 HTML 标签 header、footer、dialog、aside、figure 等的使用，将使内容创作者更加语义地创建文档，之前的开发者在实现这些功能时一般都是使用 div。

（2）将内容和展示分离

b 和 i 标签依然保留，但它们的意义已经和之前有所不同，这些标签的意义只是为了将一段文字标识出来，而不是为了为它们设置粗体或斜体式样。u、font、center、strike 这些标签则被完全去掉了。

（3）一些全新的表单输入对象

包括日期、URL、Email 地址，其他的对象则增加了对非拉丁字符的支持。HTML 5 还引入了微数据，这一使用机器可以识别的标签标注内容的方法，使语义 Web 的处理更为简单。总的来说，这些与结构有关的改进使内容创建者可以创建更干净、更容易管理的网页，这样的网页对搜索引擎，对读屏软件等更为友好。

（4）全新的、更合理的 Tag

多媒体对象将不再全部绑定在 object 或 embed Tag 中，而是视频有视频的 Tag，音频有音频的 Tag。

（5）本地数据库

这个功能将内嵌一个本地的 SQL 数据库，以加速交互式搜索、缓存及索引功能。同时，那些离线 Web 程序也将因此获益匪浅。

（6）canvas 对象

将给浏览器带来直接在上面绘制矢量图的能力，这意味着用户可以脱离 Flash 和 Silverlight，直接在浏览器中显示图形或动画。

（7）浏览器中的真正程序

将提供 API 实现浏览器内的编辑与拖放，以及各种图形用户界面的能力。内容修饰 Tag 将被剔除，而使用 CSS。

（8）HTML 5 取代 Flash 在移动设备的地位。

（9）HTML 5 突出的特点就是强化了 Web 页的表现性，增加了本地数据库。

20．HTML 5 的发展趋势

HTML 5 规范开发完成时，将成为主流。据统计 2013 年全球已有 10 亿手机浏览器支持 HTML 5，同时 HTML Web 开发者数量将达到 200 万。毫无疑问，HTML 5 将成为未来 5~10 年内，移动互联网领域的主宰者。

据 IDC 的调查报告统计，截至 2012 年 5 月，有 79%的移动开发商已经决定要在其应有程序中整合 HTML 5 技术。

从性能角度来说，HTML 5 首先是缩减了 HTML 文档，使这件事情变得更简单。从用户可读性上说，原先一大堆东西，像初学者第一次看到这些东西是看不懂的，而 HTML 5 的声明方式对用户来说显然更友好一些。

从如今层出不穷的移动应用就知道，在这个智能手机和平板电脑大爆炸的时代，移动优先已成趋势，不管是开发什么，都以移动为主。

许多游戏开发商都被 Facebook 或者 Zynga 推动着发展，而未来的 Facebook 应用生态系统是基于 HTML 5 的，尽管在 HTML 5 平台开发出游戏非常困难，但游戏开发商却都愿意那么做。

21．CSS3 简介

CSS 即层叠样式表（Cascading StyleSheet）。在网页制作时采用层叠样式表技术，可以有效地对页面的布局、字体、颜色、背景和其他效果实现更加精确的控制。只要对相应的代码做一些简单的修改，就可以改变同一页面的不同部分，或者不同网页的外观和格式。CSS3 是 CSS 技术的升级版本，CSS3 语言开发是朝着模块化发展的。以前的规范作为一个模块实在是太庞大而且比较复杂，所以，把它分解为一些小的模块，更多新的模块也被加入进来。这些模块包括盒子模型、列表模块、超链接方式、语言模块、背景和边框、文字特效、多栏布局等。

CSS3 将完全向后兼容，网络浏览器也还将继续支持 CSS2。CSS3 主要影响是将可以使用新的可用的选择器和属性，这些会允许实现新的设计效果（如动态和渐变），而且可以很简单地设计出现在的设计效果（如使用分栏）。

【应用技巧】

本单元的应用技巧如下所示。

① 应用 session 对象的 setAttribute()和 getAttribute()方法设置与获取指定属性值。

② request 对象 getParameter()方法的合理使用。

③ JSP 页面中 Java 语言的 if…else 语句的正确使用。

④ JSP 页面中 HTML 代码、Java 代码和 JSP 表达式的混合使用方法。

⑤ 将多个 JSP 页面组合成一个完整的 JSP 页面的方法。

【环境创设】

1．搭建静态网页制作与浏览环境

（1）下载与安装 Adobe Dreamweaver CS6

下载网页开发工具 Adobe Dreamweaver CS6，并正确安装 Dreamweaver CS6。

（2）下载与安装谷歌浏览器（Google Chrome）的最新版本

下载谷歌浏览器（Google Chrome）的最新版本，并正确安装谷歌浏览器。

2．搭建 Java Web 开发环境

（1）下载开发 Java Web 应用程序所需的开发工具

① 下载 Java 开发工具包 JDK。

从 Oracle 官方网站（网址为 http://www.oracle.com）下载最新版本的 JDK。

② 下载 Web 服务器 Tomcat。

从 Tomcat 官方网站（网址为 http://tomcat.apache.org）下载最新版本的 Tomcat。

③ 下载 Java 集成开发环境 Eclipse 与中文语言包。

从 Eclipse 官方网站（网址为 http://www.eclipse.org）下载最新版本的 Eclipse。同时还需要下载对应的中文语言包，Eclipse 提供的中文语言包可以到 http://www.eclipse.org/babel 网站中下载。

（2）安装配置 Java 开发工具包 JDK

在使用 JSP 开发 Web 应用程序之前，首先必须安装 JDK 组件，JDK 包括运行 Java 程序所必需的 JRE（Java Runtime Environment）以及开发过程中常用的库文件。

从网上下载完成 JDK 的安装文件后，双击启动安装文件，然后只需要按照安装向导提示的步骤进行安装即可。JDK 安装完成后，需要对 Path 和 ClassPath 两个系统环境变量进行正确的配置。其中 Path 环境变量设置 JDK 所在路径，即“bin”文件夹所在路径，例如，作者计算机中 Path 变量设置为“C:\Program Files\Java\jdk1.7.0_40\bin;”，注意“;”是与其他路径之间的分隔符。ClassPath 环境变量设置编译 Java 程序时所需要的一些外部的 class 文件所在路径，例如，作者计算机中 ClassPath 变量设置为“.; C:\Program Files\Java\jdk1.7.0_40\lib\tools.jar ; C:\Program Files\Java\jdk1.7.0_40\lib\dt.jar;”。

（3）安装与启动 Tomcat

Web 服务器是运行及发布 Web 应用程序的容器，只有将开发的 Web 程序放置到该容器中，才能使网络中的所有用户通过浏览器进行访问。Tomcat 服务器是目前最常用的服务器之一，它是一个小型、轻量级的支持 JSP 和 Servlet 技术的 Web 服务器。

从网上下载完成 Tomcat 的安装文件后，双击启动安装文件，然后只需要按照安装向导提示的步骤进行安装即可。

Tomcat 安装完成后，在操作系统的【开始】菜单选择【程序】→【Apache Tomcat 7.0 Tomcat7】→【Monitor Tomcat】命令，在任务栏右侧的系统托盘中将出现图标，由于此时暂未启动服务器，所以图标中显示一个红点。在该图标上单击鼠标右键，在打开的快捷菜单中选择【Start service】命令，启动 Tomcat。Tomcat 启动成功后，任务栏托盘中的图标变成绿色三角形。

（4）安装 Eclipse 及中文语言包

Eclipse 是一个基于 Java 的开源、可扩展的应用开发平台，它提供了一流的 Java 集成开发环境（Integrated Development Environment，IDE），是一个可用于开发集成 Web 应用程序的平台，其本身并没有提供大量的功能，主要是通过安装插件来实现程序的快速开发功能。目前在Eclipse的官方网站中提供了一个Java EE版的Eclipse IDE。应用Eclipse IDE for Java EE，可以在不需要安装其他插件的情况下创建Java Web应用程序。

Eclipse的安装比较简单，只需要将下载的压缩包解压到合适的文件夹中，即可完成Eclipse的安装。

直接解压完成的Eclipse是英文版的，为了适应中文语言环境，将下载的中文语言包解压缩，并覆盖Eclipse文件夹中同名的两个文件features和plugins，这样在启动Eclipse时便会自动加载中文语言包。

3．启动Eclipse进入Eclipse主界面

Eclipse安装完成后，就可以启动了。双击Eclipse安装文件夹中的可执行文件eclipse.exe（如果桌面有Eclipse的快捷方式，通过该快捷方式也能启动Eclipse），即可开始启动Eclipse，首先显示如图1-1所示的启动界面。

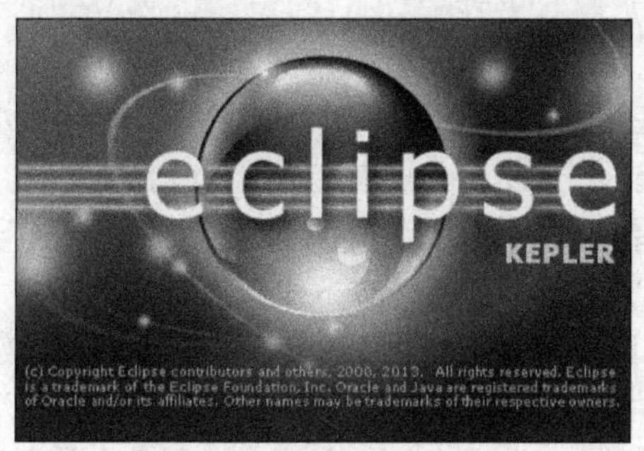

图1-1　启动Eclipse的界面

在初次启动Eclipse时，会弹出选择工作空间的对话框，一般默认的工作空间为Eclipse根目录的workspace目录。

如果想在以后启动时，不再重复选择工作空间，可以选择“将此值用作缺省值并且不再询问”复选框。然后单击【确定】按钮，即可启动Eclipse，并进入到如图1-2所示的Eclipse的欢迎界面。

图1-2　Eclipse的欢迎界面

关闭欢迎界面，将进入到Eclipse的主界面，即Eclipse的集成开发环境，如图1-3所示。

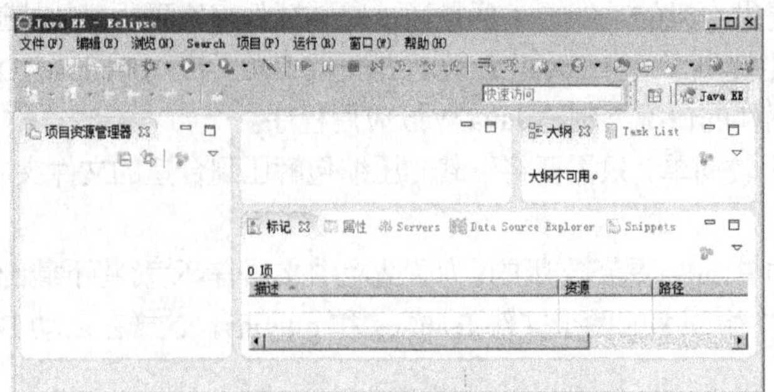

图 1-3　Eclipse 的主界面

Eclipse 的主界面由标题栏、菜单栏、工具栏、项目资源管理器、编辑器、大纲视图和其他视图组成。打开一个 JSP 文件后，在大纲视图中将显示该 JSP 文件的节点树。

4．正确配置 Eclipse

（1）指定 Web 浏览器

默认情况下，Eclipse 在工作台中使用系统默认的 Web 浏览器浏览网页，但在 Web 应用程序开发过程中，这样有些不方便，通常会为其指定一种合适的浏览器，并且在 Eclipse 的外部打开。

在 Eclipse 主界面中选择【窗口】菜单的【首选项】命令，在打开的【首选项】对话框中展开左侧列表框中“常规”节点，然后选择“Web 浏览器”选项。

在右侧“Web 浏览器”区域单击【新建】按钮，打开【添加外部 Web 浏览器】对话框，在该对话框的“名称”文本框中输入浏览器名称“chrome”，在“位置”文本框中输入“C:\Program Files\Google\Chrome\Application\chrome.exe”，如图 1-4 所示，单击【确定】按钮完成外部 Web 浏览器的添加。

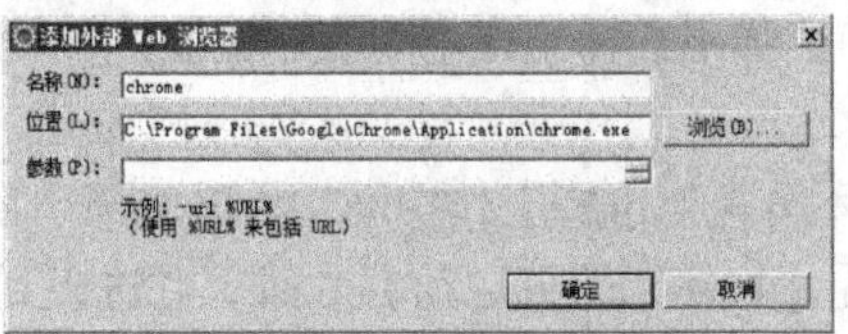

图 1-4　【添加外部 Web 浏览器】对话框

然后在右侧“Web 浏览器”区域分别选择“使用外部 Web 浏览器”单选按钮和“chrome”复选框，如图 1-5 所示。

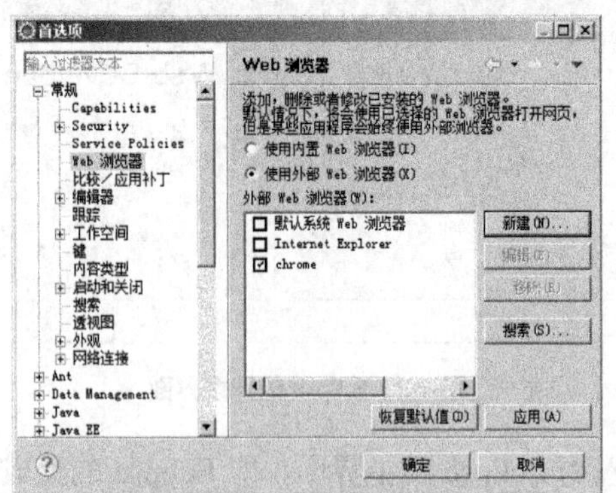

图 1-5　在【首选项】对话框中选择外部 Web 浏览器

单击【确定】按钮即可。

（2）设置 JSP 程序的编码格式

默认情况下，在 Eclipse 开发平台中创建的 JSP 程序是 ISO-8859-1 编码格式，此格式不支持中文字符集，所以需要为其指定一个支持中文的字符集，如 UTF-8、GB18030。

首先打开【首选项】对话框，然后在该对话框中展开左侧列表框中“Web”节点，然后选择“JSP Files”选项。在右侧“Encoding”下拉列表框中选择“ISO 10646/Unicode(UTF-8)”选项，如图 1-6 所示。单击【确定】按钮即可。

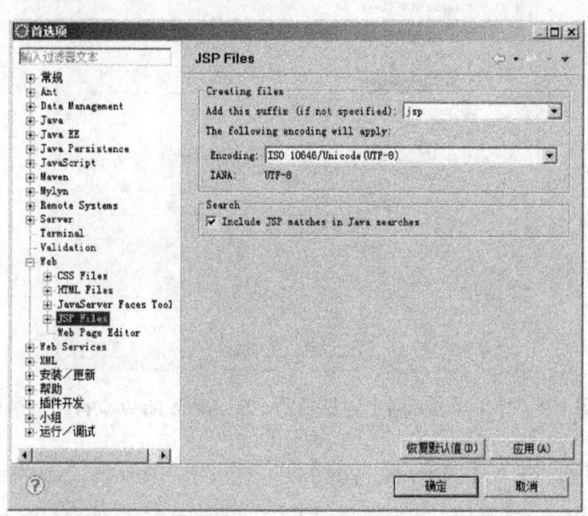

图 1-6　在【首选项】对话框选择 JSP 程序的编码格式

【说明】：UTF-8（8-bit Unicode Transformation Format）是一种针对 Unicode 的可变长度字符编码，又称万国码。由 Ken Thompson 于 1992 年创建。现在已经标准化为 RFC 3629。UTF-8 用 1 到 4 个字节编码 UNICODE 字符。用在网页上可以同一页面显示中文简体、繁体及其他语言（如日文、韩文）。国家标准 GB 18030—2000《信息交换用汉字编码字符集基本集的扩充》是我国继 GB 2312—1980 和 GB 13000—1993 之后最重要的汉字编码标准，是我国计算机系统必须遵循的基础性标准之一。目前，GB 18030 有两个版本：GB 18030—2000 和 GB 18030—2005。GB18030—2000 是 GBK 的取代版本，它的主要特点是在 GBK 基础上增加了 CJK 统一汉字扩充 A 的汉字。GB18030—2005 的主要特点是在 GB 18030—2000 基础上增加了 CJK 统一汉字扩充 B 的汉字。

5．在 Eclipse 集成开发环境中正确配置 Tomcat 服务器

（1）创建与配置 Tomcat 服务器

在 Eclipse 的主界面的“其他视图”区域切换到“Servers”视图，如图 1-7 所示，并单击“No servers are available.Click this link to create a new server...”超链接，弹出【New Server】对话框，并进入“Define a New Server”界面。

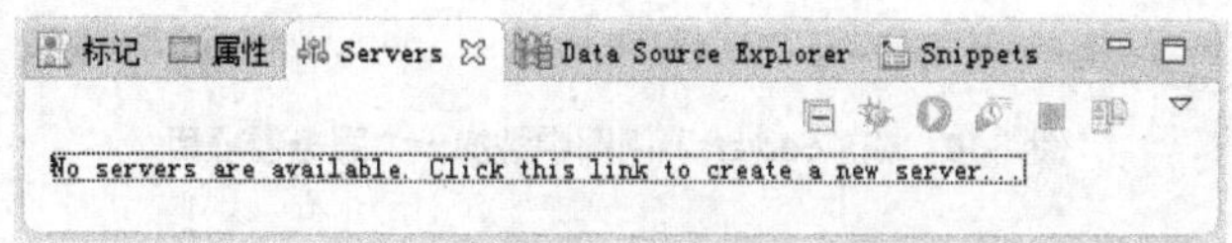

图 1-7　切换到“Servers”视图

在【New Server】对话框的“Define a New Server”界面的“选择服务器类型”列表框中，展开“Apache”节点，并选中“Tomcat v7.0 Server”，其他采用默认设置，如图 1-8 所示。

【说明】：这里选择“Tomcat v7.0 Server”选项，是因为作者计算机安装的 Tomcat 服务器版本为“Tomcat-7.0.47”，与安装的版本一致即可。

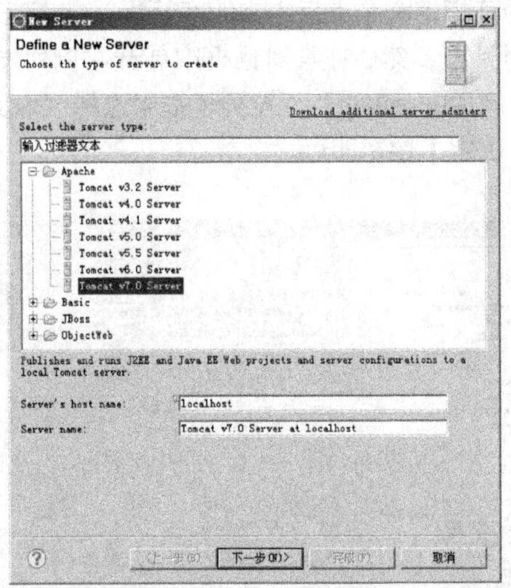

图 1-8 【New Server】对话框的“Define a New Server”界面

单击【下一步】按钮，进入【New Server】对话框的“Tomcat Server”界面，单击【Browse】按钮，打开【浏览文件夹】对话框，在该对话框中选择已经安装的 Tomcat 服务器的安装路径，这里选择文件夹“C:\Program Files\Tomcat 7.0”，其他采用默认设置，如图 1-9 所示。

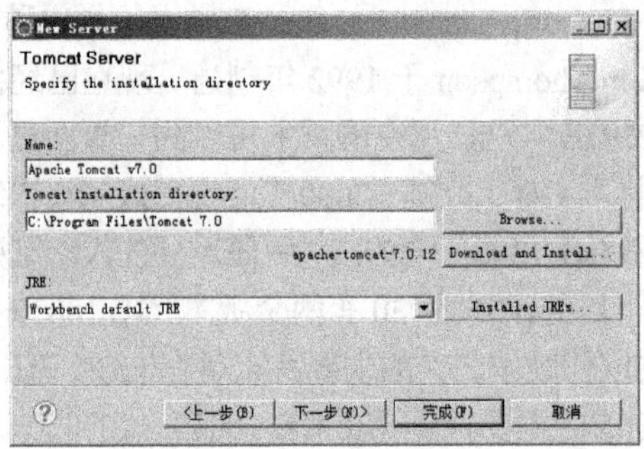

图 1-9 【New Server】对话框的“Tomcat Server”界面

单击【完成】按钮，即可在“Servers”视图中添加一个服务器项目，同时在该视图中可以启动或停止服务器，如图 1-10 所示。

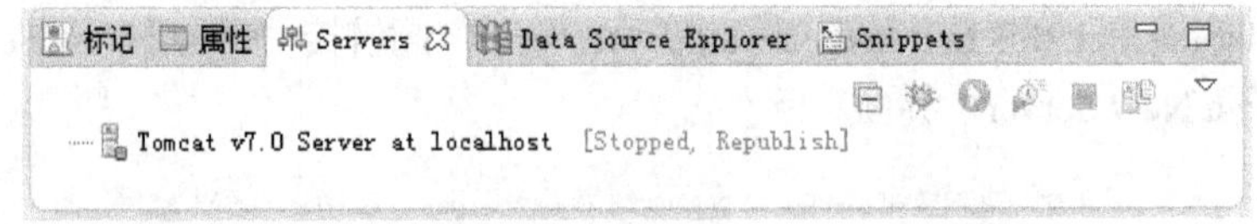

图 1-10 在“Servers”视图中添加一个服务器项目

（2）在 Eclipse 集成开发环境中启动 Tomcat 服务器

在 Eclipse 的主界面的“Servers”视图中，右键单击服务器“Tomcat v7.0 Server at localhost”，在弹出的快捷菜单中选择【Start】命令，如图 1-11 所示，即可启动该服务器。

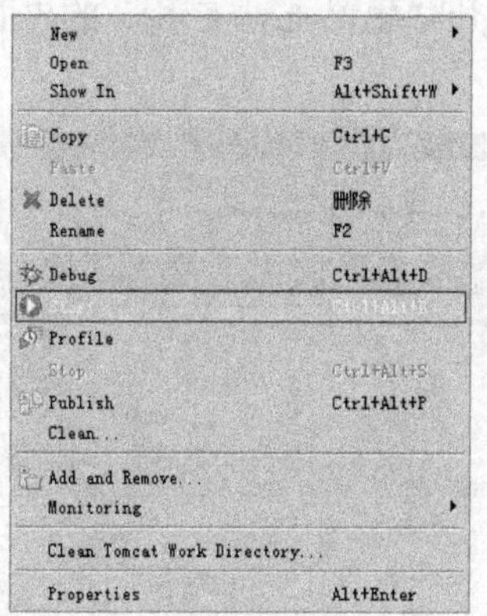

图 1-11　在快捷菜单中选择【Start】命令

【注意】：如果需要在 Eclipse 集成开发环境中启动 Tomcat 服务器，此时 Tomcat 服务器应处于关闭状态，否则会出现错误信息，无法成功启动。

6．准备网页素材

准备开发网页所需的图片文件。

7．在计算机的【资源管理器】中创建文件夹 unit01

在 E 盘创建文件夹“移动平台的 Java Web 实用项目开发”，然后在该文件夹中创建子文件夹“unit01”，以文件夹“unit01”作为 Java Web 项目的工作空间。

8．在 Eclipse IDE 集成开发环境中新建动态 Web 项目 project01

① 在 Eclipse 主界面的【文件】菜单中选择【新建】→【Dynamic Web Project】命令，打开【New Dynamic Web Project】对话框，进入“Dynamic Web Project”界面，即新建动态 Web 项目的界面。

② 在“Project name”文本框中输入项目名称，这里输入“project01”；在“Dynamic web module version”下拉列表框中选择“3.0”，在“Configuration”下拉列表框中选择选择已经配置好的“Default Configuration for Apache Tomcat v7.0”，其他采用默认设置，如图 1-12 所示。

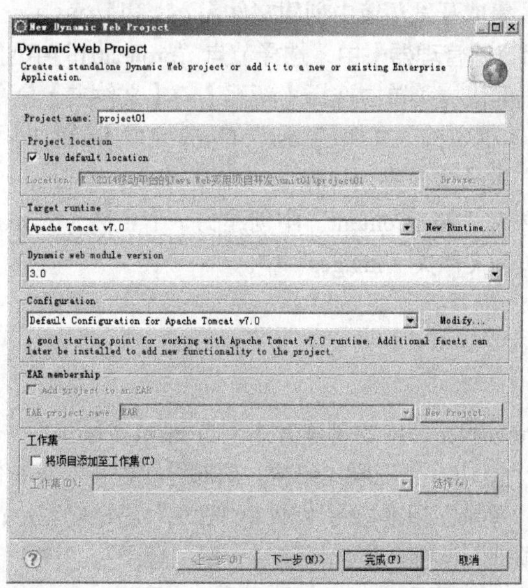

图 1-12　【New Dynamic Web Project】对话框的“Dynamic Web Project”界面

③ 单击【下一步】按钮，打开“配置 Java 应用”的界面，这里采用默认设置，如图 1-13 所示。

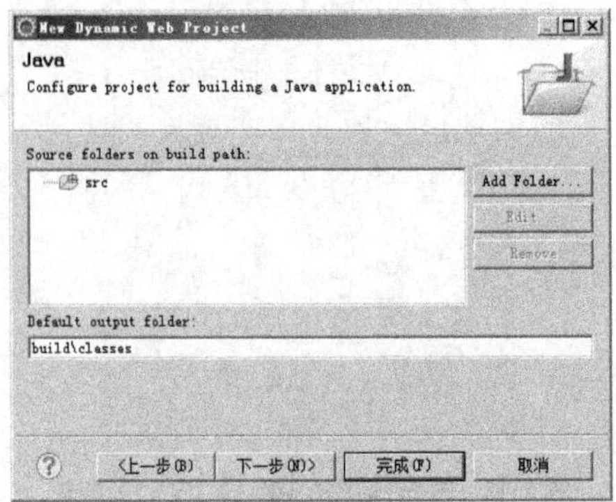

图 1-13 【New Dynamic Web Project】对话框的“配置 Java 应用”界面

④ 单击【下一步】按钮，进入“Web Module”界面，这里选中 “Generate web.xml deployment descriptor”复选框，新创建的 Web 项目将自动创建 web.xml 文件，如图 1-14 所示。

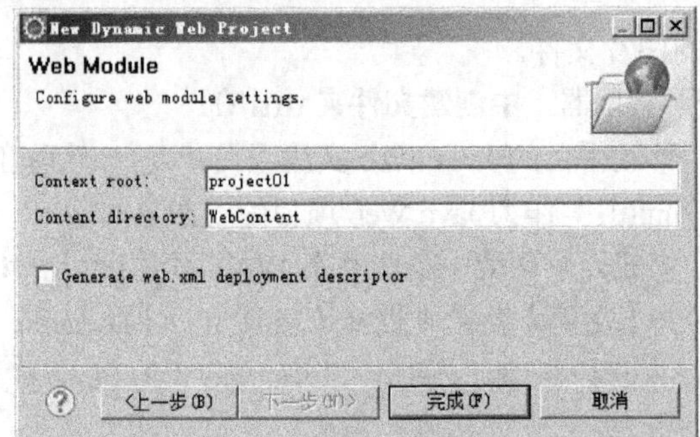

图 1-14 【New Dynamic Web Project】对话框的“Web Module”界面

单击【完成】按钮，完成项目 project01 的创建，这时在 Eclipse 的【项目资源管理器】中将显示新创建的 Web 项目。

9．在 Eclipse IDE 集成开发环境中创建文件夹 css 和 images

在 Eclipse 的【项目资源管理器】中，选择节点“project01”中的子节点“WebContent”，并单击鼠标右键，在弹出的快捷菜单中选择【新建】→【文件夹】命令，打开【新建文件夹】对话框，在“文件夹名”文本框中输入文件名“css”，单击【完成】按钮，即可在文件夹“WebContent”中创建一个名称为“css”的子文件夹。

以同样的方法在文件夹“WebContent”中创建另一个名称为“images”的子文件夹。将事先准备好的图片文件拷贝到文件夹“images”中。

【任务描述】

【任务 1-1】在 Dreamweaver CS6 中创建静态网页 task1-1.html

网页 task1-1.html 为上、中、下三段式结构。顶部导航栏自左至右依次为“商品分类”超链接图片、“Logo”图片、“登录”超链接图片和“购物车”超链接图片；中部为广告图片、欢迎信息、当前用户和“回顶部”按钮；底部导航栏包括“登录”、“注册”和“购物车”超链接，版权信息也位于底部区域。该网页的浏览效果如图 1-15 所示。

图 1-15 网页 task1-1.html 的浏览效果

【任务 1-2】在 Eclipse IDE 集成开发环境中创建 JSP 页面 task1-2.jsp

JSP 页面 task1-2.jsp 应用 session 对象的 setAttribute()方法和 getAttribute()方法设置与获取指定属性值，并将变量值输出到页面。该页面的浏览效果如图 1-15 所示。

【任务 1-3】将多个页面组合成一个完整的 JSP 页面，并对登录页面中的信息进行处理与显示

创建 top1-3.jsp 和 bottom1-3.jsp 两个 JSP 文件，其内容分别对应图 1-15 中的顶部导航栏和底部导航栏。创建另一个 JSP 文件 task1-3.jsp，在该页面中分别使用 include 指令和 jsp:include 动作标签包含前面创建的两个 JSP 页面 top1-3.jsp 和 bottom1-3.jsp。JSP 页面 task1-3.jsp 主要处理并显示网页 login1-3.html 中的用户登录信息。该页面的浏览效果如图 1-15 所示。

【任务实施】

【网页结构设计】

本单元将会创建多个网页，其主体结构的 HTML 代码如表 1-2 所示。

表 1-2 单元 1 网页主体结构的 HTML 代码

行号	HTML 代码
01	<!-- 头部导航 -->
02	<nav class="nav w pr"> </nav>
03	<!-- 中部主体内容 -->
04	<div class="w">
05	<ul class="easy-header fix">
06	<li class="img-header"></li>
07	<li class="header-text"></li>
08	</ul>
09	</div>
10	<!-- 底部导航 -->
11	<footer class="footer w">
12	<div class="layout fix user-info">
13	<div class="user-name fl" ></div>
14	<div class="fr"></div>
15	</div>
16	<ul class="list-ui-a foot-list tc"></ul>
17	</footer>

从表 1-2 中的 HTML 代码可以看出，这里应用了 HTML 5 的新标签<nav></nav>和<footer></footer>。

【网页 CSS 设计】

在 Dreamweaver CS6 开发环境中创建两个 CSS 文件：base.css 和 view.css，base.css 文件中主要的 CSS 代码如表 1-3 所示，view.css 文件中主要的 CSS 代码如表 1-4 所示。这两个 CSS 文件具体的代码见本书提供的电子资源。

表 1-3　base.css 文件的主要 CSS 代码

行号	CSS 代码	行号	CSS 代码
01	.w {	66	.nav .home {
02	width:320px!important;	67	right:60px;
03	margin:0 auto;	68	width:19px;
04	}	69	height:22px;
05	.pr {	70	background:url(../images/icon-home.png)
06	position:relative;	71	no-repeat 0 0;
07	}	72	background-size:contain;
08	.nav {	73	}
09	height:46px;	74	.nav .my-cart {
10	background:-webkit-gradient(linear,0%	75	right:15px;
11	0,0% 100%,from(#F9F3E6),to(#F1E8D6));	76	width:24px;
12	border-top:1px solid #FBF8F0;	77	height:20px;
13	border-bottom:1px solid #E9E5D7;	78	background:url(../images/cart_off.png)
14	}	79	no-repeat 0 0;
15	.nav .logo {	80	background-size:contain;
16	display: block;	81	}
17	width: 190px;	82	.nav .my-cart.my-cart-in {
18	margin-top: 5px 10px 5px 45px ;	83	background:url(../images/cart_on.png)
19	}	84	no-repeat 0 2px;
20	.nav .goback {	85	background-size:contain;
21	position:absolute;	86	}
22	left:15px;	87	.nav .my-cart.my-cart-in .count {
23	width:30px;	88	position:absolute;
24	height:46px;	89	right:-5px;
25	background:url(../images/arrow_header.png)	90	top:-5px;
26	no-repeat center;	91	width:13px;
27	background-size:25px 20px;	92	height:13px;
28	text-indent:-100px;	93	background:-webkit-gradient(linear,
29	overflow:hidden;	94	0% 0,0% 100%,
30	}	95	from(#FFB700),to(#FD6500));
31	.nav .nav-title {	96	color:#999;
32	line-height:46px;	97	border-radius:15px;
33	width:30%;	98	text-align:center;
34	font-size:16px;	99	line-height:13px;
35	margin:0 auto;	100	color:#fff;
36	text-align:center;	101	}
37	color:#766d62;	102	.nav .my-cart.my-cart-in .count em {
38	height:46px;	103	display:block;
39	overflow:hidden;	104	text-align:center;

续表

行号	CSS 代码	行号	CSS 代码
40	}	105	-webkit-transform:scale(0.75);
41	.nav .my-account,.nav .my-cart,.nav .home {	106	font-size:13px;
42	position:absolute;	107	}
43	top:12px;	108	.fix:after {
44	}	109	display:block;
45	.nav .cate-all {	110	clear:both;
46	left:15px;	111	visibility:hidden;
47	width:18px;	112	}
48	height:19px;	113	.footer {
49	background:url(../images/title_bar.png)	114	margin-top:10px;
50	no-repeat 0 0;	115	font-size: 14px;
51	background-size:contain;	116	}
52	}	117	.layout {
53	.nav .my-account {	118	margin:10px;
54	right: 50px;	119	-webkit-box-sizing:border-box;
55	width: 20px;	120	}
56	height: 23px;	121	
57	background: url(../images/user.png)	122	.fl {
58	no-repeat 0 0;	123	float: left
59	background-size: contain;	124	}
60	}	125	.fr {
61	.foot-list a {	126	float: right;
62	padding:0 15px 0 25px;	127	}
63	border-right:1px solid #afaba5;	128	.tc {
64	margin:0 7px;	129	text-align:center;
65	}	130	}

从表 1-3 中可以看出，这里应用了 CSS3 的多个新属性，-webkit 代表 chrome 和 safari 的私有属性，-moz 代表 firefox 浏览器私有属性，-ms 代表 IE 浏览器私有属性，box-sizing 用于定义带边框的框，transform 用于对元素进行角度旋转和缩放，-webkit-gradient 用于代替图片 URL 实现颜色渐变效果。另外还应用了 CSS 的 after 选择器。

表 1-4 view.css 文件的主要 CSS 代码

行号	CSS 代码	行号	CSS 代码
01	.easy-header {	18	.img-header {
02	width: 320px;	19	float: left;
03	height: 175px;	20	width: 70px;
04	margin: 0 auto;	21	height: 65px;
05	background-size: 320px 175px;	22	margin-left: 40px;
06	}	23	margin-top: 50px;
07	.header-text {	24	background: #e6e7e1;
08	float: left;	25	border: #fff solid 1px;
09	margin-left: 10px;	26	border-radius: 5px;
10	margin-top: 60px;	27	box-shadow: 1px 1px 3px
11	color: #fff;	28	rgba(4,0,0,0.2);
12	text-shadow: 1px 1px 3px	29	text-align: center;

续表

行号	CSS 代码	行号	CSS 代码
13	rgba(4,0,0,0.5);	30	}
14	width: 190px;	31	
15	height: 80px;	32	.user-info {
16	overflow: hidden;	33	margin: 0 10px;
17	}	34	}

【静态网页设计】

在 Dreamweaver CS6 中创建静态网页 task1-1.html，该网页的初始 HTML 代码如表 1-5 所示。

表 1-5　网页 task1-1.html 的初始 HTML 代码

行号	HTML 代码
01	<!DOCTYPE HTML>
02	<html>
03	<head>
04	<meta charset="UTF-8">
05	<meta name="apple-mobile-web-app-capable" content="yes" />
06	<meta name="apple-mobile-web-app-status-bar-style" content="black" />
07	<title>易购网触屏版</title>
08	</head>
09	<body>
10	
11	</body>
12	</html>

在网页 task1-1.html 中<head>和</head>之间编写如下所示的代码，引入所需的 CSS 样式文件。

```
<link rel="stylesheet" type="text/css" href="css/base.css">
<link rel="stylesheet" type="text/css" href="css/view.css">
```

在网页 task1-1.html 的标签<body>和</body>之间编写如表 1-6、表 1-7 和表 1-8 所示的代码，实现网页所需的布局和内容。

表 1-6　网页 task1-1.html 顶部内容对应的 HTML 代码

行号	HTML 代码
01	<nav class="nav w pr">
02	<a href="#" class="cate-all"></a>
03	<img class="logo" width="170" height="36" src="images/top.png" alt="logo">
04	<a href="#" class="my-account" ></a>
05	<a href="#" class="my-cart my-cart-in"></a>
06	</nav>

表 1-7　网页 task1-1.html 中部内容对应的 HTML 代码

行号	HTML 代码
01	<div class="w f14">
02	<ul class="easy-header fix" style="background:url(images/background.jpg)">
03	<li class="img-header">
04	<a href="#">
05	<img src="images/1_120x120.jpg" alt="" width="63" height="63">

续表

```
            </a>
        </li>
        <li class="header-text">
            <!-- a-欢迎信息 -->
            <span>您好！ LiMin</span>
            <span><br />欢迎来到易购网！ </span>
        </li>
    </ul>
</div>
```

表 1-8　网页 task1-1.html 底部内容对应的 HTML 代码

```
<footer class="footer w">
    <div class="layout fix user-info">
        <div class="user-name fl" >
            <!-- b-当前用户 -->
            <span class="a"> 当前用户:LiMin</span>
        </div>
        <div class="fr"><a href="#" class="backTop" id="backTop">回顶部</a></div>
    </div>
    <ul class="list-ui-a foot-list tc">
        <li>
            <a  href="" id="footerLogin" class="foot1">登录</a>
            <a  href="" id="footerRegister" class="foot2">注册</a>
            <a  href="" id="shopCartTip" class="foot3">购物车</a>
        </li>
    </ul>
    <div class="tc copyright">Copyright© 2012-2018 m.ebuy.com</div>
</footer>
```

网页 task1-1.html 的浏览效果见图 1-15。

【网页功能实现】

1．创建 JSP 页面 task1-2.jsp，编写代码实现其功能

（1）创建 JSP 页面

在 Eclipse 的【项目资源管理器】中，选择节点“project01”中子节点“WebContent”，并单击鼠标右键，在弹出的快捷菜单中选择【新建】→【JSP File】命令，打开【New JSP File】对话框，如图 1-16 所示，在“文件名”文本框中输入文件名“task1-2.jsp”。

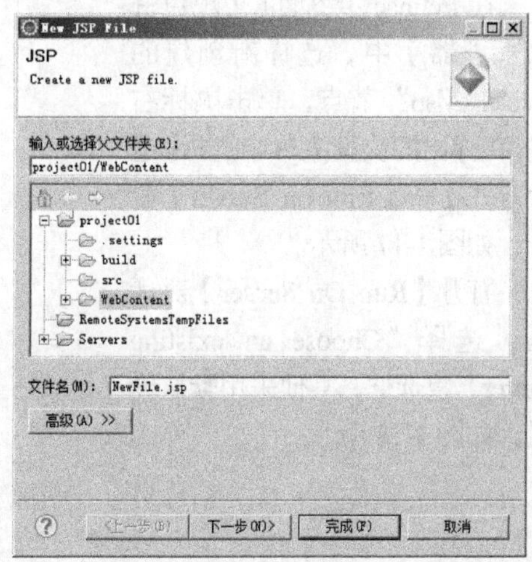

图 1-16　【New JSP File】对话框

单击【完成】按钮，完成 JSP 文件的创建，此时，在 Eclipse 主界面的【项目资源管理器】的“WebContent”节点下，将自动添加一个名称为

“task1-2.jsp”的 JSP 文件，同时，Eclipse 会自动以默认的 JSP 文件关联的编辑器将文件在右侧的编辑窗口中打开。

创建的 task1-2.jsp 默认的代码如表 1-9 所示。

表 1-9　task1-2.jsp 默认的代码

行号	HTML 代码
01	<%@ page language="java" contentType="text/html; charset=UTF-8"
02	pageEncoding="UTF-8"%>
03	<!DOCTYPE html PUBLIC "-//W3C//DTD HTML 4.01 Transitional//EN"
04	"http://www.w3.org/TR/html4/loose.dtd">
05	<html>
06	<head>
07	<meta http-equiv="Content-Type" content="text/html; charset=UTF-8">
08	<title>Insert title here</title>
09	</head>
10	<body>
11	</body>
12	</html>

表 1-9 中第 01 与 02 行代码保留，其他代码使用网页 task1-1.html 中的代码予以替换。

（2）编写代码实现所需功能

在 task1-2.jsp 中<body>之后编写如下所示的代码，这里应用 session 对象的 setAttribute()方法和 getAttribute()方法设置与获取指定属性值。

```
<%
    String strName="LiMin";
    session.setAttribute("username",strName);
    String name=(String)session.getAttribute("username");
%>
```

在<!-- a-欢迎信息 -->位置将“LiMin”替换为“！<%=name%>”，在<!-- b-当前用户 -->位置将“LiMin”替换为“<%=name%>”，将变量值输出到页面。

（3）运行 JSP 程序 task1-2.jsp

在 Eclipse 主界面的【项目资源管理器】中，选择新创建的“task1-2.jsp”节点，单击鼠标右键，在弹出的快捷菜单中选择【运行方式】→【Run on Server】命令，如图 1-17 所示。

打开【Run On Server】对话框，选择“Choose an existing server”复选框，其他采用默认设置，如图 1-18 所示。

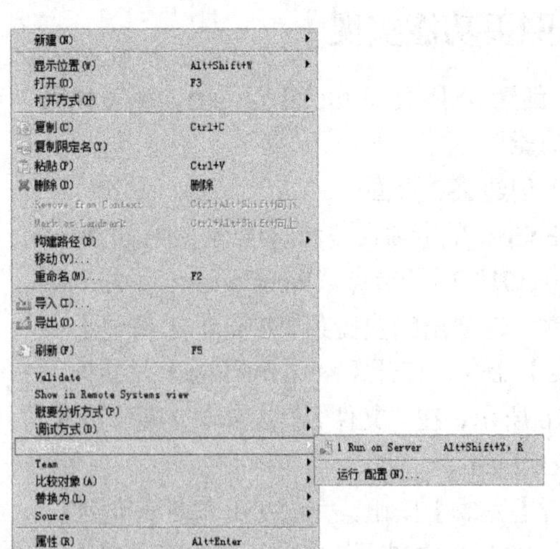

图 1-17　在快捷菜单中选择【运行方式】→【Run on Server】命令

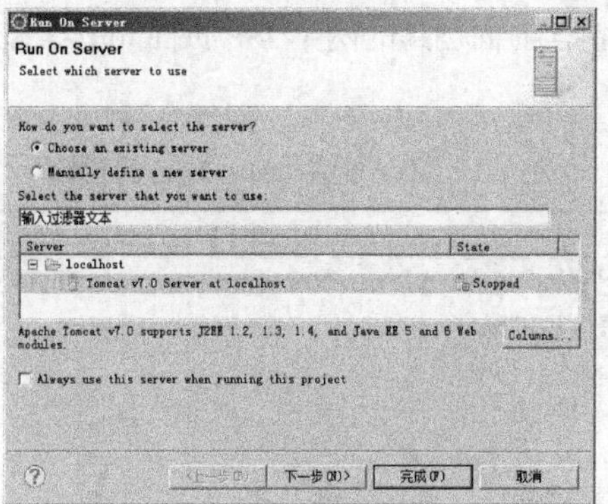

图 1-18 【Run On Server】对话框

单击【完成】按钮，即可通过 Tomcat 运行该项目，程序 task1-2.jsp 在 Google Chrome 浏览器中的运行结果如图 1-15 所示。

2. 创建 JSP 页面 task1-3.jsp，编写代码实现其功能

（1）分别创建两个 JSP 程序 top1-3.jsp 和 bottom1-3.jsp

在项目 project01 中创建两个 JSP 文件，分别命名为“top1-3.jsp”和“bottom1-3.jsp”。

（2）在 JSP 文件 top1-3.jsp 和 bottom1-3.jsp 中编写代码，实现所需的功能

在 Eclipse 集成开发环境的代码编辑器中输入程序代码，JSP 文件 top1-3.jsp 的代码如表 1-10 所示，JSP 文件 bottom1-3.jsp 如表 1-8 所示。

表 1-10 JSP 文件 top1-3.jsp 的代码

```
<%@ page language="java" contentType="text/html; charset=UTF-8"
    pageEncoding="UTF-8"%>
<%
    String name=(String)session.getAttribute("username");
%>
<footer class="footer w">
  <div class="layout fix user-info">
    <div class="user-name fl" id="footerUserName" >
        <a href="" id="footerUserName" class="foot1" >当前用户:
        <span class="a"><%=name%></span></a>
    </div>
    <div class="fr"><a href="#" class="backTop" id="backTop">回顶部</a></div>
  </div>
  <ul class="list-ui-a foot-list tc">
    <li>
      <a href="" id="footerLogin" class="foot1">登录</a>
      <a href="" id="footerRegister" class="foot2">注册</a>
      <a href="" id="shopCartTip" class="foot3">购物车</a>
    </li>
  </ul>
  <div class="tc copyright">Copyright© 2012-2018 m.ebuy.com</div>
</footer>
```

（3）创建 JSP 文件 task1-3.jsp

项目 project01 中创建另一个 JSP 文件，命名为“task1-3.jsp”，该页面中分别使用 include

指令和 jsp:include 动作标签包含前面创建的两个 JSP 页面 top1-3.jsp 和 bottom1-3.jsp，其代码如表 1-11 所示。

表 1-11　JSP 文件 task1-3.jsp 的代码

```
<%@ page language="java" contentType="text/html; charset=UTF-8"
    pageEncoding="UTF-8"%>
<!DOCTYPE HTML>
<html>
<head>
  <meta charset="UTF-8">
  <meta name="apple-mobile-web-app-capable" content="yes" />
  <meta name="apple-mobile-web-app-status-bar-style" content="black" />
  <title>易购网触屏版</title>
  <link rel="stylesheet" type="text/css" href="css/base.css">
  <link rel="stylesheet" type="text/css" href="css/view.css">
</head>
<body>
<%
  String strName=request.getParameter("logonName").trim();
  session.setAttribute("username",strName);
%>
<%@ include file="top1-3.jsp" %>
<div class="w f14">
  <ul class="easy-header fix" style="background:url(images/background.jpg)">
    <li class="img-header">
      <a href="#">
        <img src="images/1_120x120.jpg" alt="" width="63" height="63">
      </a>
    </li>
    <li class="header-text">
      <%   if (strName.length()>0){      %>
      <span>您好！ </span> <%=strName%>
      <span><br />欢迎来到易购网！   </span>
      <%}
        else{
      %>
      <span>您好！ 请先登录 </span>
     <% } %>
    </li>
  </ul>
</div>
<jsp:include page="bottom1-3.jsp" />
</body>
</html>
```

（4）创建网页 login1-3.html，编写必要的代码实现所需功能

在 Dreamweaver CS6 开发环境中创建网页 login1-3.html，保存到文件夹“project01”的子文件夹“WebContent”中，将表单的 action 属性值设置为“task1-3.jsp”，网页 login1-3.html 的代码如表 1-12 所示。

表 1-12　网页 login1-3.html 的 HTML 代码

```html
<!DOCTYPE HTML>
<html>
<head>
<meta http-equiv="Content-Type" content="text/html; charset=UTF-8">
<meta charset="UTF-8">
<meta name="apple-mobile-web-app-capable" content="yes">
<meta name="apple-mobile-web-app-status-bar-style" content="black">
<title>登录_易购网触屏版</title>
<link rel="stylesheet" type="text/css" href="css/module.css">
<link rel="stylesheet" type="text/css" href="css/member.css">
</head>
<body>
<nav class="nav w pr">
  <a class="goback" href="javascript:history.back(1)">返回</a>
  <div class="nav-title wb">用户登录</div>
  <div class="title-submit-ui-a">
    <a href="">注册</a>
  </div>
</nav>
<div class="login w f14">
  <form id="formlogon" name="formlogon" method="post" action="task1-3.jsp">
    <ul class="input-list mt10" id="Login_Check">
      <li>
        <input type="text" class="input-ui-a" placeholder="用户名:手机/邮箱/昵称"
               name="logonName" id="logonName">
      </li>
      <li>
        <input type="password" class="input-ui-a" placeholder="密码："
               name="password" id="password">
      </li>
    </ul>
    <div class="btn-ui-b mt10">
      <a href="javascript:void(0);" onclick="formlogon.submit();">登录</a>
    </div>
  </form>
</div>
<div id="footer" class="w">
  <ul class="list-ui-a">
    <li>
      <div class="w user-login">
        <a   href="#" id="footerLogin" class="foot1">登录</a>
        <a   href="#" id="footerRegister" class="foot2">注册</a>
        <a   href="#" id="shopCartTip" class="foot3">购物车</a>
      </div>
    </li>
  </ul>
  <div class="copyright">Copyright© 2012-2018 m.ebuy.com</div>
</div>
</body>
</html>
```

（5）运行网页 login1-3.html

在 Eclipse 主界面的【项目资源管理器】中，单击选择新创建的“login1-3.html”文件，在 Eclipse 主界面的工具栏上单击【运行】按钮 中小三角形按钮，在弹出的菜单中选择【运行方式】→【Run on Server】命令，如图 1-19 所示。

图 1-19 在下拉菜单中选择【运行方式】→【Run on Server】命令

打开【Run On Server】对话框，选择“Choose an existing server”复选框，其他采用默认设置。然后单击【完成】按钮，即可开始运行该项目，login1-3.html 网页在 Google Chrome 浏览器中的运行结果如图 1-20 所示。

在网页 login1-3.html 的“用户名”文本框中输入“LiMin”，在“密码”框中输入“123456”，如图 1-21 所示，然后单击【登录】按钮，显示 JSP 页面 task1-3.jsp，在该页面显示登录用户名，如图 1-15 所示。

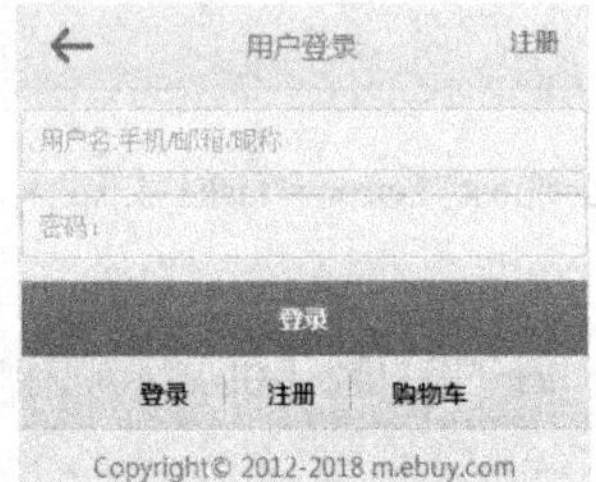

图 1-20 网页 login1-3.html 的运行结果

图 1-21 在网页 login1-3.html 中输入用户名和密码

【单元小结】

JSP 应用程序是在 HTML 代码中嵌入各种 JSP 标签和指令、Java 代码片段及注释，能够动态生成 HTML 页面。JSP 提供了由容器实现和管理的内置对象，这些内置对象在所有的 JSP 页面中都可以直接使用，不需要 JSP 页面编写者来实例化。JSP 页面的内置对象被广泛用于 JSP 页面的各种操作中，如应用 request 对象来处理请求，应用 out 对象向页面输出信息，应用 session 对象来保存数据等。熟练地掌握和应用这些内置对象，对于 Java Web 应用程序开发人员来说至关重要。

本单元主要探讨了购物网站中公用的导航栏和提示信息输出的实现方法。

PART 2

单元 2 购物网站访问量统计模块设计（JSP+Servlet）

Servlet 是 Java 语言应用到 Web 服务器端的扩展技术，它的产生为 Java Web 应用开发奠定了基础。随着 Web 开发技术的不断发展，Servlet 也在不断发展与完善，并凭借其安全性、高效性、方便性和可移植性等诸多优点，深受广大 Java 程序员的青睐。Servlet 是 Java Web 服务器端可用于执行的应用程序，是使用 Java Servlet API 编写的 Java 程序，Servlet 要符合相应规范和接口才能在 Servlet 容器中运行，其运行需要 Servlet 容器的支持。通常情况下，Servlet 容器也就是指 Web 容器，如 Tomcat、WebLogic 等，它们对 Servlet 进行控制，当客户端发送 HTTP 请求时，服务器加载 Servlet 对其进行处理并做出响应。如果有多个客户端同时请求同一个 Servlet 时，则会启用多线程进行响应，为每一个请求分配一个线程，但提供服务的 Servlet 对象却只有一个。

【知识梳理】

1．Servlet 的主要特点

① Servlet 是运行在 Web 服务器上的 Java 应用程序，与普通的 Java 应用程序不同的是，它位于 Web 服务器端，可以对浏览器或其他 HTTP 客户端程序发送的请求进行处理并做出响应，将处理结果返回客户端。

③ Servlet 采用 Java 语言编写，继承了 Java 语言的诸多优点，同时还对 Java 的 Web 应用进行了扩展，它具有方便实用的 API 方法、高效的处理方式、跨平台、可移植性好、更加灵活、安全性高等特点。

③ Servlet 通过 HttpServletRequest 接口和 HttpServletResponse 接口对 HTTP 请求进行处理及响应，可以在处理业务逻辑之后，将动态内容返回并输出到 HTML 页面中，与用户请求进行交互。Servlet 还提供了强大的过滤器功能，可以针对请求类型进行过滤设置，为 Web 应用开发提供灵活性与扩展性。

2．Servlet 与 JSP 的比较

Servlet 是一种在服务器端运行的 Java 应用程序，它先于 JSP 产生。在服务器端运行 Servlet 程序，处理客户端请求，并输出 HTML 格式的内容，其执行过程示意图如图 2-1 所示。

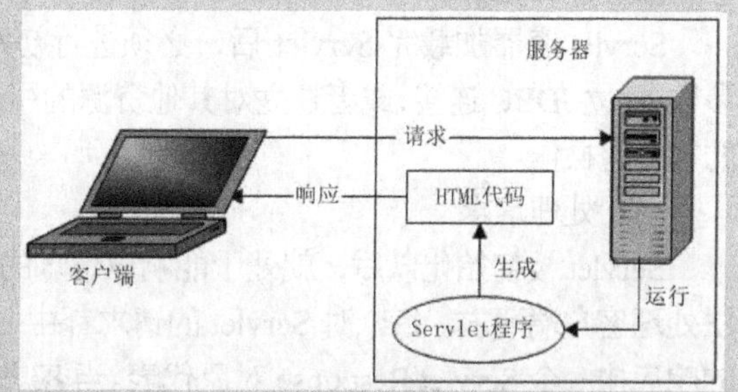

图 2-1 Servlet 程序执行过程示意图

在 Servlet 的早期版本中，业务逻辑代码与 HTML 代码混在一起，给 Web 应用程序的开发带来了诸多不便，程序代码过于繁杂，通过 Servlet 所产生的动态网页需要在代码中编写大量输出 HTML 标签的语句。

针对 Servlet 早期版本的不足，Sun Microsystems 公司推出 JSP（Java Serve Page）技术。JSP 是一种在 Servlet 规范之上的动态网页技术，通过 JSP 页面中嵌入 Java 代码，可以实现动态网页。也可以将其理解为是 Servlet 技术的扩展，在 JSP 文件被第一次请求时，它会被编译成 Servlet 文件，再通过服务器调用 Servlet 进行处理。由此可以看出，JSP 与 Servlet 的关系十分紧密，JSP 页面的执行过程示意图如图 2-2 所示。

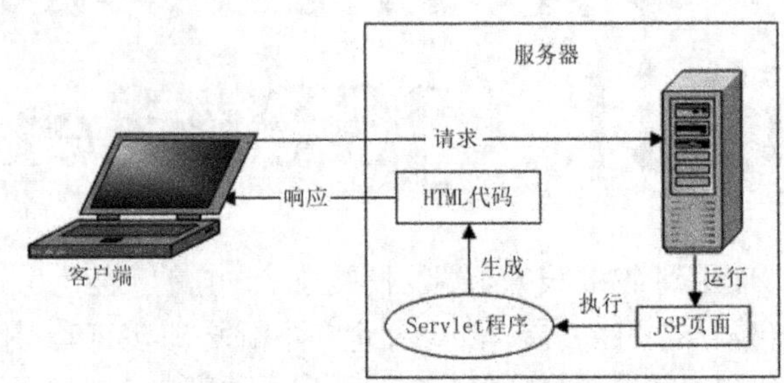

图 2-2　JSP 页面执行过程示意图

JSP 虽然是在 Servlet 的基础上产生的，是 Servlet 技术的扩展，但与 Servlet 也存在一定的区别，主要体现在以下几个方面。

① Servlet 承担客户端请求与业务处理的中间角色，需要调用固定的方法，将动态程序代码混合到静态的 HTML 代码中；而在 JSP 页面，则可以直接使用 HTML 标签进行输出。

② Servlet 需要调用 Servlet API 接口处理 HTTP 请求，而在 JSP 页面中，则可以直接使用内置对象进行处理。

③ Servlet 的使用需要进行一定的配置，而 JSP 文件通过.jsp 扩展名部署在容器中，容器对其自动识别，直接编译成 Servlet 进行处理。

3．Servlet 的生命周期

Servlet 的生命周期就是 Servlet 从创建到销毁的全过程，包括加载和实例化、初始化、处理请求和释放占用资源 4 个阶段。

（1）加载和实例化

Servlet 容器负责加载和实例化 Servlet，当客户端发送一个请求时，Servlet 容器会查找内存中是否存在 Servlet 实例，如果不存在，就创建一个 Servlet 实例。如果存在 Servlet 实例，直接从内存中取出该实例来响应请求。

Servlet 容器也称为 Servlet 引擎，通常情况是 Web 服务器或应用服务器的一部分，用于在发送的请求和做出的响应之间提供网络服务。

（2）初始化

Servlet 容器加载完 Servlet 后，必须进行初始化。初始化 Servlet 时，可以设置数据库连接参数，建立 JDBC 连接，或者建立对其他资源的引用等。在初始化阶段，调用 init()方法完成 Servlet 的初始化操作。

（3）处理请求

Servlet 被初始化以后，就处于能响应请求的就绪状态。容器通过 Servlet 对象的 service()方法处理客户端请求。每个对 Servlet 的请求都由一个 Servlet Request 对象代表，Servlet 给客户端的响应由一个 Servlet Response 对象代表。当客户端有一个请求时，Servlet 容器将 Servlet Request 对象和 Servlet Response 对象都转发给 Servlet，这两个对象以参数形式传给 service()方法，在 service()内，对客户端的请求方法进行判断，如果为 GET 方法提交，则调用 doGet()方法处理请求，如果为 POST 方法提交，则调用 doPost()方法处理请求。

（4）释放占用资源

Servlet 容器判断一个 Servlet 应当释放时（容器关闭或需要回收资源），容器必须让 Servlet 释放其正在使用的资源。这些都是由容器调用 Servlet 对象的 destroy()方法实现。destroy()方法只是指明哪些资源可以被系统回收，最终被垃圾回收器进行回收。

4．Servlet 处理的基本流程

Servlet 主要运行在服务器端，并由服务器调用执行以处理客户端的请求，并做出响应。一个 Servlet 就是一个 Java 类，更直接地说，Servlet 是能够使用 print 语句产生动态 HTML 内容的 Java 类。Servlet 处理的基本流程如下所示。

① 客户端（浏览器）通过 HTTP 提出请求。

② Web 服务器接收该请求并将其发送给 Servlet，如果这个 Servlet 尚未被加载，Web 服务器将把其加载到 Java 虚拟机并且执行它。

③ Servlet 程序将接收该 HTTP 请求并执行某种处理。

④ Servlet 会将处理后的结果向 Web 服务器返回应答。

⑤ Web 服务器将从 Servlet 的应答发回给客户端。

5．Servlet 的基本代码结构

在 Java 中，通常所说的 Servlet 是指 HttpServlet 对象，在声明一个对象为 Servlet 时，需要继承 HttpServlet 类。HttpServlet 类是 Servlet 接口的一个实现类，继承此类后，可以重写 HttpServlet 类中的方法对 HTTP 请求进行处理。其基本代码结构如表 2-1 所示。

表 2-1　Servlet 的基本代码结构

```
import java.io.IOException;
import javax.servlet.ServletException;
import javax.servlet.http.HttpServlet;
import javax.servlet.http.HttpServletRequest;
import javax.servlet.http.HttpServletResponse;
public class TestServlet extends HttpServlet {
    public TestServlet() {
        super();
    }
    //初始化方法
    public void init(ServletConfig config) throws ServletException {
    }
    //处理HTTP GET请求
    protected void doGet(HttpServletRequest request, HttpServletResponse response)
            throws ServletException, IOException {
    }
    //处理HTTP POST请求
    protected void doPost(HttpServletRequest request, HttpServletResponse response)
            throws ServletException, IOException {
    }
    //实例销毁
    public void destroy() {
    }
}
```

① 表 2-1 中所创建的 TestServlet 类通过继承 HttpServlet 类被声明为一个 Servlet 对象，HttpServlet 类作为一个抽象类用来创建 Servlet 对象。

② 表 2-1 中导入了必要的包及相关类，还包含了 init()、doGet()、doPost()和 destroy()4 个方法的基本结构。init()方法是 HttpServlet 类中的方法，可以被重写，该方法主要用于完成初始化工作，destroy()用于回收资源。doGet()和 doPost()方法是两个很重要的方法，用于处理客户的请求并做出响应，HttpServlet 的子类不必重写所有的方法，但至少重写 doGet()和 doPost()方法中的一个。

③ HttpServlet 类提供 doGet()方法处理 GET 请求，提供 doPost()处理 POST 请求。如果客户端使用 GET 方法提交请求，那么就把处理代码写在 doGet()方法中，同理，如果客户端使用 POST 方法提交请求，那么就把处理代码写在 doPost()方法中。这样就可以处理客户的请求，并做出相应的响应。

无论客户端使用 GET 还是 POST 方法提交请求，如果希望 Servlet 对 GET 或 POST 请求都能正确的响应，只需把处理代码都写在 doPost()方法中，然后在 doGet()方法中调用 doPost()方法即可。doGet()方法和 doPost()方法都有两个参数，分别是 HttpServletRequest 对象和 HttpServletResponse 对象。HttpServletRequest 对象封装了用户的请求信息，此对象调用相应的方法可以获取客户端信息，HttpServletResponse 对象用于响应用户的请求。

④ 当服务器引擎第一次收到 Servlet 请求时，会使用 init()方法初始化一个 Servlet 对象，以后每当服务器再接收到一个 Servlet 请求时，就会产生一个新的线程，并在该线程中调用 service()方法检查 HTTP 请求类型是 GET 还是 POST，同时根据用户的请求方式，对应地调用 doGet()方法或者 doPost()方法。因此，在 Servlet 类中，不必重写 service()方法来响应客户端的请求，直接继承 service()方法即可。但可以重写 doGet()和 doPost()方法来响应，这样不仅增加了响应的灵活性，而且降低了服务器的负担。

6．Servlet 接口和 ServletConfig 接口

（1）Servlet 接口

在 Servlet 编程时，Servlet API 提供了标准的接口与类，它们为 HTTP 请求与程序响应提供了丰富的方法。Servlet 的运行需要 Servlet 容器的支持，Servlet 容器调用 Servlet 对象的方法对请求进行处理。在 Servlet 应用程序开发中，一个 Servlet 对象都要直接或间接地实现 javax.servlet.Servlet 接口，该接口中包含了 5 个方法，这些方法的原型及功能说明如表 2-2 所示。

表 2-2　Servlet 接口中的方法及功能说明

方法名称	方法原型	功能说明
init()	public void init(ServletConfig config)	Servlet实例化后，Servlet容器调用init()方法完成初始化工作
service()	public void service(ServletRequest request , ServletResponse response)	用于处理客户端的请求
destroy()	public void destroy( )	当Servlet实例对象被销毁时，Servlet容器调用destroy()释放资源
getServletConfig()	public ServletConfig getServletConfig()	用于获取Servlet对象的配置信息，返回ServletConfig对象
getServletInfo()	public String getServletInfo( )	返回有关Servlet的信息，它是纯文本格式的字符串

（2）ServletConfig 接口

ServletConfig 接口位于 javax.servlet 包中，它封装了 Servlet 的配置信息，在 Servlet 初始化期间被传递。每一个 Servlet 只有一个 ServletConfig 对象，该对象定义了 4 个方法，分别是

getInitParameter()、getInitParameterNames()、getServletContext()和 getServletName()。

7. GenericServlet 类和 HttpServlet 类

（1）GenericServlet 类

创建一个 Servlet 对象时，必须实现 javax.servlet.Servlet 接口，由于 Servlet 接口中包含了 5 个方法，所以创建 Servlet 对象时要实现这 5 个方法，这样很不方便。

javax.servlet.GenericServlet 类简化了操作，实现了 Servlet 接口，其原型如下所示：

```
public abstract class GenericServlet    extends Object
                                        implements    Servlet , ServletConfig , Serializable
```

GenericServlet 类是一个抽象类，分别实现了 Servlet 接口和 ServletConfig 接口。该类实现了除 service()之外的其他方法，在创建 Servlet 对象时，可以继承 GenericServlet 类来简化程序中的代码，但仍需要实现 service()方法。

（2）HttpServlet 类

GenericServlet 类虽然实现了 javax.servlet.Servlet 接口，为 Java Web 应用程序的开发提供了方便。但是在实际开发过程中，大多数的应用都是使用 Servlet 处理 HTTP 协议的请求，并对请求做出响应，所以通过继承 GenericServlet 类仍然不是很方便。

javax.servlet.http.HttpServlet 类继承了 GenericServlet 类，并对 GenericServlet 类进行了扩展，为 HTTP 请求的处理提供了灵活的方法，可以很方便地对 HTTP 请求进行处理及响应。其原型如下所示：

```
public abstract class HttpServlet extends GenericServlet implements Serializable
```

HttpServlet 类仍然是一个抽象类，实现了 service()方法，并针对 HTTP1.1 中定义的 7 种请求类型提供了相应的方法，分别为 doGet()、doPost()、doPut()、doDelete()、doHead()、doOptions()和 doTrace()。在这 7 个方法中，除了对 doOptions()和 doTrace()方法进行简单实现外，HttpServlet 类并没有对其他方法进行实现，需要开发人员在使用过程中根据实际需要对其进行重写。

8. Servlet 过滤器

Servlet 过滤器是 Java Web 程序中的可重用组件，是客户端与目标资源间的中间层组件，用于拦截客户端的请求与响应信息。当 Web 容器接收到一个客户端请求时，将判断此请求是否与过滤器对象相关联，如果相关联，则将这一请求交给过滤器进行处理。在处理过程中，过滤器可以对请求进行操作，如更改请求中的信息数据。在过滤器处理完成之后，再将进行其他业务处理。当所有业务处理完成后，需要对客户端进行响应时，容器又将响应交给过滤器进行处理，过滤器完成处理后才将响应发送到客户端。Servlet 过滤器处理过程示意图如图 2-3 所示。

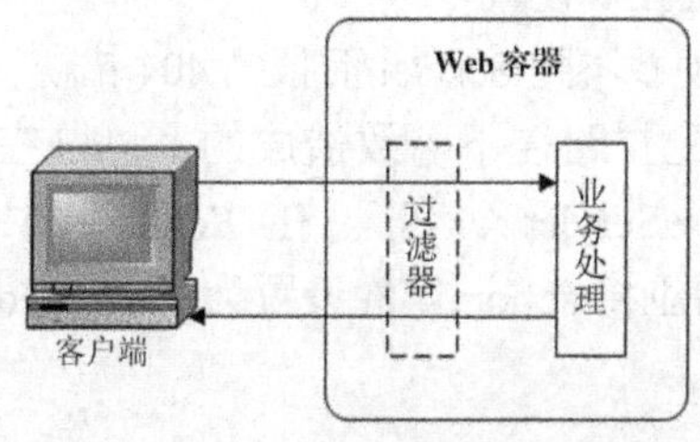

图 2-3　Servlet 过滤器处理过程示意图

在 Web 应用程序开发过程中，可以放置多个过滤器，如字符编码过滤器、身份验证过滤器等。在多个过滤器的处理过程中，容器首先将客户端请求交给第一个过滤器处理，处理完成之后再交给下一个过滤器处理，依此类推，直到最后一个过滤器。当需要对客户端响应时，将按照相反的方向对响应进行处理，直到交给第一个过滤器，最后才发送到客户端。多个过滤器处理过程示意图如图 2-4 所示。

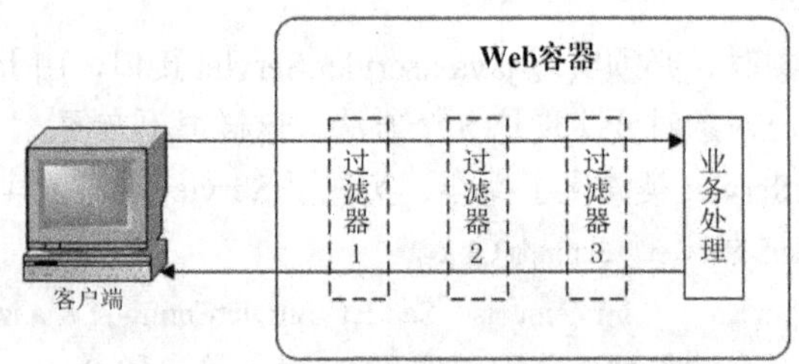

图 2-4　多个 Servlet 过滤器处理过程示意图

9．HttpServletRequest 接口与 HttpServletResponse 接口

（1）HttpServletRequest 接口

HttpServletRequest 接口位于 javax.servlet.http 包中，继承了 javax.servlet.ServletRequest 接口，是 Servlet 中的重要对象，在开发过程中较常用，其常用方法主要有 getContextPath()、getCookies()、getMethod()、getQueryString()、getRequestURL()、getServletPath、getSession()。

（2）HttpServletResponse 接口

HttpServletResponse 接口位于 javax.servlet.http 包中，继承了 javax.servlet.ServletResponse 接口，也是一个非常重要的对象，其常用方法主要有 addCookie()、sendError()、sendRedirect()。

10．关于 web.xml 文件

Servlet 作为一个组件，需要部署到 Tomcat 中才能正常运行。因为所有的 Servlet 程序都以.class 的形式存在的，所以必须在 web.xml 文件中进行 Servlet 程序的映射配置。

在使用 Eclipase 创建 Web 项目时，Eclipase 可以自动创建一个 web.xml 文件，称之为部署文件，该文件在程序运行 Servlet 时起到一个总调度的作用，它会告诉容器如何运行 Servlet 和 JSP 文件。

web.xml 文件经常包含 servlet-mapping 和 servlet 等多个 XML 元素，其中 servlet-mapping 将用户访问的 URL 映射到 Servlet 的内部名，servlet 元素把 Servlet 内部名映射到一个 Servlet 类名（包名称.类名称）。

当客户端发送一个请求的 URL 到<servlet-mapping>中的<url-pattern>值的时候，容器会根据相应的<servlet-name>值，在<servlet>元素范围内查找与<servlet-name>对应的<servlet-class>类，然后去执行该类的 doGet()方法或者 doPost()方法。

11．表单中 action 属性的正确设置

在实际开发中，经常会出现找不到 Servlet 而报的 404 错误，出现这种问题，是由于提交后的路径与 web.xml 文件中的配置路径不一致造成的，可以在表单中将 action 属性设置为“<%=request.GetContenPath()%>/Servlet 类名”。在 Eclipase 中，如果 JSP 页面位于文件夹 WebContent 的子文件夹中，则应将 action 属性设置为“<%=request.GetContenPath()%>/路径/Servlet 类名”。

12．Filter API

（1）Filter 接口

Filter 接口位于 javax.servlet 包中，与 Servlet 接口相似，当定义一个过滤器对象时需要实现此接口。在 Filte 接口中包含了 3 个方法，分别为 init()、doFilter()和 destroy()。doFilter()方法与 Servlet 的 service()方法类似，当请求及响应交给过滤器时，过滤器调用此方法进行过滤处理。

（2）FilterChain 接口

FilterChain 接口位于 javax.servlet 包中，该接口由容器进行实现。FilterChain 接口只包含一个方法 doFilter()，该方法主要用于将过滤器处理的请求或响应传递给下一个过滤器对象。在多个过滤器的 Web 应用中，可以通过此方法进行过滤传递。

（3）FilterConfig 接口

FilterConfig 接口位于 javax.servlet 包中，该接口由容器进行实现，用于获取过滤器初始化期间的参数信息，包含的方法分别为 getFilterName()、getInitParameter()、getInitParameterNames()和 getServletContext()。

【应用技巧】

本单元的应用技巧如下所示：

① Servlet 对象的正确使用。

② application 对象的正确使用。

③ Servlet 过滤器的正确使用。

④ Servlet 监听器的正确使用。

⑤ 文本文件的读取与写入方法。

【环境创设】

① 准备开发 Web 项目所需的图片文件。

② 下载 Servlet 支持类库 servlet-api.jar。

③ 在计算机的【资源管理器】中创建文件夹 unit02。

在 E 盘文件夹“移动平台的 Java Web 实用项目开发”中创建子文件夹“unit02”，以文件夹“unit02”作为 Java Web 项目的工作空间。

④ 启动 Eclipse，设置工作空间为 unit02，然后进入 Eclipse 的开发环境。

⑤ 在 Eclipse 集成开发环境中配置与启动 Tomcat 服务器。

⑥ 新建动态 Web 项目 project02。

⑦ 将文件 servlet-api.jar 拷贝到 Web 项目 project02 的文件夹“WebContent\WEB-INF\lib”下，并在 Eclipse 集成开发环境的“项目资源管理器”刷新 Web 项目 project02。

⑧ 创建包 package02。

在 Web 项目 project02 中创建一个包，将其命名为“package02”。

【任务描述】

【任务 2-1】应用 Servlet 对象实现网站访问量的统计

创建 Servlet 类，在此类中重写 doGet()方法，通过 ServletContex 接口的对象实现网站访问量的统计。

【任务 2-2】应用 application 对象实现网站访问量的统计

application 对象可以将信息保存在服务器，并且保存的信息在整个应用中都有效，直到服务器关闭。应用 application 对象实现网站访问量的统计。

【任务 2-3】应用 Servlet 过滤器实现网站访问量的统计

创建实现 Filter 接口的类，在此类中重写 doFilter()方法，通过 ServletContex 接口的对象实现网站访问量的统计。

【任务 2-4】应用 Servlet 监听器实现网站在线人数的统计

Servlet 监听器主要功能是负责监听 Web 程序的各种操作，当相关的事件触发之后将会产生事件，并对此事件进行处理。在 Web 程序中可以对 application、session 和 request 3 种操作进行监听。针对 session 的监听器主要使用 HttpSessionListener、HttpSessionAttributeListener 和 HttpSessionBindingListener 接口来实现。HttpSessionListener 接口主要用于对创建和销毁 session 的操作进行监听，该接口定义的主要方法有 sessionCreated()和 sessionDestroyed()。要求应用 HttpSessionListener 监听器实现网站在线人数的统计。

【任务 2-5】应用 JSP+Servlet 技术实现网站访问量的统计

当浏览者访问网站时，首先从特定文件中读取已有访问量数据，然后将当前网站的访问量增加 1，并使用数字图片方式显示网站的当前访问量实现页面的美化，接着将网站的最新访问量写入特定文件中。另外，当浏览者刷新访问页面时，要求显示的访问量不会增加。

【任务实施】

【网页结构设计】

本单元将会创建多个网页，其主体结构的 HTML 代码如表 2-3 所示。

表 2-3　单元 2 网页主体结构的 HTML 代码

```html
<!-- 头部导航 -->
<nav class="nav w pr">     </nav>
<!-- 中部主体内容 -->
<div class="w">
    <ul class="easy-header fix">
        <li class="img-header"></li>
        <li class="header-text"></li>
    </ul>
    <div class="easy-box-con">
        <ul class="easy-parent">
            <li class="fix"></li>
        </ul>
    </div>
</div>
<!-- 底部导航 -->
<footer class="footer w">
    <div class="layout fix user-info">
        <div class="user-name fl" ></div>
        <div class="fr"></div>
    </div>
    <ul class="list-ui-a foot-list tc"></ul>
</footer>
```

【网页 CSS 设计】

在 Dreamweaver CS6 开发环境中创建两个 CSS 文件：base.css 和 view.css，base.css 文件中主要的 CSS 代码如表 1-3 所示，view.css 文件中主要的 CSS 代码如表 2-4 所示。这两个 CSS 文件具体的代码见本书提供的电子资源。

表 2-4 view.css 文件的主要 CSS 代码

```css
.easy-header {
   width: 320px;
   height: 175px;
   margin: 0 auto;
   background-size: 320px 175px;
}
.img-header {
   float: left;
   width: 70px;
   height: 65px;
   margin-left: 40px;
   margin-top: 50px;
   background: #e6e7e1;
   border: #fff solid 1px;
   border-radius: 5px;
   box-shadow: 1px 1px 3px rgba(4,0,0,0.2);
   text-align: center;
}
.header-text {
   float: left;
   margin-left: 10px;
   margin-top: 60px;
   color: #fff;
   text-shadow: 1px 1px 3px
            rgba(4,0,0,0.5);
   width: 190px;
   height: 80px;
   overflow: hidden;
}
.user-info {
   margin: 0 10px;
}
.easy-box-con {
   margin: 0 auto;
   padding-top: 15px;
   background: #f7f4eb;
}
.easy-parent {
   width: 273px;
   margin: 0 auto;
}
.easy-parent li a {
   display: block;
   float: left;
   width: 91px;
   margin-bottom: 20px;
   text-align: center;
}
.easy-parent li a span {
   display: block;
}

.easy-parent li a img {
   display: block;
   width: 43px;
   height: 43px;
   margin: 0 auto;
}
```

【静态网页设计】

在 Dreamweaver CS6 中创建静态网页 unit02.html，该网页的初始 HTML 代码如表 1-5 所示。在网页 unit02.html 中<head>和</head>之间编写如下所示的代码，引入所需的 CSS 样式文件。

```html
<link rel="stylesheet" type="text/css" href="css/base.css">
<link rel="stylesheet" type="text/css" href="css/view.css">
```

在网页 unit02.html 的标签<body>和</body>之间编写如表 2-5 和表 2-6 所示的代码，实现网页所需的布局和内容。

表 2-5　网页 unit02.html 中部内容对应的 HTML 代码

```html
<div class="w f14">
  <ul class="easy-header fix" style="background:url(images/background.jpg)">
    <li class="img-header">
      <a href="#">
        <img src="images/1_120x120.jpg" alt="" width="63" height="63">
      </a>
    </li>
    <li class="header-text">
      <span>您好！ LiMing</span>
      <span><br />欢迎来到易购网！ </span>
    </li>
  </ul>
  <div class="easy-box-con">
    <ul class="easy-parent">
    <li class="fix">
      <a href="#" >
      <img src="images/all-order.png" alt=""><span>全部订单</span></a>
      <a href="#" >
      <img src="images/easy-pay.png" alt=""><span>易付宝</span></a>
      <a href="#" >
      <img src="images/favoritor.png" alt=""><span>商品收藏</span></a>
      <a href="#" >
      <img src="images/my-score.png" alt=""><span>我的积分</span></a>
      <a href="#" >
      <img src="images/my-coupon.png" alt=""><span>我的优惠券</span></a>
      <a href="#" >
      <img src="images/check-digest.png" alt=""><span>查看物流</span></a>
    </li>
    </ul>
  </div>
</div>
```

表 2-6　网页 unit02.html 底部内容对应的 HTML 代码

```html
<footer class="footer w">
  <div class="layout fix user-info">
    <div class="user-name fl">
        <!-- a-统计网站的访问量 -->
        <span>当前在线用户共有: XX 位</span>
    </div>
    <div class="fr"><a href="#" class="backTop" id="backTop">回顶部</a></div>
  </div>
  <ul class="list-ui-a foot-list tc">
    <li>
      <a   href="" id="footerLogin" class="foot1">登录</a>
      <a   href="" id="footerRegister" class="foot2">注册</a>
      <a   href="" id="shopCartTip" class="foot3">购物车</a>
    </li>
  </ul>
  <div class="tc copyright">Copyright© 2012-2018 m.ebuy.com</div>
</footer>
```

网页 unit02.html 的浏览效果如图 2-5 所示。

图 2-5　网页 unit02.html 的浏览效果

【网页功能实现】

【任务 2-1】应用 Servlet 对象实现网站访问量的统计

（1）创建 CounterServlet2_1 类

在包 package02 中创建名为“CounterServlet2_1”的类，它继承 HttpServlet 类，在此类中重写 doGet()方法，该方法的代码如表 2-7 所示。

表 2-7　CounterServlet2_1 类的代码

```
protected void doGet(HttpServletRequest request, HttpServletResponse response)
        throws ServletException, IOException {
    //获得 ServletContext 对象
    ServletContext context = getServletContext();
    //从 ServletContext 中获得计数器对象
    Long num = (Long)context.getAttribute("count1");
    if(num==null){          //如果为空，则在 ServletContext 中设置一个计数器的属性
        num=(long) 1;
        context.setAttribute("count1", num);
    }else{                  //如果不为空，则设置该计数器的属性值加 1
        context.setAttribute("count1", num+1);
    }
    response.setContentType("text/html");            //响应正文的 MIME 类型
    response.setCharacterEncoding("UTF-8");          //响应的编码格式
    PrintWriter out = response.getWriter();
    out.println("<!DOCTYPE HTML>");
    out.println("<html>");
    out.println("  <head><title>统计网站的访问量</title>");
    out.println("  <link rel='stylesheet' type='text/css' href='css/base.css'>");
    out.println("  <link rel='stylesheet' type='text/css' href='css/view.css'>");
    out.println("  </head>");
    out.println("  <body>");
```

续表

```
    out.println("      <footer class='footer w'>");
    out.println("        <div class='layout fix user-info'>");
    out.println("          <div class='user-name fl'>");
    out.println("            <span>您是第  "+context.getAttribute("count1")+"位访问者。</span>");
    out.println("          </div>");
    out.println("        </div>");
    out.println("      </footer>");
    out.println("  </body>");
    out.println("</html>");
    out.flush();
    out.close();
}
```

（2）创建 web.xml 文件并对 CounterServlet2_1 类进行配置

在项目 project02 的文件夹“WebContent\WEB-INF”中创建 web.xml 文件，打开该 web.xml 文件，然后编写如表 2-8 所示的配置代码。

表 2-8　CounterServlet2_1 类的配置代码

```
<servlet>
    <servlet-name>Servlet2_1</servlet-name>
    <servlet-class>package02.CounterServlet2_1</servlet-class>
</servlet>
<servlet-mapping>
    <servlet-name>Servlet2_1</servlet-name>
    <url-pattern>/count1</url-pattern>
</servlet-mapping>
<welcome-file-list>
    <welcome-file>count1</welcome-file>
</welcome-file-list>
```

（3）创建 JSP 页面 task2-1.jsp

在项目 project02 中创建名为“task2-1.jsp”的 JSP 页面，在该页面中输入以下代码，使用<jsp:forward>标签将当前页面的请求转发给 Servlet 对象。

```
<jsp:forward page="count1"></jsp:forward>
```

（4）运行程序输出结果

运行 JSP 页面 task2-1.jsp，其运行结果如图 2-6 所示。

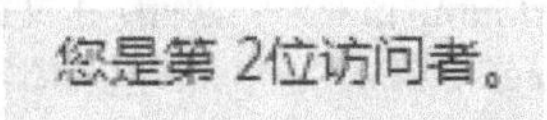

您是第 2位访问者。

图 2-6　JSP 页面 task2-1.jsp 的运行结果

【任务 2-2】应用 application 对象实现网站访问量的统计

（1）创建 JSP 页面 task2-2.jsp

在项目 project02 中创建一个 JSP 页面 task2-2.jsp，其主要功能代码如表 2-9 所示。

表 2-9　JSP 页面 task2-2.jsp 的主要功能代码

行号	代码
01	<%
02	String strNum=(String)application.getAttribute("num2") ;
03	int num2=1;
04	//检查 Num 变量是否可用
05	if(strNum!=null)
06	num2=Integer.parseInt(strNum);　　//取得存放在 application 中的计数值
07	if(session.isNew())
08	num2=num2+1;
09	application.setAttribute("num2",String.valueOf(num2));
10	%>

由于服务器启动时，第一次浏览网页，application 对象的属性 num 的值为 null，因此表 2-9 中第 5 行要判断属性值是否为空。如果同一个用户多次刷新网页，应不再增加在线人数的计数，因此第 7 行要使用 session 的 isNew()方法判断是否为新用户。

将网页 unit02.html 中"<!-- a-统计网站的访问量 -->"位置的代码修改为

```
<span>当前在线用户共有<%=num2%>位</span>
```

（2）运行程序输出结果

运行 JSP 页面 task 2-2.jsp，该页面显示的当前网站的在线人数如图 2-7 所示。

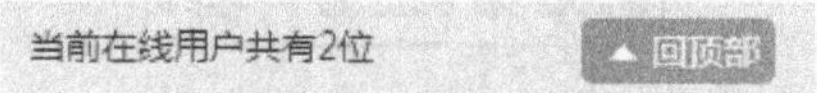

当前在线用户共有2位　▲ 回顶部

图 2-7　JSP 页面 task 2-2.jsp 中显示的当前网站的在线人数

【任务 2-3】应用 Servlet 过滤器实现网站访问量的统计

（1）创建实现 Filter 接口的类 Filter2_3

在包 package02 中创建名为"Filter2_3"的类，它实现了 Filter 接口，在此类中重写 doFilter()方法，该方法的代码如表 2-10 所示。

表 2-10　doFilter()方法的代码

```
public void doFilter(ServletRequest request, ServletResponse response, FilterChain chain)
        throws IOException, ServletException {
    HttpServletRequest req = (HttpServletRequest)request;
    ServletContext sc = req.getSession().getServletContext();    //获取 ServletContext 对象
    if(sc.getAttribute("count") != null){
        Long num = (Long) sc.getAttribute("count");
        sc.setAttribute("count", ++num);
    }else{
        sc.setAttribute("count", new Long(1));
    }
    chain.doFilter(req, response);
}
```

表 2-10 中的代码通过 Servlet 获取 ServletContext 接口的对象，获取 ServletContext 对象以后，整个 Web 应用程序都可以共享 ServletContext 对象中存放的共享数据，使用这一方法统计网站的访问量。

（2）在 web.xml 文件中对 Filter2_3 类进行配置

打开项目 project02 的文件夹“WebContent\WEB-INF”中的 web.xml 文件，然后编写如表 2-11 所示的配置代码。

表 2-11　web.xml 文件中 Filter2_3 类的配置代码

```
<filter>
   <filter-name>Filter2_3</filter-name>
   <filter-class>package02.Filter2_3</filter-class>
</filter>
<filter-mapping>
   <filter-name>Filter2_3</filter-name>
   <url-pattern>/*</url-pattern>
</filter-mapping>
```

（3）创建 JSP 页面 task2-3.jsp

在项目 project 02 中创建名为“task2-3.jsp”的 JSP 页面，该页面的主要功能代码如下所示：

```
<h3>您是第<%=application.getAttribute("count3")%>位访问者。</h3>
```

（4）运行程序输出结果

运行 JSP 页面 task2-3.jsp，其运行结果如图 2-8 所示。

您是第2位访问者。

图 2-8　JSP 页面 task2-3.jsp 的运行结果

【任务 2-4】应用 Servlet 监听器实现网站在线人数的统计

（1）创建实现 HttpSessionListener 接口的类 CounterListener2_4

在包 package02 中创建名为“CounterListener2_4”的类，它实现了 HttpSessionListener 接口，该类的代码如表 2-12 所示。

表 2-12　类 CounterListener2_4 的代码

```
package package02;
import javax.servlet.http.HttpSessionEvent;
import javax.servlet.http.HttpSessionListener;
public class CounterListener2_4 implements HttpSessionListener {
   private static long onlineNumber = 0;

   public static long getOnlineNumber() {
      return onlineNumber;
   }

   public void sessionCreated(HttpSessionEvent se) {
      onlineNumber++;
   }

   public void sessionDestroyed(HttpSessionEvent se) {
      onlineNumber--;
   }
}
```

类 CounterListener2_4 中在重写的方法 sessionCreated 中实现在线人数增加 1，在重写的方法 sessionDestroyed 中实现在线人数减少 1。当浏览者访问网站时，必定会产生一个 Session 对象；当浏览者关闭所访问的页面时，必定会删除该 Session 对象。所以每当产生一个新的 Session 对象就让在线人数就增加 1，每当删除一个 Session 对象就使在线人数减少 1。

（2）在 web.xml 文件中对 CounterListener2_4 类进行注册

打开项目 project02 的文件夹“WebContent\WEB-INF”中的 web.xml 文件，然后编写如表 2-13 所示的配置代码。

表 2-13　web.xml 文件中 CounterListener2_4 类的配置代码

行号	代码
01	<listener>
02	<listener-class>
03	package02.CounterListener2_4
04	</listener-class>
05	</listener>

（3）创建 JSP 页面 task2-3.jsp

在项目 project 02 中创建名为“task2-4.jsp”的 JSP 页面，该页面的主要功能代码如下所示：

```
<span>当前在线人数共有<%=CounterListener2_4.getOnlineNumber()%>人</span>
```

（4）运行程序输出结果

运行 JSP 页面 task2-4.jsp，其运行结果如图 2-9 所示。

当前在线人数共有2人

图 2-9　JSP 页面 task2-4.jsp 的运行结果

【任务 2-5】应用 JSP+Servlet 技术实现网站访问量的统计

（1）创建服务器端的 Servlet 类 CountFileHandler2_5

在包 package02 中创建名为“CountFileHandler2_5”的类，该类的代码如表 2-14 所示。类 CountFileHandler2_5 用于实现访问量的读取和保存，当访问者浏览网站时从文本文件中读取访问量，在浏览者关闭浏览页面时，保存访问量到特定文本文件中。

表 2-14　CountFileHandler2_5 类的代码

行号	代码
01	package package02;
02	import java.io.BufferedReader;
03	import java.io.File;
04	import java.io.FileReader;
05	import java.io.FileWriter;
06	import java.io.IOException;
07	import java.io.PrintWriter;
08	public class CountFileHandler2_5 {
09	//保存访问量数据到特定文本文件中
10	public static void writeFile(String filename, long count) {
11	try {
12	PrintWriter out = new PrintWriter(new FileWriter(filename));
13	out.println(count);　//将访问量写入文件
14	out.close();

续表

```
    } catch (IOException e) {
      e.printStackTrace();
    }
  }

  public static long readFile(String filename) {
    long count = 0;                    //定义一个变量存放访问量
    try {
      File f = new File(filename);     //创建一个 File 类型对象
      if (!f.exists()) {
        writeFile(filename, 0);        //创建特定文本文件，并写入访问量的值为 0
      }
      BufferedReader in = new BufferedReader(new FileReader(f));
      count = Long.parseLong(in.readLine());     //将读取的字符转换类型
      in.close();
    } catch (IOException e) {
      e.printStackTrace();
    }
    return count;
  }
}
```

类 CountFileHandler2_5 主要包括两个方法：writeFile()方法用于把新的访问量写入特定的文本文件中，而 readFile()方法用于从特定文本文件中读取已有访问量。

writeFile()方法有两个参数：参数 filename 表示特定的文本文件名称，参数 count 表示更新后的访问量。首先获取到 filename 文件的写入流，然后把 count 写到该文件中，最后要关闭写入流。

readFile()方法只有一个参数 filename。首先需要判断参数 filename 表示的文本文件是否存在，如果该文件不存在则表示该网站是第一次运行，应调用 writeFile()方法创建该文本文件并向该文件中写入 0。如果该文本文件存在，首先需要创建该文本文件的读取流，然后读取该文件中的内容并把其转换成数值型，最后在关闭读取流的同时返回转换后的值 count。

（2）创建 JSP 页面 task2-5.jsp

在项目 project02 中创建一个 JSP 页面 task2-5.jsp，其主要功能代码如表 2-15 所示。

表 2-15　JSP 页面 task2-5.jsp 的主要功能代码

```
<%
  long count=CountFileHandler2_5.readFile(request.getRealPath("/")+"count.txt");
  if(session.getAttribute("visited")==null){
    session.setAttribute("visited","y");
    session.setMaxInactiveInterval(60*60*24);
    count=count+1;
    CountFileHandler2_5.writeFile(request.getRealPath("/")+"count.txt",count);
  }
%>
<%!
public String getCounter(long count){
```

续表

行号	代码
12	String countNumber=count+"";
13	String newNumber="";
14	for(int i=0 ; i<countNumber.length() ; i++){
15	newNumber=newNumber+"<img src=\"images\\"+countNumber.charAt(i)+".gif\">";
16	}
17	return newNumber;
18	}
19	%>

表 2-15 中的代码含义及作用说明如下：

① 第 2 行代码利用 CountFileHandler2_5.readFile()方法获取现有的访问量数据。第 07 行利用 CountFileHandler2_5.writeFile()方法将新访问量数据保存到特定的文本文件中。

② 第 3 至 6 行代码，首先判断名为 visited 的 session 对象是否存在，当该对象不存在时则表示该浏览者不是在刷新该页面，此时应该创建名为 visited 的对象，然后设置该对象的生存时间为 1 天，最后更新 count 的值。如果访问者只是刷新所访问的页面，则不会保存新的访问量数据，只会使用变量 count 更新以前的值。

③ 第 12 行将 long 型参数 count 转换成字符串以方便对其进行切割。

④ 第 14 至 16 行遍历该字符串，并通过 charAt()方法获取字符串中的每个数字，同时用该数字对应的图片组成一个新的图片数组，最后返回该图片数组。

将网页 unit02.html 中“<!-- a-统计网站的访问量 -->”位置的代码修改为

```
<span>当前网页已被访问过: <%=getCounter(count)%>次</span>
```

（3）运行程序输出结果

运行 JSP 页面 task2-5.jsp，其运行结果如图 2-10 所示。

图 2-10 JSP 页面 task2-5.jsp 的运行结果

【单元小结】

Servlet 使用 Java 语言编写，继承了 Java 语言中的诸多优点，同时也对 Java 的 Web 应用进行了扩展，但它与普通 Java 程序不同，Servlet 对象运行在 Web 服务器上，可以对 Web 浏览器或其他客户端程序发送的请求进行处理。

在购物网站中设置统计网站访问量的功能，可以显示出该网站的吸引力和运行效率，本单元主要探讨了购物网站中访问量统计功能的实现方法。

PART 3 单元3 购物网站商品展示与查询模块设计（JSP+Servlet+JDBC）

对于一个基于数据库开发的Web应用系统，通常将系统相关的数据存放在后台的数据库中，Web 页面都需要访问数据库，即从数据表中读取数据，向数据表中新增记录或者修改、删除数据表中的数据记录。

Java Web 应用程序访问数据库，首先需要实现 JSP 应用程序与数据库的连接，JDBC（Java DataBase Connectivity，数据库连接）是 Java 程序连接关系数据库的标准，由一组用 Java 语言编写的类和接口组成。对 Java 程序开发者来说，JDBC 是一套用于执行 SQL 语句的 Java API，通过调用 JDBC 就可以在独立于后台数据库的基础上完成对数据库的操作；对数据库厂商而言，JDBC 只是接口模型，数据库厂商开发相应的 JDBC 驱动程序，就可以使数据库通过 Java 语言进行操作了。

【知识梳理】

1．JDBC 的实现原理

JDBC 主要通过 java.sql 包提供的 API 供 Java 程序开发者使用，驱动程序厂商则通过实现这些接口封装各种对数据库的操作。JDBC 为多种关系数据库提供了统一访问接口，它可以向相应数据库发送 SQL 调用，将 Java 语言和 JDBC 结合起来，程序员只需编写一次程序就可以让它在任何平台上运行。JDBC 可以说是 Java 程序开发者和数据库厂商之间的桥梁，Java 程序开发者和数据库厂商可以在统一的 JDBC 标准之下，负责各自的工作范围。同时，任何一方的改变对另一方都不会造成显著的影响。

JDBC 的作用概括起来包括以下几方面：

① 建立与数据库的连接；

② 向数据库发出查询请求；

③ 处理数据库的返回结果。

2．使用 JDBC 访问数据库

（1）注册与加载连接数据库的驱动程序

使用 Class.forName（JDBC 驱动程序类）的方式显式加载一个驱动程序类，使用 DriverManager 类的 getConnection()方法建立与数据库的连接。

驱动程序负责向 DriverManager 类登记注册，在与数据库相连接时，DriverManager 将使用该驱动程序。

基本格式为 Class.forName("JDBC 驱动程序类");

连接 SQL Server 的驱动程序的示例代码如下所示：

```
Class.forName("com.microsoft.sqlserver.jdbc.SQLServerDriver");
```

连接 Oracle 的驱动程序的示例代码如下所示：

```
Class.forName("oracle.jdbc.driver.OracleDriver");
```

（2）创建与数据库的连接

创建与数据库的连接要用到 java.sql.DriverManager 类和 java.sql.Connection 接口。

（3）通过连接对象获取指令对象

JDBC 提供了 3 个类用于向数据为发送 SQL 语句，Connection 接口中的 3 个方法可以用于创建这些类的实例，它们分别是 Statement、PreparedStatement 和 CallableStatement。

（4）使用指令对象执行 SQL 语句

（5）获取结果集，且对结果集做相应处理

（6）释放资源

3．JDBC 的 DriverManager 类

DriverManager 类是 java.sql 包中用于管理数据库驱动程序的类，根据数据库的不同，注册、装载相应的 JDBC 驱动程序，JDBC 驱动程序负责直接连接相应的数据库。在 DriverManager 类中存有已注册的驱动程序清单，当调用 DriverManager 类的方法 getConnection 时，它将检查清单中的所有驱动程序，一直找到可与 URL 中指定的数据库进行连接的驱动程序为止。只要加载了合适的驱动程序，DriverManager 对象就开始管理连接。

使用 DriverManager 类的 getConnection()方法建立与数据库的连接，并返回一个 Connection 对象，此方法的参数包括目的数据库的 URL、数据库用户名和密码。

getConnection()方法的定义原型如下所示：

```
static Connection getConnection(String url , String username , String password)
其基本格式为：Connection conn = DriverManager.getConnection("JDBC URL",
                                                          "数据库用户名", "密码");
```

连接 SQL Server 2000 的示例代码如下所示：

```
Connection conn = DriverManager.getConnection(
  "jdbc:Microsoft:sqlserver://localhost:1433; DatabaseName=ECommerce", "sa", "123");
```

连接 SQL Server 2005 和 SQL Server 2008 的示例代码如下所示：

```
Connection conn = DriverManager.getConnection(
          "jdbc:sqlserver://localhost:1433; DatabaseName=ECommerce", "sa", "123456");
```

连接 Oralce 的示例代码如下所示：

```
Connection conn = DriverManager.getConnection(
        "jdbc:oracle:thin:@localhost:1521:eCommerce", "system", "123456");
```

4．JDBC 的 Connection 接口

Connection 接口负责连接数据库并完成传送数据的任务，与特定数据源建立连接是进行数据库访问操作的前提。一个 Connection 对象代表与数据库的一个连接。连接过程包括执行的 SQL 语句和在该连接上所返回的结果。只有在成功建立连接的前提下，SQL 语句才可能被传递到数据库，最终被执行并返回结果。

Connection 接口的主要方法如下所示。

① Statement createStatement()：创建一个 Statement 对象。

② Statement createStatement(int resultSetType , int resultSetConcurrency)：创建一个 Statement 对象，它将生成具有特定类型和并发性的结果集。

③ void commit()：提交对数据库的改变并释放当前持有的数据库的锁。

④ void rollback()：回滚当前事务中所有改变并释放当前连接持有的数据库的锁。

⑤ boolean isClose()：判断连接是否已关闭。

⑥ boolean isReadOnly()：判断连接是否为只读模式。

⑦ void setReadOnly()：设置连接的只读模式。

⑧ void clearWarning()：清除连接的所有警告信息。

⑨ void close()：立即释放连接对象的数据库和 JDBC 资源。

5．JDBC 的 Statement 接口

Statement 接口由 Connection 接口产生，用于在已经建立的连接的基础上向数据库发送 SQL 语句，包括查询、新增、修改和删除等操作。

Statement 对象使用 Connection 的 createStatement 方法创建，用来执行静态的 SQL 语句并返回执行的结果。

示例代码如下所示：

```
statement stmt = conn.createStatement();
```

如果要建立可滚动的记录集，需要使用如下格式的方法：

```
public Statement createStatement(int resultSetType , int resultSetConcurrency)
```

其中，resultSetType 可取静态类 ResultSet 的以下常量：TYPE_FORWARD_ONLY：只能向前，为默认值；TYPE_SCROLL_INSENSITIVE：可操作数据集的游标，但不反映数据的变化；TYPE_SCROLL_SENSITIVE：可操作数据集的游标，反映数据的变化。

resultSetConcurrency 可取静态类 ResultSet 类的以下常量：CONCUR_READ_ONLY：不可进行更新操作；CONCUR_UPDATABLE：可以进行更新操作，为默认值。

示例代码如下所示：

```
Statement statement = conn.createStatement ( ResultSet.TYPE_SCROLL_SENSITIVE ,
                                              ResultSet.CONCUR_READ_ONLY ) ;
```

参数 ResultSet.TYPE_SCROLL_SENSITIVE 表示滚动方式，即允许记录指针向前或向后移动，而且当其他 ResultSet 对象改变记录指针时，不影响记录指针的位置。

参数 ResultSet.CONCUR_READ_ONLY 决定是否可以用结果集更新数据库，即表示 ResultSet 对象中的数据仅能读，不能修改。如果参数为 ResultSet.CONCUR_UPDATABLE 则表示 ResultSet 对象中的数据可以更新。

Statement 接口提供了 3 种执行 SQL 语句的方法：executeQuery、executeUpdate 和 execute。使用哪一个方法由 SQL 语句所产生的内容决定。

（1）ResultSet executeQuery(String strSql)

这种方法的执行结果将返回单个结果集，主要用于在 Statement 对象中执行 SQL 查询语句，并返回该查询生成的 ResultSet 对象。

（2）int executeUpdate(String strSql)

这种方法用于执行 Insert、Update、Delete 和 SQL DDL（数据定义语言）语句，返回一个整数值，表示执行 SQL 语句影响的数据行数。

```
String strSql = "Update 用户表 Set 密码=' " +password+" ' Where 用户编号=' "
             + code +" ' " ;
int num = statement.executeUpdate(strSql);
```

（3）boolean execute(String sql)

这种方法是执行 SQL 语句调用的一般方法，允许用户执行 SQL 数据定义命令，然后获取一个布尔值，显示是否返回了 ResultSet 对象。用于执行返回多个结果集、多个更新结果或两者组合的语句。

Statement 对象将由 Java 垃圾收集程序自动关闭。而作为一种良好的编程风格，应在不需要 Statement 对象时显式地关闭它们，有助于避免潜在的内存问题。

6. JDBC 的 ResultSet 接口

ResultSet 接口负责保存 Statement 执行后返回的查询结果。ResultSet 对象实际上是一个由查询结果数据构成的表，在 ResultSet 中隐含着一个指针，利用这个指针移动数据行，可以取得所要的数据，或者对数据进行简单的操作。

JDBC 的 ResultSet 对象包含了执行某个 SQL 语句后返回的所有行，表示返回结果集的数据表，该结果集可以由 Statement 对象、PreparedStatement 对象或者 CallableStatement 对象执行 SQL 语句后返回。ResultSet 对象提供了对这些结果集中行的访问，在每个 ResultSet 对象内部就好像有一个指针，借助于指针的移动，就可以遍历 ResultSet 对象内的每个数据项。因为一开始指针所指向的是第一行记录之前，所以必须首先调用 next()方法才能取出第 1 条记录，而第二次调用 next()方法时指针就会指向第 2 条记录，依次类推。

在 ResultSet 接口中，提供了一系列方法在记录集中自由移动记录指针，以加强应用程序的灵活性和提高程序执行的效率。

ResultSet 接口的常用方法如下所示。

（1）void first()：将记录指针移动到记录集的第一行。

（2）void last()：将记录指针移动到记录集的最后一行。

（3）void previous()：将记录指针从当前位置向前移动一行。

（4）void next()：将记录指针从当前位置向后移动一行。

（5）void beforeFistr()：将记录指针移动到记录集的第一行之前。

（6）void afterLast()：将记录指针移动到记录集的最后一行之后。

（7）boolean absolute(int row)：将记录指针移动到记录集中给定编号的行。

（8）boolean isFirst()：如果记录指针位于记录集的第一行，则返回 true，否则返回 false。

（9）boolean isLast()：如果记录指针位于记录集的最后一行，则返回 true，否则返回 false。

（10）boolean isBeforFirst()：如果记录指针位于记录集的第一行之前，则返回 true。

（11）boolean isAfterLast()：如果记录指针位于记录集的最后一行之后，则返回 true。

（12）int getRow()：获取当前行的编号。

SQL 数据类型与 Java 数据类型并不完全匹配，需要一种转换机制，通过 ResultSet 对象提供的 get×××()方法，可以取得数据项内的每个字段的值（XXX 代表对应字段的数据类型，如 getInt()、getString()、getDouble()、getBoolean()、getDate、getTime 等），可以使用字段的索引或字段的名称获取值。一般情况下，使用字段的索引，字段索引从 1 开始编号。为了获得最大的可移植性，应该按从左到右的顺序读取行数据，每列只能读取一次。假设 ResultSet 对象内包含两个字段，分别为整型和字符串类型，则可以使用 rs.getInt(1)与 rs.getString(2)方法来取得这两个字段的值（1、2 分别代表各字段的相对位置）。当然也可以使用列的字段名来指定列，如 rs.getString("name")。

例如，下面的程序利用 while 循环输出 ResultSet 对象内所有数据项，因为当记录指针移动到有效的行时，方法 next()返回 true，如果超出了记录末尾或者 ResultSet 对象没有下一行记录时返回 false。

```
while( rs.next() ) {
    System.out.println( rs.getInt(1) );
    System.out.println( rs.getString(2) );
}
```

7. JDBC 的 PreparedStatement 接口

PreparedStatement 接口继承自 Statement 接口，PreparedStatement 实例包含已编译的 SQL 语句，其执行速度要快于 Statement 对象。

PreparedStatement 对象是使用 Connection 对象的 prepareStatement()方法创建的。创建 PreparedStatement 对象的示例程序如下所示：

```
String strSql = "Select 用户编号 From 用户表 Where 用户编号=?";
PreparedStatement ps = conn.prepareStatement(strSql);
ps.setString(1, code);                //code 变量中存入了用户编号值
ResultSet rs = ps.executeQuery();
```

PreparedStatement 对象中要执行的 SQL 语句可包含 1 个或多个输入参数，参数的值在 SQL 语句创建时未被指定，而为每个参数保留了一个占位符“?”，在执行 PreparedStatement 对象之前，必须设置每个占位符“?”参数的值，可以通过调用 set×××()方法来完成，其中，×××表示该参数相应的类型。例如，如果参数是 Java 类型 String，则使用方法 setString()，即 ps.setString(1, code)，第一个参数表示要设置值的占位符在 SQL 语句中的序列位置，第二个参数表示赋给该参数的值。

PreparedStatement 接口继承自 Statement 接口的 3 种方法：execute()、executeQuery()和 executeUpdate()，但这 3 种方法不需要参数。其中 execute()方法用于在 PreparedStatement 对象中执行 SQL 语句，该 SQL 语句可以是任何种类的 SQL 语句；executeQuery()方法用于在 PreparedStatement 对象中执行 SQL 查询语句，并返回该查询生成的 ResultSet 对象；executeUpdate()方法用于在 PreparedStatement 对象中执行 SQL 语句，该 SQL 语句必须是一个 SQL 数据操作语言语句，如 Insert、Update、Delete 语句，或者是无返回内容的 SQL 语句，如 DDL 语句。

8. EL 表达式语言简介

EL（Expression Language，EL）表达式语言是 JSP 2.0 中引入的一种计算和输出 Java 对象的简单语言，可以简化在 JSP 开发中对对象的引用，从而规范页面代码，增强程序的可读性和可维护性。如今 EL 表达式是一项成熟、标准的技术，只要安装的 Web 服务器能够支持 Servlet 2.4/JSP 2.0，就可以在 JSP 页面中直接使用 EL 表达式。

EL 表达式语法很简单，以“${”开始，以“}”结尾，中间为合法的表达式，其语法格式为：${ 合法的表达式 }。

在 EL 表达式中要输出一个字符串，可以将此字符串放在一对单引号或双引号中。

EL 表达式不仅可以访问一般变量，而且可以访问 JavaBean 中的属性以及嵌套属性的集合对象，EL 表达式可以与 JSTL 结合使用，也可以与 JavaScript 语句结合使用。

为了能够获取 Web 应用程序中的相关数据，EL 表达式中定义了多个隐含对象。PageContext 隐含对象用于访问 JSP 内置对象，如 request、reponse、out、session、config 等，例如，要获取当前 session 中的变量 name 可以使用以下 EL 表达式：

```
${PageContext.session.name}
```

EL 表达式中提供了 4 个用于访问作用域范围的隐含对象，即 pageScope、requestScope、sessionScope、applicationScope，这 4 个隐含对象只能用来取得指定范围内的属性值，而不能取得其他相关信息。应用这 4 个隐含对象指定查询标识符的作用域后，系统将不再按照默认的顺序（page、request、session、application）来查找相应的标识符。例如，要获取 request 范围内的

goodsName 变量的值，可以使用以下 EL 表达式：

```
${requestScope.goodsName}
```

9. OGNL（对象图导航语言）简介

OGNL（Object-Graph Navigation Language，对象图导航语言），它是一种功能强大的表达式语言（Expression Language，EL），通过它简单一致的表达式语法，可以存取对象的任意属性，调用对象的方法，遍历整个对象的结构图，实现字段类型转化等功能。它使用相同的表达式去存取对象的属性，这样可以更好地取得数据。

在 webwork2 和 Struts2.x 中使用 OGNL 取代原来的 EL 来做界面数据绑定，所谓界面数据绑定，也就是把界面元素（如 textfield、hidden）和对象层某个类的某个属性绑定在一起，修改和显示自动同步。

OGNL 是通常要结合 Struts 2 的标签一起使用，主要是#、%和$这 3 个符号的使用。

（1）#符号

#符号的用途一般有以下 3 种。

① 访问 OGNL 上下文和 Action 上下文，#相当于 ActionContext.getContext()，#session.msg 表达式相当于 ActionContext.getContext().getSession(). getAttribute("msg")。

ActionContext 常用的属性如下所示：

parameters 包含当前 HTTP 请求参数的 Map，#parameters.id[0]相当于 request.getParameter("id").get(0)。

request 包含当前 HttpServletRequest 的属性的 Map，#request.userName 相当于 request.getAttribute("userName")。

session 包含当前 HttpSession 的属性的 Map，#session.userName 相当于 session.getAttribute("userName")。

application 包含当前应用的 ServletContext 的属性的 Map，#application.userName 相当于 application.getAttribute("userName")。

② 用于过滤和投影（projecting）集合，如 persons.{?#this.age>25}，persons.{?#this.name=='pla1'}.{age}[0]。

③ 用来构造 Map，如#{'foo1':'bar1','foo2':'bar2'}。

（2）%符号

%符号的用途是在标志的属性为字符串类型时，计算 OGNL 表达式的值，这个类似 js 中的 eval。

（3）$符号

$符号主要有两个方面的用途。其一是在国际化资源文件中，引用 OGNL 表达式，例如，国际化资源文件中的代码：reg.agerange=年龄必须在${min}同${max}之间。其二是在 Struts 2 框架的配置文件中引用 OGNL 表达式。

【应用技巧】

本单元的应用技巧如下所示。

① 使用 JDBC 访问数据库。

② EL 表达式的正确使用。

③ 实体对象及其方法的正确使用。

【环境创设】

① 下载并安装数据库管理系统 SQL Server 2008。

② 下载 Microsoft SQL Server 2008 JDBC Driver，即 sqljdbc4.jar。

③ 准备开发 Web 应用程序所需的图片文件和 JavaScript 文件。

④ 在 Microsoft SQL Server 2008 中创建数据库 eshop，并在该数据库中创建“商品数据表”、“商品类型表”和“用户表”，其结构信息分别如表 3-1、表 3-2 和表 3-3 所示。

表 3-1 “商品数据表”的结构信息

字段名	数据类型	字段名	数据类型
商品 ID	int	售出数量	int
商品编码	nvarchar(10)	图片地址	nvarchar(100)
商品名称	nvarchar(100)	大图片地址	nvarchar(100)
型号参数	nvarchar(100)	上架时间	smalldatetime
价格	money	是否推荐	bit
优惠价格	money	商品类型	int
库存数量	int		

表 3-2 “商品类型表”的结构信息

字段名	数据类型	字段名	数据类型
类型 ID	int	层次	int
类型名称	nvarchar(20)	父类 ID	int

表 3-3 “用户表”的结构信息

字段名	数据类型	字段名	数据类型
用户 ID	int	Email	nvarchar(50)
用户名	nvarchar(30)	用户类型	nvarchar(20)
密码	nvarchar(10)	头像	nvarchar(50)

⑤ 在计算机的【资源管理器】中创建文件夹 unit03。

在 E 盘文件夹“移动平台的 Java Web 实用项目开发”中创建子文件夹“unit03”，以文件夹“unit03”作为 Java Web 项目的工作空间。

⑥ 启动 Eclipse，设置工作空间为 unit03，然后进入 Eclipse 的开发环境。

⑦ 在 Eclipse 集成开发环境中配置与启动 Tomcat 服务器。

⑧ 在 Eclipse 集成开发环境中新建动态 Web 项目 project03。

⑨ 将文件 sqljdbc4.jar 拷贝到 Web 项目 project03 的文件夹“WebContent\WEB-INF\lib”下，并在 Eclipse 集成开发环境的“项目资源管理器”刷新 Web 项目 project03。

⑩ 在 Eclipse 集成开发环境中创建包 package03。

在 Web 项目 project03 中创建一个包，将其命名为“package03”。

【任务描述】

【任务 3-1】创建 JSP 页面 task3-1.jsp，并在页面中动态显示商品数据

① 在 Web 项目 project03 中创建 JSP 页面 task3-1.jsp。

② 在 JSP 页面中通过 JDBC 连接 SQL Server 2008 数据库“eshop”。

③ 将“商品数据表”中前 5 条记录的商品名称、型号参数、价格及图片显示在页面中。

【任务 3-2】使用 JSP+Servlet+JavaBean 获取数据，并在页面中动态显示商品数据

① 创建名为“GoodsInfo”的类，该类是一个 JavaBean，在该类定义多个属性及相应的 getXXX()与 setXXX()方法。

② 创建名为“ConnDB”的类，该类主要用于连接数据库，执行数据查询和关闭数据库的连接。

③ 创建名为“GoodsServlet”的 Servlet 类，该类主要实现查询操作，从数据表中获取所需的数据。

④ 创建 JSP 页面 goodsSearch3-2.jsp，在该页面主要用于输出从数据表查询获取的商品数据。

⑤ 创建 JSP 页面 task3-2.jsp，该页面用于重定向到 Servlet 映射地址 GoodsServlet，并传递 keywords 参数。

在页面 goodsSearch3-2 中动态显示商品数据的流程如图 3-1 所示。

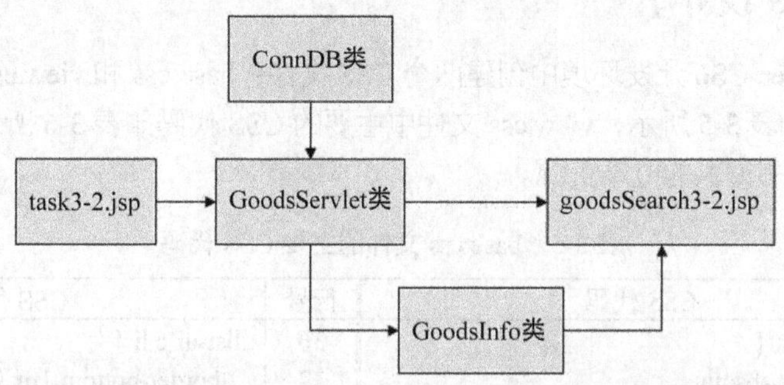

图 3-1 在页面 goodsSearch3-2 中动态显示商品数据的流程

【任务实施】

【网页结构设计】

本单元将会创建多个网页，其主体结构的 HTML 代码如表 3-4 所示。

表 3-4 单元 3 网页主体结构的 HTML 代码

HTML 代码

```
<div id="filterPage">
    <!-- 公用头部导航 -->
    <nav class="nav nav-sub pr w">   </nav>
    <!-- 用于取出搜索关键字 -->
    <div class="search-box w" style="position:relative;top:0;margin-top:10px;"> </div>
    <div id="resultMsg" class="w f14 search-result">   </div>
    <div class="search-list w">
        <ul class="my-order-list pro-list list-ui-c" id="productList">
            <li>
                    <div class="wbox">
                        <div class="pro-img"></div>
                        <div class="pro-info"></div>
```

续表

HTML 代码

```html
            </div>
            <span class="arrow"></span>
        </li>
    </ul>
  </div>
  <div id="more_load w">    </div>
  <div id="BottomSearchDiv" class="search-box w mt10" >      </div>
  <!-- 公用尾部 -->
  <footer class="footer w">
    <div class="tr"></div>
    <ul class="list-ui-a foot-list tc"></ul>
    <div class="tc copyright"></div>
  </footer>
</div>
```

【网页 CSS 设计】

在 Dreamweaver CS6 开发环境中创建两个 CSS 文件：base.css 和 view.css，base.css 文件中主要的 CSS 代码如表 3-5 所示，view.css 文件中主要的 CSS 代码如表 3-6 所示。这两个 CSS 文件具体的代码见本书提供的电子资源。

表 3-5　base.css 文件的主要 CSS 代码

CSS 代码

```css
.search-box {
   position: absolute;
   height: 29px;
   width: 100%;
   top: 4px;
}
.search-box input[type="search"] {
   height:29px!important;
   line-height:27px;
   font-size:14px;
   border-radius:29px;
   padding:0 30px 0 5px;
   width:90%!important;
   margin:0 auto;
   border:1px solid #fff;
   border-bottom:none;
   background:#fff;
   color:#999;
   -webkit-box-sizing:border-box;
   overflow:hidden;
   position:absolute;
   left:5%;
   z-index:10;
}
.search-box .search-btn {
   position:absolute;
```

```css
.list-ui-c li {
   border-bottom:1px solid #ccc;
   padding:2px 0;
}
.list-ui-c li p {
   margin:2px 0;
}
.wbox {
   display:-webkit-box;
}
.pro-list {
   font-size:14px;
}
.pro-list li {
   position:relative;
   padding:10px 0;
}
.pro-list li .pro-img {
   margin-right:10px;
}

.pro-list li .pro-img a {
   display:block;
   height:100%;
}
```

续表

CSS 代码

```
    width:17px;
    height:17px;
    right:22px;
    top:6px;
    background:url(../images/seacher.png)
            no-repeat 0 0;
    z-index:11;
    background-size:contain;
}
.pro-list li .pro-info {
    overflow:hidden;
    -webkit-box-flex:1;
}

.pro-list li .pro-info p {
    margin-bottom:5px;
    width:90%;
}
```

表 3-6　view.css 文件的主要 CSS 代码

CSS 代码

```
#filterPage {
    box-shadow: 5px 0 5px #ccc;
    position: relative;
    z-index: 100;
}
.search-result {
    height: 29px;
    line-height: 29px;
    text-indent: 10;
    text-align: center;
    display: block;
}
.pro-list li .arrow {
    display: block;
    position: absolute;
    right: 0px;
    top: 52px;
    width: 12px;
    height: 15px;
    background-size: contain;
    background-image:
            url(../images/arrow1.png);
    background-repeat: no-repeat;
}
```

【静态网页设计】

在 Dreamweaver CS6 中创建静态网页 unit03.html，该网页的初始 HTML 代码如表 1-5 所示。在网页 unit03.html 中<head>和</head>之间编写如下所示的代码，引入所需的 CSS 样式文件。

```
<link rel="stylesheet" type="text/css" href="css/base.css">
<link rel="stylesheet" type="text/css" href="css/view.css">
```

在<head>和</head>之间编写如下所示的代码，引入所需的 JavaScript 文件。

```
<script type="text/javascript" src="js/jquery.min.js"></script>
```

另外在该位置编写表 3-7 所示的 JavaScript 代码，实现搜索框获取焦点后文本变空的功能。

表 3-7　实现搜索框获取焦点后文本变空的 JavaScript 代码

JavaScript 代码

```
<script type="text/javascript">
    $(function(){
    pHolder();
    });
    //搜索框获取焦点后文本变空
    function pHolder(){
    var elem = $("#keywordsTop");
    var dValue = $("#keywordsTop").val();
    elem.focus(function(){
        if(elem.val() == dValue){
```

续表

JavaScript 代码

```
            elem.val("");
        }
    });
    elem.blur(function(){
    if(elem.val() == ""){
            elem.val(dValue);
        }
    });
}
</script>
```

在网页 unit03.html 的标签<body>和</body>之间编写如表 3-8、表 3-9 和表 3-10 所示的代码，实现网页所需的布局和内容。

表 3-8　网页 unit03.html 顶部内容对应的 HTML 代码

HTML 代码

```
<!-- 头部导航 -->
<nav class="nav nav-sub pr w">
    <a class="goback" href="javascript:history.back(1)">返回</a>
    <div class="nav-title wb">商品搜索结果</div>
    <a href="#" class="my-account" ></a>
    <a href="#" class="my-cart my-cart-in"></a>
    <a href="#" class="home"></a>
</nav>
```

表 3-9　网页 unit03.html 中部内容对应的 HTML 代码

HTML 代码

```
<!-- 用于取出搜索关键字 -->
<div class="search-box w" style="position:relative;top:0;margin-top:10px;">
    <form action="" method="post" >
        <input type="search" name="keywords" id="keywordsTop" class="search-input"
                autocomplete="off" value="手机" />
        <input type="submit" class="search-btn" style="border:none;text-indent:-99em;">
    </form>
</div>
<div id="resultMsg" class="w f14 search-result">
    "<span class="a3" id="searchKeyword">手机</span>"，共找到
        <span id="productAmount">（26）条相关结果。</span>
</div>
<div class="search-list w">
    <ul class="my-order-list pro-list list-ui-c" id="productList">
        <li>
            <a href="104430622.html">
                <div class="wbox">
                <div class="pro-img"><img width="100" height="100" src="images/104430622_ls.jpg"
                    alt="苹果 手机 iPhone5S (16GB) (金)">
                </div>
                <div class="pro-info">
                    <p class="pro-name">苹果 手机 iPhone5S </p>
```

续表

HTML 代码

```
                <p class="pro-tip gray6 mt10">16GB  金</p>
                <p class="mt10">
                    <span class="snPrice" style="font-size:14px;">￥4968.00</span>
                </p>
            </div>
        </div>
        <span class="arrow"></span>
    </a>
  </li>
  <li>  …  </li>
  <li>  …  </li>
  <li>  …  </li>
  <li>  …  </li>
</ul>
</div>
<div id="more_load w">
  <div class="load-more-lay" style="display: block;" id="loadingMore">
        <a href="">点击加载更多</a>
  </div>
</div>
<div id="BottomSearchDiv" class="search-box w mt10" style="position:relative;">
  <form onsubmit="return submitSearch(this);">
    <input type="search" name="keywords" id="keywordsBottom" class="search-input"
           autocomplete="off" value="手机" />
  </form>
</div>
```

表 3-10　网页 unit03.html 底部内容对应的 HTML 代码

HTML 代码

```
<!-- 尾部导航 -->
<footer class="footer w">
  <div class="tr"><a href="#" class="backTop" id="backTop">回顶部</a></div>
  <ul class="list-ui-a foot-list tc">
    <li>
        <a href="" id="footerRegister" class="foot2">注册</a>
        <a href="" id="footerUserName" class="foot1" style="">当前账户:
            <span class="a">LiMin</span></a>
    </li>
  </ul>
  <div class="tc copyright">Copyright© 2012-2018 m.ebuy.com</div>
</footer>
```

网页 unit03.html 的浏览效果如图 3-2 所示。

图 3-2 网页 unit03.html 的浏览效果

【网页功能实现】

【任务 3-1】创建 JSP 页面 task3-1.jsp，并在页面中动态显示商品数据

（1）创建 JSP 页面 task3-1.jsp

在项目 project03 中创建一个 JSP 页面 task3-1.jsp。

（2）引入必要的包及相关类

首先编写以下代码引入必要的包及相关类：

```
<%@page import="java.sql.Connection"%>
<%@page import="java.sql.*"%>
```

（3）引入所需的 CSS 样式文件

在 JSP 页面 task3-1.jsp 中<head>和</head>之间编写代码，引入所需的 CSS 样式文件和 JavaScript 文件。

（4）编写代码连接与访问数据库

在 JSP 页面 task3-1.jsp 中编写连接与访问数据库的 JSP 代码，代码如表 3-11 所示。

表 3-11 JSP 页面 task3-1.jsp 中连接与访问数据库的 JSP 代码

JSP 代码

```
<%
  String driverClass = "com.microsoft.sqlserver.jdbc.SQLServerDriver";
  String url = "jdbc:sqlserver://localhost:1433;DatabaseName=eshop";
  String user = "sa";
  String password = "123456";
  Connection conn;
  try {
    Class.forName(driverClass);
    conn = DriverManager.getConnection(url, user, password);
    Statement stmt = conn.createStatement();
    String sql = "select top 5  图片地址,商品编码,商品名称,型号参数,价格
                 from 商品数据表 where 商品名称 like '__手机%' ";
    ResultSet rs = stmt.executeQuery(sql);
%>
```

（5）编写代码显示从数据表获取的商品数据

在 JSP 页面 task3-1.jsp 中编写代码，将从数据表获取的商品数据合理地显示在 JSP 页面中，代码如表 3-12 所示。

表 3-12　JSP 页面 task3-1.jsp 中显示从数据表所获取商品数据的代码

```
<div class="search-list w">
    <ul class="my-order-list pro-list list-ui-c" id="productList">
    <%
    while (rs.next()) {
    %>
      <li>
        <a href="<%=rs.getString("商品编码")%>.html">
          <div class="wbox">
            <div class="pro-img"><img width="100" height="100"
                src="<%=rs.getString("图片地址")%>"
                alt="<%=rs.getString("商品名称")%>">
            </div>
            <div class="pro-info">
              <p class="pro-name"><%=rs.getString("商品编码")%></p>
              <p class="pro-name"><%=rs.getString("商品名称")%></p>
              <p class="pro-tip gray6 mt10"><%=rs.getString("型号参数")%></p>
              <p class="mt10">
                <span class="snPrice" style="font-size:14px;">¥
                                    <%=rs.getString("价格")%></span>
              </p>
            </div>
          </div>
        </a>
        <span class="arrow"></span>
      </li>
    <%
    }
      stmt1.close();
      conn.close();
    } catch (Exception ex) {
      ex.printStackTrace();
    }
    %>
    </ul>
  </div>
```

（6）运行程序输出结果

运行 JSP 页面 task3-1.jsp，从数据表中获取的商品数据的显示结果如图 3-3 所示。

图 3-3　运行 JSP 页面 task3-1.jsp 时从数据表中获取商品数据的显示结果

【任务 3-2】使用 JSP+Servlet+JavaBean 获取数据，并在页面中动态显示商品数据

（1）创建名为“GoodsInfo”的 Java 类

在【项目资源管理器】中，右键单击项目 project03 的包 package03，在弹出的快捷菜单中选择【新建】→【类】命令，如图 3-4 所示。

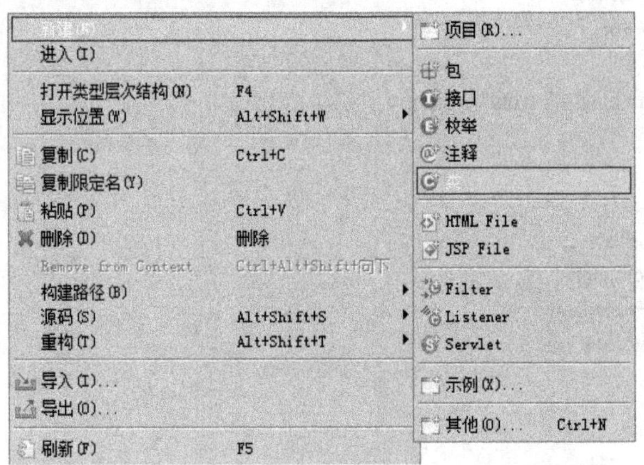

图 3-4　在快捷菜单中选择【新建】→【类】命令

打开【新建 Java 类】对话框，在【包】文本框中输入包名称“package03”，在【名称】文本框中输入类名称“GoodsInfo”，其他的采用默认设置，超类选择“java.lang.Object”。单击【完成】按钮，完成 Java 类 GoodsInfo 的创建。

打开 GoodsInfo.java 文件，在 GoodsInfo 类中编写如表 3-13 所示的代码，定义多个属性及相应的 get×××()与 set×××()方法。

表 3-13　GoodsInfo 类的代码

```java
package package03;
public class GoodsInfo {
    // 商品编码
    private String goodsCode="";
    public String getGoodsCode() {
      return goodsCode;
    }
    public void setGoodsCode(String code) {
      this.goodsCode = code;
    }
    // 商品名称
    private String goodsName="";
    public String getGoodsName() {
      return goodsName;
    }
    public void setGoodsName(String name) {
      this.goodsName = name;
    }
    // 型号参数
    private String goodsParameter="";
    public String getGoodsParameter() {
      return goodsParameter;
    }
    public void setGoodsParameter(String para) {
      this.goodsParameter = para;
    }
    // 价格
    private double goodsPrice=0.0;
    public double getGoodsPrice() {
      return goodsPrice;
    }
    public void setGoodsPrice(double price) {
      this.goodsPrice = price;
    }
    // 图片地址
    private String goodsImageAddress;
    public String getGoodsImageAddress() {
      return goodsImageAddress;
    }
    public void setGoodsImageAddress(String address) {
      this.goodsImageAddress = address;
    }
}
```

（2）创建名为“ConnDB”的 Java 类

在项目 project03 的包 package03 中，创建一个名为“ConnDB”的 Java 类，打开 ConnDB.java 文件，在 ConnDB 类中编写如表 3-14 所示的代码。

表 3-14　类 ConnDB 的主要代码

```
package package03;
import java.sql.*;                          //导入 java.sql 包中的所有类
public class ConnDB {
   public Connection conn = null;    // 声明 Connection 对象的实例
   public Statement stmt = null;     // 声明 Statement 对象的实例
   public ResultSet rs = null;       // 声明 ResultSet 对象的实例
   public static Connection getConnection() {
      String driverClass = "com.microsoft.sqlserver.jdbc.SQLServerDriver";
      String url = "jdbc:sqlserver://localhost:1433;DatabaseName=eshop";
      String user = "sa";
      String password = "123456";
      Connection conn = null;
      try {                          //连接数据库时可能发生异常因此需要捕捉该异常
         Class.forName(driverClass);
         conn = DriverManager.getConnection(url, user, password);
      } catch (Exception ex) {
         ex.printStackTrace();                       //输出异常信息
      }
      if (conn == null) {
         System.err.println("警告：获得数据库链接失败");     //在控制台上输出提示信息
      }
      return conn;                                          //返回数据库连接对象
   }
   /*
    * 功能：执行查询语句
    */
   public ResultSet executeQuery(String sql) {
      try {                          // 捕捉异常
         conn = getConnection();     // 调用 getConnection()方法创建一个实例 conn
         stmt = conn.createStatement(ResultSet.TYPE_SCROLL_INSENSITIVE,
                             ResultSet.CONCUR_READ_ONLY);
         rs = stmt.executeQuery(sql);        //执行 SQL 语句，并返回一个 ResultSet 对象 rs
      } catch (SQLException ex) {
         System.err.println(ex.getMessage()); // 输出异常信息
      }
      return rs; // 返回结果集对象
   }
   /*
    * 功能:关闭数据库的连接
    */
   public void close() {
      try { // 捕捉异常
         if (rs != null) {             // 当 ResultSet 对象的实例 rs 不为空时
            rs.close();                // 关闭 ResultSet 对象
         }
         if (stmt != null) {           // 当 Statement 对象的实例 stmt 不为空时
            stmt.close();              // 关闭 Statement 对象
         }
         if (conn != null) {           // 当 Connection 对象的实例 conn 不为空时
```

续表

```
                conn.close();                  // 关闭 Connection 对象
            }
        } catch (Exception e) {
            e.printStackTrace(System.err);    // 输出异常信息
        }
    }
}
```

（3）创建名为“GoodsServlet”Java 类

在项目 project03 的 package03 包中创建一个名为“GoodsServlet”的类，它是一个 Servlet，该类通过 doPost()方法对获取商品数据的请求进行处理。doPost()方法的主要代码如表 3-15 所示。

表 3-15 GoodsServlet 类中 doPost()方法的的主要代码

```
protected void doPost(HttpServletRequest request, HttpServletResponse response)
        throws ServletException, IOException {
    response.setContentType("text/html");
    response.setCharacterEncoding("UTF-8");
    request.setCharacterEncoding("UTF-8");
    String name = request.getParameter("keywords").trim();   //获取 action 参数值
    int num=5;
    ConnDB conn=new ConnDB();                                  //创建数据库连接对象
    String sql=null;
    if (name==null || name.isEmpty()) {
        sql="select top " + num
                + " 商品编码,商品名称,型号参数,价格,图片地址 from 商品数据表 ";
    }
    else{
        sql="select top " + num  + " 商品编码,商品名称,型号参数,价格,图片地址 "
                + " from 商品数据表 where 商品名称 like '%" + name + "%'";
    }
    System.out.print(sql);
    ResultSet rs=conn.executeQuery(sql);        //查询全部商品信息
    List list=new ArrayList();
    try {
        while(rs.next()){
            GoodsInfo goods=new GoodsInfo();
            goods.setGoodsCode(rs.getString("商品编码"));
            goods.setGoodsName(rs.getString("商品名称"));
            goods.setGoodsParameter(rs.getString("型号参数"));
            goods.setGoodsPrice(rs.getDouble("价格"));
            goods.setGoodsImageAddress(rs.getString("图片地址"));
            list.add(goods);                     //将商品信息保存到 List 集合中
        }
    } catch (SQLException e) {
        e.printStackTrace();
    }
    if (name==null || name.isEmpty()) {
        sql="select count(*) from 商品数据表  ";
```

续表

```
        request.setAttribute("searchName", "全部商品");
    }
    else{
        sql="select count(*) from  商品数据表  where  商品名称  like '%" + name + "%'";
        request.setAttribute("searchName", name);
    }
    rs=conn.executeQuery(sql);                    //查询全部商品信息
    try {
      if(rs.next()){
        request.setAttribute("goodsCount", rs.getInt(1));
      }
      else{
        request.setAttribute("goodsCount",0);
      }
    } catch (SQLException e) {
        e.printStackTrace();
    }
    request.setAttribute("goodsList", list);      //将商品信息保存到 HttpServletRequest 中
    request.getRequestDispatcher("goodsSearch3-2.jsp").forward(request, response);
}
```

（4）创建 JSP 页面 goodsSearch3-2.jsp

在项目 project03 中创建名为“goodsSearch3-2.jsp”的 JSP 页面，该页面用于输出从数据表查询获取的商品数据，其代码如表 3-16 所示。

表 3-16　JSP 页面 goodsSearch3-2.jsp 的主要代码

```
<div class="search-box w" style="position:relative;top:0;margin-top:10px;">
   <form action="GoodsServlet" method="post" name="formSearch">
      <input type="search" name="keywords" id="keywordsTop"
              class="search-input" autocomplete="off" value="" />
      <input type="submit" class="search-btn" style="border:none;text-indent:-99em;">
   </form>
</div>
<div id="resultMsg" class="w f14 search-result">
   "<span class="a3" id="searchKeyword">${requestScope.searchName}</span>", 共找到
        <span id="productAmount">（${requestScope.goodsCount}）条相关结果。</span>
</div>
<div class="search-list w">
   <ul class="my-order-list pro-list list-ui-c" id="productList">
    <c:forEach var="goods" items="${requestScope.goodsList}">
      <li>
        <a href="${goods.goodsCode}.html">
          <div class="wbox">
            <div class="pro-img"><img width="100" height="100"
                  src="${goods.goodsImageAddress}" alt="${goods.goodsName}">
            </div>
            <div class="pro-info">
              <p class="pro-name">${goods.goodsCode}</p>
```

续表

```
                <p class="pro-name">${goods.goodsName}</p>
                <p class="pro-tip gray6 mt5">${goods.goodsParameter}</p>
                <p class="mt5">
                  <span class="snPrice" style="font-size:14px;">¥ ${goods.goodsPrice}</span>
                </p>
              </div>
            </div>
          </a>
          <span class="arrow"></span>
      </li>
    </c:forEach>
    </ul>
  </div>
```

（5）在 web.xml 文件中对 GoodsServlet 类进行配置

打开项目 project03 的文件夹“WebContent\WEB-INF”中的 web.xml 文件，然后编写如表 3-17 所示的配置代码。

表 3-17　web.xml 文件中 GoodsServlet 类的配置代码

```
<servlet>
  <servlet-name>GoodsServlet03</servlet-name>
  <servlet-class>package03.GoodsServlet</servlet-class>
</servlet>
<servlet-mapping>
  <servlet-name>GoodsServlet03</servlet-name>
  <url-pattern>/GoodsServlet</url-pattern>
</servlet-mapping>
```

（6）创建 JSP 页面 task3-2.jsp

在项目 project03 中创建名为“task3-2.jsp”的 JSP 页面，该页面用于重定向到 Servlet 映射地址 GoodsServlet，并传递 keywords 参数，其代码如表 3-18 所示。

表 3-18　JSP 页面 task3-2.jsp 的代码

```
<%@ page language="java" pageEncoding="UTF-8"%>
<%@ taglib prefix="c" uri="http://java.sun.com/jsp/jstl/core"%>
<!DOCTYPE html>
<html>
  <head>
    <title>搜索商品列表</title>
  </head>
  <body>
  <c:redirect url="GoodsServlet">
    <c:param name="keywords" value=""/>
  </c:redirect>
  </body>
</html>
```

（7）运行程序输出结果

运行 JSP 页面“task3-2.jsp”，显示商品数据，该页面的部分外观如图 3-5 所示。在“搜索框中”输入“苹果手机”，然后单击【搜索】按钮，结果如图 3-6 所示。

图 3-5 JSP 页面 task3-2.jsp 的部分外观

图 3-6 搜索“苹果手机”的结果

【单元小结】

Java Web 应用程序访问数据库时，首先需要实现 JSP 应用程序与数据库的连接，JDBC 是 Java 程序连接关系数据库的标准，由一组用 Java 语言编写的类和接口组成。

本单元主要探讨了购物网站商品展示、分页与查询功能的实现方法。

PART 4

单元4 购物网站购物车模块设计（JSP+Servlet+JavaBean）

Java Web应用程序设计时使用JavaBean可将Web程序的业务逻辑代码与HTML代码分离，使之成为独立可重复使用的模块，从而实现代码的重用及程序维护的方便。JavaBean是一种可重复使用的、跨平台的软件组件，在JSP页面中通过特定的JSP标签来访问JavaBean，其可用于多个Web组件进行共享。

网站购物车模块是购物网站非常重要和常见的模块之一，当购买者在购物网站选好中意的商品时，只需单击购买商品相关按钮就会自动添加到购物车中。购物车在业务上主要分为两个部分：将商品添加到购物车和显示购物车中的商品。本单元的购物车模块是基于JSP+Servlet+JavaBean技术实现的。

【知识梳理】

1. JavaBean 简介

JavaBean是用于封装某种业务逻辑或对象的Java类，该类具有特定的功能，即它是一个可重用的Java软件组件模型。由于这些组件模型都具有特定的功能，将其进行合理的组织后，可以快速生成一个全新的应用程序，实现程序代码的重用。JavaBean的功能是没有任何限制的，对于任何可以使用Java代码实现的程序，都可以使用JavaBean进行封装，如创建一个实体对象，数据库连接与操作等。

JavaBean可以分为两类，即可视化的JavaBean与非可视化的JavaBean。可视化的JavaBean是一种传统的应用方式，主要用于实现一些可视化界面，如窗体、按钮、文本框等。非可视化的JavaBean主要用于实现一些业务逻辑或封装一些业务对象，并不存在可视化的外观。

将JavaBean应用到JSP程序设计中，是一次进步，将HTML代码与Java代码分离，使其业务逻辑变得更加清晰。在JSP页面中，可以通过JSP提供的动作标签来操作JavaBean对象，主要包括<jsp:useBean>、<jsp:setProperty>和<jsp:getProperty>3个动作标签，这3个标签为JSP内置的动作标签，在使用过程中，不需要引入任何第三方的类库。

JavaBean实际上就是一个Java类，这个类可以重用，可以很好地实现HTML代码与业务逻辑的分离。定义JavaBean的基本要求如下。

① 所有的Java类必须放在一个包中。

② 所有的Java类必须声明为public类型，这样才能被外部访问。

③ 类中所有的属性都必须封装，即使用private声明。

④ 封装的属性如果需要被外部所操作，则必须编写对应的set×××()方法和get×××()方法。

⑤ 一个JavaBean中至少存在一个无参构造方法，为JSP中的标签所使用。

2．JSP 操作 JavaBean 对象的动作标签

（1）<jsp:useBean>动作标签

<jsp:useBean>动作标签用于在 JSP 页面只创建一个 JavaBean 实例，并通过属性的设置将该实例存放到 JSP 指定的范围内。其语法格式如下所示：

```
<jsp:useBean  id="实例化对象名称"  scope="作用域"  class="包名称.类名称">
</jsp:useBean>
```

<jsp:useBean>标签的属性说明如表 4-1 所示。

表 4-1　<jsp:useBean>标签的属性说明

序号	属性名称	属性说明
1	id 属性	id 属性表示实例化对象的名称，程序中通过该名称对 JavaBean 进行引用
2	scope 属性	scope 属性用于设置 JavaBean 的作用域，分别为 page、request、session 和 application，默认情况下为 page
3	class 属性	class 属性用于指定 JavaBean 的完整类名，由包名称与类名称结合

（2）<jsp:setProperty>标签

<jsp:setProperty>标签用于给 JavaBean 的属性赋值，要求 JavaBean 中相应的属性要提供 set×××()方法。通常情况下，该标签与<jsp:useBean>标签配合使用。其语法格式如下所示：

```
<jsp:setProperty  name="实例化对象的名称"  property="属性名称"  value="属性值"  param="参数名"  />
```

<jsp:setProperty>标签的各个属性说明如表 4-2 所示。

表 4-2　<jsp:setProperty>的属性说明

序号	属性名称	属性说明
1	name 属性	name 属性指定 JavaBean 的引用名称，即<jsp:useBean>标签中的 id 属性值，该实例对象必须在其前面使用<jsp:useBean>定义过
2	property 属性	property 属性指定 JavaBean 中的属性名称，该属性是必需的，其取值有两种，分别为“*”和“JavaBean 中的属性名称”
3	value 属性	value 属性指定 JavaBean 中属性的值
4	param 属性	param 属性指定 JSP 请求中的参数名，通过该参数可以将 JSP 请求参数的值赋给 JavaBean 中的属性

<jsp:setProperty>标签的 property、value 和 param 结合使用，根据这 3 个属性的不同取值，<jsp:setProperty>标签有 4 种使用方法，如表 4-3 所示。

表 4-3　<jsp:setProperty>标签的属性设置方法

序号	类型	属性设置格式	使用说明
1	自动匹配	property="*"	当 HTML 表单中控件的 name 属性值与 JavaBean 中的属性名一致时，可以使用自动匹配方式，自动调用 JavaBean 中的 set×××()方法为属性赋值，否则不能赋值
2	指定属性	property="属性名称"	当 HTML 表单中控件的 name 属性值与 JavaBean 中的属性名一致时，为名称相同的 JavaBean 属性赋值，否则不赋值
3	指定内容	property="属性名称" value="属性值"	将一个指定的属性值直接赋给 JavaBean 中指定的属性
4	指定参数	property="属性名称" param="参数名"	将 JSP 请求中 request 对象参数的值赋 JavaBean 中指定的属性

（3）<jsp:getProperty>标签

<jsp:getProperty>标签用于获取 JavaBean 中的属性值，但要求 JavaBean 的属性必须具有相对应的 get×××()方法。其语法格式如下所示：

```
<jsp:getProperty  name="实例化对象的名称"  property="属性名称"/>
```

其中，name 属性指定 JavaBean 的引用名称，property 属性指定 JavaBean 的属性名称。

3．JavaBean 的作用域

JavaBean 的作用域有 4 种，分别为 page、request、session 和 application，默认情况下为 page。通过<jsp:useBean>标签的 scope 属性进行设置，这 4 种作用域与 JSP 页面中的 page、request、session 和 application 的作用域相对应。各种作用域的说明如表 4-4 所示。

表 4-4　比较 JavaBean 的作用域

选项名称	作用域说明
page	JavaBean 对象的有效范围为客户请求访问的当前 JSP 页面，以下两种情况下都会结束其生命周期：（1）客户请求访问的当前 JSP 页面通过<forward>标签将请求转发到另一个 JSP 页面；（2）客户请求访问的当前 JSP 页面执行完毕并向客户端发回响应
request	JavaBean 对象的有效范围为： （1）客户请求访问的当前 JSP 网页； （2）和当前 JSP 页面共享同一个客户请求的页面，即当前 JSP 页面中使用<%@ include>标签、<jsp:include>标签和<forward>标签包含的其他 JSP 页面。 当所有共享同一个客户请求的 JSP 页面执行完毕并向客户端发回响应时，JavaBean 对象结束生命周期。 JavaBean 对象作为属性保存在 HttpRequest 对象中，属性名为 JavaBean 的 id，属性值为 JavaBean 对象，因此也可以通过 HttpRequest.getAttribute()方法取得 JavaBean 对象
session	JavaBean 对象被创建后，它存在于整个 session 的生命周期内，同一个 session 中的 JSP 页面共享整个 JavaBean 对象。当 session 超时或会话结束时 JavaBean 被销毁。 JavaBean 对象作为属性保存在 HttpSession 对象中，属性名为 JavaBean 的 id，属性值为 JavaBean 对象。除了可以通过 JavaBean 的 id 直接引用 JavaBean 对象外，也可以通过 HttpSession.getAttribute()方法取得 JavaBean 对象
application	JavaBean 对象被创建后，它存在于整个 Web 应用的生命周期内，Web 应用中的所有 JSP 页面都能共享同一个 JavaBean 对象。直到服务器关闭时 JavaBean 才被销毁。 JavaBean 对象作为属性保存在 application 对象中，属性的名字为 JavaBean 的 id，属性值为 JavaBean 对象。除了可以通过 JavaBean 的 id 直接引用 JavaBean 对象外，也可以通过 application.getAttribute()方法取得 JavaBean 对象

JavaBean 的 4 种作用域与 JavaBean 的生命周期息息相关，当 JavaBean 被创建后，通过<jsp:setProperty>标签和<jsp:getProperty>标签调用时，将会按照 page、request、session 和 application 顺序来查找这个 JavaBean 实例对象，直至找到一个实例对象为止，如果这 4 个作用域内都找不到 JavaBean 实例对象，则会抛出异常。

【应用技巧】

本单元的应用技巧如下所示。

① ResultSet 对象的 set×××()方法和 get×××()方法的正确使用。

② Servlet 对象和 JavaBean 对象的正确使用。

③ 购物车中购买数量的动态改变的实现方法。

【环境创设】

① 下载 Servlet 支持类库 servlet-api.jar 和 JDBC 支持类库 sqljdbc4.jar。

② 准备开发 Web 应用程序所需的图片文件和 JavaScript 文件。

③ 在数据库 eshop 中创建“购物车表”，其结构信息如表 4-5 所示。

表 4-5 “购物车表”的结构信息

字段名	数据类型	字段名	数据类型
购物车 ID	int	购买数量	int
商品编码	nvarchar(10)	金额	money
商品名称	nvarchar(100)	购买日期	date
价格	money	图片地址	nvarchar(100)
优惠价格	money		

④ 在计算机的【资源管理器】中创建文件夹 unit04。

在 E 盘文件夹“移动平台的 Java Web 实用项目开发”中创建子文件夹“unit04”，以文件夹“unit04”作为 Java Web 项目的工作空间。

⑤ 启动 Eclipse，设置工作空间为 unit04，然后进入 Eclipse 的开发环境。

⑥ 在 Eclipse 集成开发环境中配置与启动 Tomcat 服务器。

⑦ 在 Eclipse 集成开发环境中新建动态 Web 项目 project04。

⑧ 将文件 servlet-api.jar 和 sqljdbc4.jar 拷贝到 Web 项目 project04 的文件夹“WebContent\WEB-INF\lib”下，并在 Eclipse 集成开发环境的“项目资源管理器”刷新 Web 项目 project04。

⑨ 在 Eclipse 集成开发环境中创建包 package04。

在 Web 项目 project04 中创建一个包，将其命名为“package04”。

⑩ 准备本单元所需的数据库访问类 ConnDB。

将单元 3 中所创建数据库类“ConnDB”复制到项目 project04 中“package04”包，并在 Eclipse 集成开发环境的“项目资源管理器”刷新 Web 项目 project04。

【任务描述】

【任务 4-1】使用 JSP+Servlet+JavaBean 技术实现购物网站的购物车功能

① 创建名为“CartInfo”的类，该类是一个 JavaBean，在该类定义多个属性及相应的 get×××()与 set×××()方法。

② 创建名为“GoodsServlet”的 Servlet 类，该类主要用于实现将选购商品放入购物车中、更新商品的购买数量、将商品从购物车中删除退回到商品架和清空购物车等功能，并同步向“购物车表”添加或更新数据。

③ 创建名为“CartServlet”的 Servlet 类，该类实现获取购物车中的商品信息并将商品信息存入到 List 集合中。

④ 创建 JSP 页面 cart4-1.jsp，在该页面主要用于显示购物车中的商品信息。

本任务的购物车实现过程的流程如图 4-1 所示。

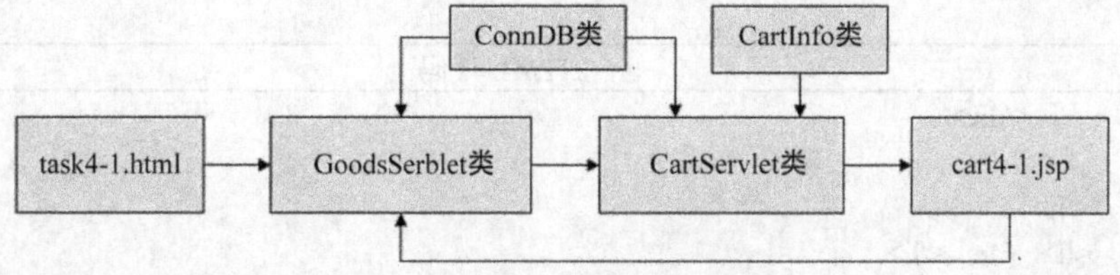

图 4-1 购物车实现过程的流程

【任务实施】

【网页结构设计】

本单元所创建网页主体结构的 HTML 代码如表 4-6 所示。

表 4-6 单元 4 网页主体结构的 HTML 代码

```html
<body data-role="page">
<div id="header" class="title-ui-a w">
  <div class="back-ui-a"></div>
  <div class="header-title"></div>
  <div class="site-nav">
     <ul class="fix"></ul>
  </div>
</div>
<!-- 头部结束 -->
<div class="cart-list-1 w f14">
     <ul class="cart-list list-ui-c" id="Cart_List">
     <li>
        <div class="wbox">
          <div class="mr10" style="margin-top:32px;"></div>
          <p class="pro-img"></p>
          <div class="wbox-flex">
             <p><span class="attr"></span></p>
             <p class="pro-name"></p>
             <div class="count">
                <span class="attr"></span>
                <div class="countArea"></div>
             </div>
             <p>
             <span class="attr"></span>
             <span class="price"></span>
             </p>
             <div class="trash" onclick="javascript:deleteCartItem(this);">
                  <span class="lid"></span><span class="can"></span>
             </div>
```

续表

```html
            </div>
          </div>
        </li>
        <li> …  </li>
        </ul>
    <p class="mt5 tr">
        <span></span>
        <span id="promotionAmountSpan" ></span>
    </p>
    <p class="mt5 tr"></p>
    <div class="btn-ui-b mt10" id="checkOutButton"></div>
    <div class="btn-ui-c mt10"> </div>
</div>
<!-- 底部开始 -->
<div id="footer" class="w">
    <div class="layout fix user-info">
        <div class="user-name fl" id="footerUserName"></div>
        <div class="fr"></div>
    </div>
    <ul class="list-ui-a">
        <li>
            <div class="w user-login"></div>
        </li>
    </ul>
    <div class="copyright"></div>
</div>
</body>
```

表 4-6 中应用了 HTML 5 的新属性 data-role="page"，“data-role”属性是 HTML 5 的一个新属性，通过设置该属性，jQuery Mobile 就可以很快地定位到指定的元素，并对内容进行相应的处理。

【网页 CSS 设计】

在 Dreamweaver CS6 开发环境中创建两个 CSS 文件：module.css 和 cart.css，module.css 文件中主要的 CSS 代码如表 4-7 所示，cart.css 文件中主要的 CSS 代码如表 4-8 所示。这两个 CSS 文件具体的代码见本书提供的电子资源。

表 4-7　module.css 文件的主要 CSS 代码

```css
body{
    -webkit-text-size-adjust: none;
    font-family: "microsoft yahei",Verdana,Arial,Helvetica,sans-serif;
    font-size: 1em;
    min-width: 320px;
    background: #eee;
}
```

```css
.cart-list li .pro-img a {
    display: block;
    height: 100%;
    border: 1px solid #ccc;
}
.cart-list li .pro-name {
    max-height: 30px;
    overflow: hidden;
```

续表

CSS 代码

```css
.w{
    width: 320px !important;
    margin: 0 auto;
}
#header{
    height: 40px;
    line-height: 40px;
    font-weight: 700;
    font-size: 14px;
    overflow: hidden;
}
.title-ui-a{
    position: relative;
    background: -webkit-gradient(linear, 50%
            0%, 50% 100%,from(#0D9BFF),
            to(#0081DC));
    border-top: 1px solid #4CB5FF;
    color: #fff;
    text-align: center;
    height: 40px;
    line-height: 40px;
    font-weight: 700;
    font-size: 14px;
    overflow: hidden;
    padding: 0 5px;
}
#header .header-title{
    width: 120px;
    margin: 0 auto;
    text-align: center;
    overflow: hidden;
    font-size: 16px;
    white-space: nowrap;
    text-overflow: ellipsis;
}
#header .site-nav{
    position: absolute;
    right: 5px;
    top: 6px;
}
.list-ui-c li{
    border-bottom: 1px solid #ccc;
    -webkit-box-shadow: 0 1px 0 #fbfbfb;
}
.wbox{
    display: -webkit-box;
}

.wbox-flex{
    -webkit-box-flex: 1;
```

```css
}
.cart-list li .attr {
    color: #666;
}
.cart-list li p {
    margin: 7px 0;
}
.trash > .lid{
    -webkit-transition: -webkit-transform
                        150ms;
    -webkit-transform-origin: -7% 100%;
    height: 4px;
    width: 12px;
}
.trash > .lid{
    -webkit-transform-origin: 97% 100%;
}
.trash > .can{
    background-position: -1px -4px;
    height: 10px;
    margin-left: 1px;
    margin-right: 2px;
    margin-top: 4px;
    width: 11px;
}
.btn-ui-b,.btn-ui-b-a{
    height: 40px;
    line-height: 40px;
    font-size: 16px;
    text-shadow: -1px -1px 0 #D25000;
    border-radius: 3px;
    color: #fff;
  background: -webkit-gradient(linear,
            0% 0%, 0% 100%,
            from(#FF8F00),to(#FF6700));
    border: 1px solid #FF6700;
    text-align: center;
    -webkit-box-shadow: 0 1px 0
                  #FFAD2B inset;
}
#footer{
    clear: both;
    font-size: 14px;
}
#footer .user-info{
    height: 25px;
    line-height: 25px;
    margin-top: 15px 9px ;
}
.list-ui-a li,.list-ui-b li,.list-ui-div{
```

续表

行号	CSS 代码	行号	CSS 代码
59	word-wrap: break-word;	135	position: relative;
60	word-break: break-all;	136	height: 38px;
61	}	137	line-height: 38px;
62	.countArea{	138	overflow: hidden;
63	display: inline-block;	139	background: -webkit-gradient(linear,
64	vertical-align: middle;	140	50% 0%, 50% 100%,
65	margin-left: -3px;	141	from(#eee),to(#ddd));
66	}	142	border-top: 1px solid #ccc;
67	.price{	143	font-size: 14px;
68	color: #d00;	144	}
69	}	145	#footer .copyright{
70	.trash{	146	text-align: center;
71	position: absolute;	147	color: #666;
72	right: 10px;	148	margin: 10px 0;
73	bottom: 10px;	149	}
74	width: 20px;	150	.tr{
75	height: 20px;	151	text-align: right;
76	}	152	}

表 4-8　cart.css 文件的主要 CSS 代码

行号	CSS 代码	行号	CSS 代码
01	.cart-list li {	13	.cart-list li .pro-name {
02	position: relative;	14	max-height: 30px;
03	padding: 5px 0;	15	overflow: hidden;
04	}	16	}
05	.cart-list li .pro-img {	17	
06	margin-right: 10px;	18	.cart-list li .attr {
07	}	19	color: #666;
08	.cart-list li .pro-img a {	20	}
09	display: block;	21	
10	height: 100%;	22	.cart-list li p {
11	border: 1px solid #ccc;	23	margin: 7px 0;
12	}	24	}

【静态网页设计】

在 Dreamweaver CS6 中创建静态网页 unit04.html，该网页的初始 HTML 代码如表 1-5 所示。在网页 unit04.html 中<head>和</head>之间编写如下所示的代码，引入所需的 CSS 样式文件。

```
<link rel="stylesheet" type="text/css" href="css/module.css">
<link rel="stylesheet" type="text/css" href="css/cart.css">
```

在<head>和</head>之间编写如下所示的代码，引入所需的 JavaScript 文件。

```
<script type="text/javascript" src="js/jquery.min.js"></script>
<script type="text/javascript" src="js/snmwshopCart1.js"></script>
<script type="text/javascript" src="js/snmwshopCart1_v2.js"></script>
```

在网页 unit04.html 的标签<body>和</body>之间编写如表 4-9、表 4-10 和表 4-11 所示的代码，实现网页所需的布局和内容。

表 4-9 网页 unit04.html 顶部内容对应的 HTML 代码

```html
<div id="header" class="title-ui-a w">
   <div class="back-ui-a">
      <a href="javascript:history.back(1)">返回</a>
   </div>
   <div class="header-title">购物车</div>
   <div class="site-nav">
      <ul class="fix">
         <li class="mysn"><a href="#" name="wap_home_head01002">我的易购</a></li>
         <li class="mycart"><a href="#" name="wap_home_head01003">购物车</a></li>
         <li class="home"><a href="#">返回首页</a></li>
      </ul>
   </div>
</div>
```

表 4-10 网页 unit04.html 中部内容对应的 HTML 代码

```html
<div class="cart-list-1 w f14">
     <ul class="cart-list list-ui-c" id="Cart_List">
     <li>
        <div class="wbox">
           <div class="mr10" style="margin-top:32px;">
              <input type="checkbox" class="input-checkbox-a" name="checkbox_1"
                     itemid="1" id="checkbox_1" checked="CHECKED">
           </div>
           <p class="pro-img"><a href="" title="苹果 手机 iPhone5S （16GB）">
                <img src="images/104433937_ls.jpg" alt="苹果 手机 iPhone5S"></a></p>
           <div class="wbox-flex">
              <p><span class="attr">编号：</span>104430622</p>
              <p class="pro-name">
              <a id="name_1" href="" title="苹果 手机 iPhone5S （16GB）">苹果 手机 iPho
              </a><br />
              </p>
              <div class="count">
                 <span class="attr">数量：</span>
                 <div class="countArea">
                 <a href="javascript:void(0)" class="min" onclick="lesV2(this,&#39;1&#39;);"></a>
                 <input class="count-input" type="text" value="1" name="quantity"
                     id="quantity_1"   onkeyup="javascript:validateProdQuantityV2(this,&#39;
                     error_message_1&#39;,,&#39;1&#39;) ; inputQuantityV2() ; return false;">
                 <a href="javascript:void(0)" class="add"
                     onclick="addV2(this,&#39;1&#39;);"></a>
                 </div>
              </div>
              <p>
              <span class="attr">易购价:</span>
              <span class="price">¥4949.00</span>
              </p>
              <div class="trash" onclick="javascript:deleteCartItem(this);">
                    <span class="lid"></span><span class="can"></span></div>
```

续表

```
HTML 代码
            </div>
        </div>
        <div class="a5 mt5" name="error_message" id="error_message_1"></div>
    </li>
    <li>  …   </li>
    </ul>
  <p class="mt5 tr">商品总计:
    <span><em id="userPayAllprice">￥8337.00</em></span>
    <span id="promotionAmountSpan" >- 优惠:
          <em id="totalPromotionAmount">￥0.00</em>
    </span>
  </p>
  <p class="mt5 tr">应付总额(未含运费) : <span class="price">
                 <em id="userPayAllpriceList">￥8337.00</em></span>
  </p>
<div class="btn-ui-b mt10" id="checkOutButton">
    <a name="SNMWOrder_buycar1_button_b01" title="去结算" >去结算</a></div>
  <div class="btn-ui-c mt10">
    <a name="SNMWOrder_buycar1_button_b02" title="继续购物">&lt;&lt;继续购物</a>
  </div>
</div>
```

表 4-11　网页 unit04.html 底部内容对应的 HTML 代码

```
HTML 代码
<div id="footer" class="w">
  <div class="layout fix user-info">
    <div class="user-name fl" id="footerUserName">当前用户:
          <span class="a">LiMin</span></div>
    <div class="fr">
      <a id="backTop" href="javascript:;" name="wap_home_bottom01001">回顶部</a>
    </div>
  </div>
  <ul class="list-ui-a">
    <li>
      <div class="w user-login">
        <a href="#" name="wap_home_bottom02001" id="footerLogin" style="">登录</a>
        <a href="#" name="wap_home_bottom02002" id="footerRegister" style="">注册</a>
        <a href="#" name="wap_home_bottom03002">购物车</a>
      </div>
    </li>
  </ul>
  <div class="copyright">Copyright© 2012-2018 m.ebuy.com</div>
</div>
```

网页 unit04.html 的浏览效果如图 4-2 所示。

图 4-2　网页 unit04.html 的浏览效果

【网页功能实现】

（1）创建名为“CartInfo”的类

在项目 project04 的包 package04 中，创建一个名为“CartInfo”的 Java 类，该类是一个 JavaBean，在该类定义多个属性及相应的 get×××()与 set×××()方法。其代码如表 4-12 所示。

表 4-12　CartInfo 类的代码

```
package package04;
import java.util.Date;
public class CartInfo {
  // 商品编码
  private String goodsCode="";
  public String getGoodsCode() {
    return goodsCode;
  }
  public void setGoodsCode(String code) {
    this.goodsCode = code;
  }
  // 商品名称
  private String goodsName="";
  public String getGoodsName() {
    return goodsName;
  }
  public void setGoodsName(String name) {
    this.goodsName = name;
  }
  // 价格
  private double goodsPrice=0.0;
  public double getGoodsPrice() {
    return goodsPrice;
  }
  public void setGoodsPrice(double price) {
    this.goodsPrice = price;
```

续表

代码

```
}
// 优惠价格
  private Double goodsPreferentialPrice;
  public Double getGoodsPreferentialPrice() {
  return goodsPreferentialPrice;
}
public void setGoodsPreferentialPrice(Double newPrice) {
  this.goodsPreferentialPrice = newPrice;
}
// 购买数量
private int goodsNumber=0;
public int getGoodsNumber() {
  return goodsNumber;
}
public void setGoodsNumber(int num) {
  this.goodsNumber = num;
}
// 金额
private double goodsSum=0.0;
public double getGoodsSum() {
  return goodsSum;
}
public void setGoodsSum(double money) {
  this.goodsSum = money;
}
//购买时间
private Date buyTime = new Date();
public Date getBuyTime() {
return buyTime;
}
public void setBuyTime(Date buyTime) {
this.buyTime = buyTime;
}
// 图片地址
private String goodsImageAddress;
public String getGoodsImageAddress() {
  return goodsImageAddress;
}
public void setGoodsImageAddress(String address) {
  this.goodsImageAddress = address;
}
// 金额总计
private double payAll=0.0;
public double getPayAll() {
  return payAll;
}
public void setPayAll(double money) {
  this.payAll = money;
}
// 优惠金额
```

续表

```java
  private double promotionAmount=0.0;
  public double getPromotionAmount() {
    return promotionAmount;
  }
  public void setPromotionAmount(double amount) {
    this.promotionAmount = amount;
  }
}
```

（2）创建名为“GoodsServlet”的 Servlet 类

在项目 project04 的包 package04 中，创建一个名为“GoodsServlet”的 Java 类，该类主要用于实现将选购商品放入购物车中、更新商品的购买数量、将商品从购物车中删除退回到商品架和清空购物车等功能。其代码如表 4-13 所示。

表 4-13　GoodsServlet 类的代码

```java
package package04;
import java.io.IOException;
import java.sql.Connection;
import java.sql.PreparedStatement;
import java.sql.ResultSet;
import java.sql.SQLException;
import java.text.SimpleDateFormat;
import java.util.Date;
import javax.servlet.ServletException;
import javax.servlet.http.HttpServlet;
import javax.servlet.http.HttpServletRequest;
import javax.servlet.http.HttpServletResponse;;
@SuppressWarnings("serial")
public class GoodsServlet extends HttpServlet {
  Connection conn = null;                // 声明 Connection 对象的实例
  ResultSet rs = null;                   // 声明 ResultSet 对象的实例
  PreparedStatement pstat = null;        // 声明 PreparedStatement 对象的实例
  String sql = null;
  public void doGet(HttpServletRequest request, HttpServletResponse response)
    throws ServletException, IOException {
  conn = ConnDB.getConnection();
  String operate = request.getParameter("action");     //获取 action 参数值
  //将商品放入购物车
  if (operate.equals("add")){
    //从商品库中取出所选购商品的数据
    String goodsCode = request.getParameter("code");
    sql="select 商品编码,价格,购买数量 from 购物车表 where 商品编码=?";
    try {
      String name=null , price=null , num=null , preferentialPrice=null , address=null;
      pstat = conn.prepareStatement(sql);
      pstat.setString(1,goodsCode);
      rs = pstat.executeQuery();
      if (rs.next()){
```

续表

```
            num=rs.getString("购买数量").trim();
            price = rs.getString("价格").trim();
            sql = "update 购物车表  set 购买数量 =?, 金额 =? where 商品编码=?";
            pstat = conn.prepareStatement(sql);
            pstat.setInt(1,new Integer(num)+1);
            pstat.setDouble(2,(new Integer(num)+1)*new Double(price));
            pstat.setString(3,goodsCode);
            pstat.executeUpdate();
            pstat.close();
            conn.close();                    //关闭数据库连接
        }else{
            sql="select 商品编码,商品名称,价格,优惠价格,图片地址 "
                  + " from 商品数据表 where 商品编码=?";
            pstat = conn.prepareStatement(sql);
            pstat.setString(1,goodsCode);
            rs = pstat.executeQuery();
            if (rs.next()){
              name = rs.getString("商品名称").trim();
              price = rs.getString("价格").trim();
              preferentialPrice=rs.getString("优惠价格").trim();
              address=rs.getString("图片地址").trim();
            }
            Date buyDate = new Date();
            SimpleDateFormat sdf= new SimpleDateFormat("yyyy-MM-dd");
                        String strDate=sdf.format(buyDate);//
            //将所选购商品加入到购物车中
            sql = "insert into 购物车表(商品编码,商品名称,价格,优惠价格,购买数量"
                    + ",金额,购买日期,图片地址) values(?,?,?,?,?,?,?,?)";
            pstat = conn.prepareStatement(sql);
            pstat.setString(1,goodsCode);
            pstat.setString(2,name);
            pstat.setString(3,price);
            pstat.setString(4,preferentialPrice);
            pstat.setInt(5,1);
            pstat.setDouble(6,new Double(price)*1);
            pstat.setString(7, strDate);
            pstat.setString(8,address);
            pstat.executeUpdate();
            pstat.close();
            conn.close();                          //关闭数据库连接
          }
      } catch (SQLException e1) {
        e1.printStackTrace();
      }
      response.sendRedirect("cartServlet");      //重定向到购物车页面
    }
    //更改商品的数量
    if (operate.equals("update")){
      String id = request.getParameter("code");
      int num = Integer.parseInt(request.getParameter("num"));
```

续表

```
        double price=Double.parseDouble(request.getParameter("price"));
        sql = "update 购物车表 set 购买数量 = ?, 金额 = ? where 商品编码=?";
        try {
            pstat = conn.prepareStatement(sql);
            pstat.setInt(1,num);
            pstat.setDouble(2,new Double(price*num));
            pstat.setString(3,id);
            pstat.executeUpdate();
            pstat.close();
            conn.close();                              //关闭数据库连接
            response.sendRedirect("cartServlet");      //重定向到购物车页面
        } catch (SQLException e) {
            e.printStackTrace();
        }
    }
    //将商品退回到商品架(将商品从购物车中删除)
    if (operate.equals("del")){
        String id = request.getParameter("code");
        sql = "delete from 购物车表 where 商品编码=?";
        try {
            pstat = conn.prepareStatement(sql);
            pstat.setString(1,id);
            pstat.executeUpdate();
            pstat.close();
            conn.close();                              //关闭数据库连接
            response.sendRedirect("cartServlet");      //重定向到购物车页面
        } catch (SQLException e) {
             e.printStackTrace();
        }
    }
    //清空购物车
    if (operate.equals("clear")){
        String sql=null;
        sql = "delete from 购物车表";
        try {
            pstat = conn.prepareStatement(sql);
            pstat.executeUpdate();
            pstat.close();
            conn.close();                              //关闭数据库连接
            response.sendRedirect("cart4-1.jsp");      //重定向到购物车页面
        } catch (SQLException e) {
             e.printStackTrace();
        }
    }
    }
}
```

（3）创建名为“CartServlet”的 Servlet 类

在项目 project04 的 package04 中创建一个名为“CartServlet”的 Servlet 类，该类实现获取

购物车中的商品信息并将商品信息存入到 List 集合中。该类 doGet()方法的主要代码如表 4-14 所示。

表 4-14　CartServlet 类中 doGet()方法的的主要代码

```
public void doGet(HttpServletRequest request, HttpServletResponse response)
        throws ServletException, IOException {
    ConnDB conn=new ConnDB();                          //创建数据库连接对象
    String sql1="select 商品编码,商品名称,优惠价格,购买数量,金额,购买日期,图片地址 " +
            " from 购物车表";
    ResultSet rs1=conn.executeQuery(sql1);        //查询全部商品信息
    List list1=new ArrayList();
    try {
        while(rs1.next()){
            CartInfo cart1=new CartInfo();
            cart1.setGoodsCode(rs1.getString("商品编码"));
            cart1.setGoodsName(rs1.getString("商品名称"));
            cart1.setGoodsPreferentialPrice(rs1.getDouble("优惠价格"));
            cart1.setGoodsNumber(rs1.getInt("购买数量"));
            cart1.setGoodsSum(rs1.getDouble("金额"));
            cart1.setBuyTime(rs1.getDate("购买日期"));
            cart1.setGoodsImageAddress(rs1.getString("图片地址"));
            list1.add(cart1);               //将商品信息保存到 List 集合中
        }
    } catch (SQLException e) {
        e.printStackTrace();
    }
    String sql2="select sum(优惠价格*购买数量) as 金额合计, " +
            "sum((价格-优惠价格)*购买数量) as 节省费用 from 购物车表";
    ResultSet rs2=conn.executeQuery(sql2);
    List list2=new ArrayList();
    try {
        if(rs2.next()){
            CartInfo cart2=new CartInfo();
            cart2.setPayAll(rs2.getDouble("金额合计"));
            cart2.setPromotionAmount(rs2.getDouble("节省费用"));
            list2.add(cart2);                 //将购物信息保存到 List 集合中
        }
    } catch (SQLException e) {
        e.printStackTrace();
    }
    request.setAttribute("cartList1", list1);
    request.setAttribute("cartList2", list2);
    request.getRequestDispatcher("cart4-1.jsp").forward(request, response);
}
```

（4）在 web.xml 文件中对 GoodsServlet 类和 CartServlet 类进行配置

打开项目 project04 的文件夹“WebContent\WEB-INF”中的 web.xml 文件，然后编写如表 4-15 所示的配置代码。

表 4-15 web.xml 文件中 GoodsServlet 类和 CartServlet 类的配置代码

```
<servlet>
    <servlet-name>GoodsServlet0421</servlet-name>
    <servlet-class>package04.GoodsServlet</servlet-class>
</servlet>
<servlet-mapping>
    <servlet-name>GoodsServlet0421</servlet-name>
    <url-pattern>/buy</url-pattern>
</servlet-mapping>
<servlet>
    <servlet-name>GoodsServlet0422</servlet-name>
    <servlet-class>package04.CartServlet</servlet-class>
</servlet>
<servlet-mapping>
    <servlet-name>GoodsServlet0422</servlet-name>
    <url-pattern>/cartServlet</url-pattern>
</servlet-mapping>
```

（5）创建 JSP 页面 cart4-1.jsp

在项目 project04 中创建一个名为“cart4-1.jsp”的 JSP 页面，在该页面主要用于显示购物车中的商品信息。

在 JSP 页面 cart4-1.jsp 中<head>和</head>之间编写如下所示的代码，引入所需的 CSS 样式文件。

```
<link rel="stylesheet" type="text/css" href="css/module.css">
<link rel="stylesheet" type="text/css" href="css/cart.css">
```

在<head>和</head>之间编写 JavaScript 代码，引入所需的 JavaScript 文件以及实现所需功能，代码如表 4-16 所示。

表 4-16 JSP 页面 cart4-1.jsp 中<head>和</head>之间的 JavaScript 代码

```
<script type="text/javascript" src="js/jquery.min.js"></script>
<script type="text/javascript" src="js/snmwshopCart1.js"></script>
<script type="text/javascript" src="js/snmwshopCart1_v2.js"></script>
<script type="text/javascript">
    function updateNum(code,num,price,flag){
        var q=parseInt(num);
        if(flag=="add"){
            q++;
        }
        else{
            q--;
        }
        var num1=q.toString();
        var url = "buy?action=update&code="+code+"&num="+num1+"&price="+price;
        window.location = url;
    }
    function changeNum(code,num,price){
```

续表

```
        var url = "buy?action=update&code="+code+"&num="+num+"&price="+price;
        window.location = url;
    }
    function deleteCartItem(a,code) {
        $(a).addClass("delete");
        if (confirm("确认删除吗？ ")) {
            var b = $(a).prev("input").val();
            var url = "buy?action=del&code="+code;
        window.location = url;
        } else {
            $(a).removeClass("delete")
        }
    }
    function clearCart(){
        var url = "buy?action=clear";
        window.location = url;
    }
</script>
```

JSP 页面 cart4-1.jsp 顶部的代码如表 4-17 所示。

表 4-17　JSP 页面 cart4-1.jsp 顶部的代码

```
<div id="header" class="title-ui-a w">
    <div class="back-ui-a">
        <a href="javascript:history.back(1)">返回</a>
    </div>
    <div class="header-title">购物车</div>
    <div class="site-nav">
        <ul class="fix">
            <li class="mysn"><a href="#" >我的易购</a></li>
            <li class="mycart"><a href="#" >购物车</a></li>
            <li class="home"><a href="#" >返回主页</a></li>
        </ul>
    </div>
</div>
```

JSP 页面 cart4-1.jsp 中部的主体代码如表 4-18 所示。

表 4-18　JSP 页面 cart4-1.jsp 中部的主体代码

```
<div class="cart-list-1 w f14">
        <ul class="cart-list list-ui-c" id="Cart_List">
        <c:forEach var="cart" items="${requestScope.cartList1}">
        <li>
            <div class="wbox">
                <div class="mr10" style="margin-top:32px;">
                    <input type="checkbox" class="input-checkbox-a" name="checkbox_1"
                            itemid="1" id="checkbox_1" checked="true">
```

续表

```
            </div>
            <p class="pro-img"><a href="" title="${cart.goodsName}">
                <img src="${cart.goodsImageAddress}" alt="${cart.goodsName}" /></a>
          </p>
            <div class="wbox-flex">
                <p><span class="attr">编号:</span>${cart.goodsCode}</p>
                <p class="pro-name">
                    <a id="name_1" href="" title="${cart.goodsName}">${cart.goodsName}
                    </a><br />
                </p>
                <div class="count">
                <span class="attr">数量:</span>
                <div class="countArea">
                <a href="javascript:void(0)" class="min"    onclick="lesV2(this,&#39;1&#39;);
                    updateNum('${cart.goodsCode}', ${cart.goodsNumber},
                                ${cart.goodsPrice},'min');"></a>
                  <input class="count-input" type="text" value="${cart.goodsNumber}"
                        onChange="javascript:changeNum('${cart.goodsCode}',
                                                        this.value,${cart.goodsPrice});" >
                      name="quantity" id="quantity"
                  <a href="javascript:void(0)" class="add"    onclick="addV2(this,&#39;1&#39;);
                  updateNum('${cart.goodsCode}', ${cart.goodsNumber},
                              ${cart.goodsPrice},'add');"></a>
                </div>
                </div>
                <p>
                <span class="attr">易购价:</span>
                <span class="price">¥${cart.goodsPreferentialPrice}</span>
                </p>
                <div class="trash" onclick="javascript:deleteCartItem(this,'${cart.goodsCode}');">
                    <span class="lid"></span><span class="can"></span></div>
            </div>
        </div>
        <div class="a5 mt5" name="error_message" id="error_message_1"></div>
    </li>
    </c:forEach>
    </ul>
<c:forEach var="cart2" items="${requestScope.cartList2}">
    <p class="mt5 tr">商品总计:
        <span><em id="userPayAllprice">¥${cart2.payAll}</em></span>
        <span id="promotionAmountSpan" >- 优惠:<em id="totalPromotionAmount">
                                                ¥${cart2.promotionAmount}</em>
        </span>
    </p>
    <p class="mt5 tr">应付总额(未含运费) : <span class="price">
                        <em id="userPayAllpriceList">¥${cart2.payAll}</em></span>
    </p>
</c:forEach>
<div class="btn-ui-b mt10" id="checkOutButton"><a title="去结算" >去结算</a></div>
<div class="btn-ui-c mt10">
```

续表

行号	代码
59	<a href="task4-1.html" title="继续购物" ><<继续购物</a>
60	</div>
61	<div class="btn-ui-b mt10" id="checkOutButton"><a title="清空购物车"
62	href="javascript:;" onclick="clearCart();">清空购物车</a></div>
63	</div>

JSP 页面 cart4-1.jsp 底部的代码如表 4-19 所示。

表 4-19　JSP 页面 cart4-1.jsp 底部的代码

行号	代码
01	<div id="footer" class="w">
02	<div class="layout fix user-info">
03	<div class="user-name fl" id="footerUserName">当前用户:
04	<span class="a">LiMin</span></div>
05	<div class="fr"><a id="backTop" href="javascript:;" >回顶部</a></div>
06	</div>
07	<ul class="list-ui-a">
08	<li>
09	<div class="w user-login">
10	<a href="#" id="footerLogin" style="">登录</a>
11	<a href="#" id="footerRegister" style="">注册</a>
12	<a href="#" id="footerLogout" style="display:none">注销</a>
13	<a href="#" >购物车</a>
14	</div>
15	</li>
16	</ul>
17	<div class="copyright">Copyright© 2012-2018 m.ebuy.com</div>
18	</div>

（6）创建网页 task4-1.html

在项目 project04 中创建一个名为“task4-1.html”的网页，该网页用于显示商品列表，其代码与单元 3 中创建的 unit03.html 类似，不同的是该页面给每一件商品添加了一个【购买】按钮，并为该按钮的 href 属性设置了显示购物车页面的代码，【购买】按钮对应的 HTML 代码如下所示。

```
<p class="pleft">
    <a href="buy?action=add&code=103836928" >
        <img src="images/buybutton.gif" width="71" height="21" border="0" />
    </a>
</p>
```

（7）运行程序输出结果

运行网页 task4-1.html，显示对应的“商品搜索列表”页面，在该页面中单击【购买】按钮，进入购物车页面，如图 4-3 所示。

在“购物车”页面中单击【继续购物】按钮，返回“商品搜索列表”页面，重新选购刚才已选择的商品；接着在“购物车”页面中再一次单击【继续购物】按钮，返回“商品搜索列表”页面，选购其他商品，再一次进入购物车页面，如图 4-4 所示。

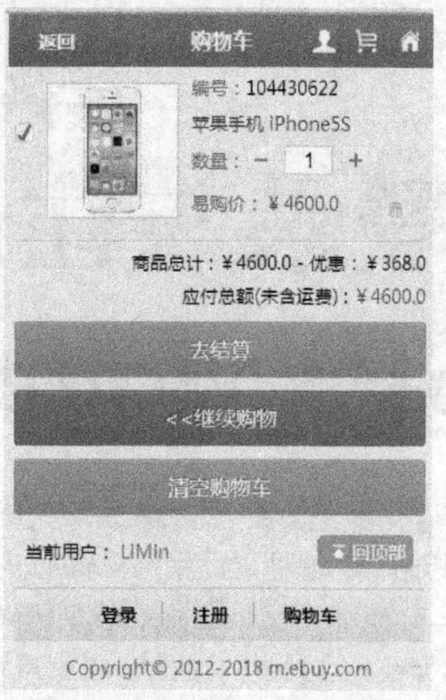

图 4-3　购物车中选购 1 件商品

图 4-4　购物车中选购 2 种 3 件商品

在购物车页面中还可以动态增加或减少商品的购买数量，删除购物车中已选购的商品，清空购物车，请自行进行测试。

【单元小结】

JavaBean 是用于封装业务逻辑或对象的 Java 类，该类具有特定的功能，即它是一个可重用的 Java 软件组件模型。由于这些组件模型都具有特定的功能，将其进行合理的组合后，可以快速生成一个全新的程序，实现代码的重用。将 JavaBean 应用到 JSP 编程中，使 JSP 的发展进入了一个崭新的阶段，它将 HTML 代码与 Java 代码分离，使其业务逻辑变得更加清晰。

本单元主要探讨了购物网站中购物车功能的实现方法。

PART 5 单元 5 购物网站登录与注册模块设计（JSP+Model2）

在 JSP 开发过程中有两种开发模型可供选择，一种是 JSP 与 JavaBean 相结合，这种方式称为 Model1；另一种是 JSP、JavaBean 与 Servlet 相结合，这种方式称为 Model2。Model2 开发模式提出了 MVC 的设计理念，分别将视图（View）、控制（Controller）、模型（Model）相分离，使这 3 层结构各负其责，充分体现了程序的层次概述，达到了一种理想的设计状态，为 Web 应用程序提供了更好的重用性和扩展性。本单元的用户登录与用户注册模块是基于 Model2 实现的。

【知识梳理】

1．Model1 开发模式与纯 JSP 开发方式的比较

在纯 JSP 开发方式中，HTML 代码与业务逻辑代码混写在一起，其示意图如图 5-1 所示，这种方式编写的程序可读性差，维护与扩展不方便。

图 5-1　纯 JSP 开发方式

JSP + JavaBean 的 Model1 模式与纯 JSP 开发方式相比是一次进步，JavaBean 的产生使 HTML 代码与 Java 代码相分离，在应用 JavaBean 的 JSP 程序中，JSP 页面用于显示视图，JavaBean 用于处理各种业务逻辑，代码的可读性好，其示意图如图 5-2 所示。Model1 模式有了层次的概念，从 JSP 页面之中将业务逻辑层分离出来，但是对 JavaBean 的操作仍然在 JSP 页面中进行，业务逻辑的控制由 JSP 页面充当，使视图层与业务层混合在一起，因此这种开发模式仍然不是一种理想的方式，只适用于小型项目开发，目前该模式已逐渐被遗弃。

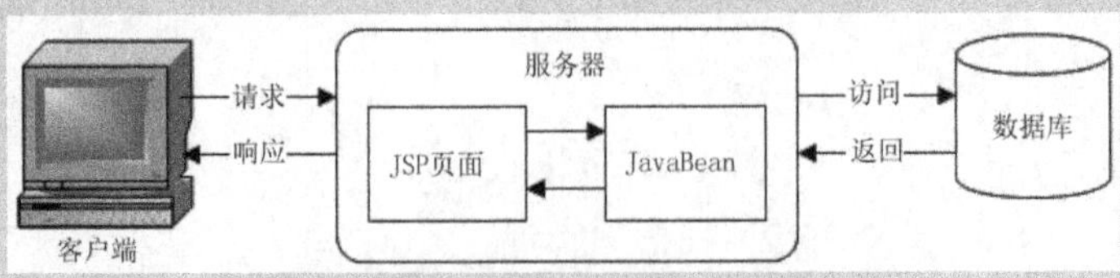

图 5-2　JSP＋JavaBean 的 Model1 模式

2．Model2 开发模式与 Model1 开发模式的比较

Model2 模式在 Model1 的基础上引入了 Servlet 技术。这种开发模式遵循 MVC 的设计理念，其中 JSP 作为视图为用户提供与程序交互的界面，JavaBean 作为模型封装实体对象及业务逻辑，Servlet 作为控制器接收各种业务请求，并调用 JavaBean 模型组件对业务逻辑进行处理，在视图与业务逻辑之间架起一座桥梁，其示意图如图 5-3 所示。

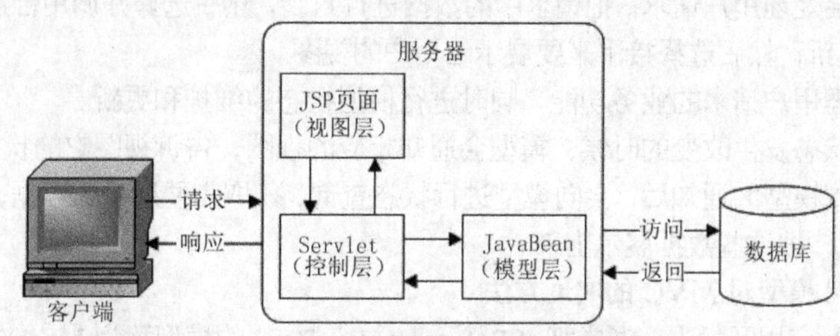

图 5-3 JSP＋Servlet＋JavaBean 的 Model2 模式

3．MVC 设计原理

MVC 是一种经典的程序设计理念，该模式将应用程序分成 3 个部分，分别为模型（Model）、视图（View）和控制（Controller），它们之间的关系如图 5-4 所示。

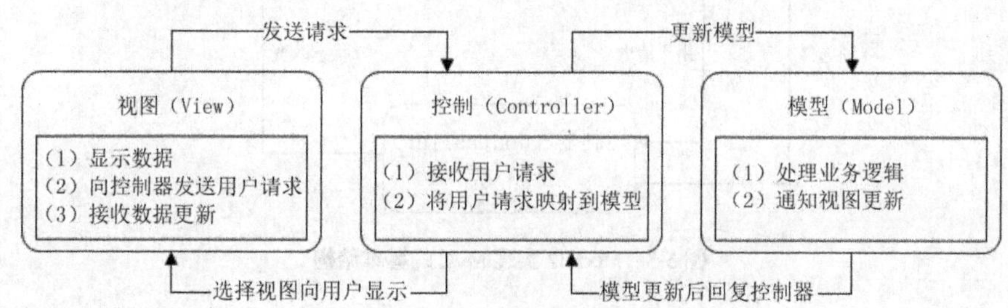

图 5-4 视图－控制－模型之间的关系示意图

（1）模型（Model）

模型是应用程序的核心部分，包括业务逻辑层和数据访问层。在 Java Web 应用程序中，业务逻辑层一般由 JavaBean 或 EJB 来充当，可以是一个实体对象或一种业务逻辑。数据访问层（数据持久层）通常应用 JDBC 或者 Hibernate 来实现，主要负责与数据库打交道，如从数据库中取出数据，向数据库中保存数据等。之所以称之为模型，是因为它在应用程序中有更好的重用性和扩展性。

（2）视图（View）

视图提供应用程序与用户之间的交互界面，即 Java Web 应用程序的外观。在 MVC 模式中，这一层不包含业务逻辑代码，只提供一种与用户交互的视图，在 Web 应用程序中由 JSP、HTML 页面充当。视图可以接收用户的输入，但并不包含任何实际的业务处理，只是将数据转交给控制器。

（3）控制（Controller）

控制用于对程序中的请求进行控制，将用户输入的数据导入模型，充当宏观调控的作用。在 Java Web 应用程序中，当用户提交 HTML 表单时，控制层接收请求并调用相应的模型组件去处理，之后调用相应的视图来显示模型返回的数据。在 Web 应用程序中由 Servlet 充当。

模型、视图、控制器的交互关系描述如下。

① 首先是展示视图给用户，用户在视图上进行操作，并填写一些业务数据。

② 然后用户单击提交按钮发出请求。

③ 视图发出的用户请求会到达控制器，请求中包含了想要完成什么样的业务功能及相关的数据。

④ 控制器会处理用户请求，把请求中的数据进行封装，然后选择并调用合适的模型，请求模型进行状态更新，然后选择接下来要展示给用户的视图。

⑤ 模型处理用户请求的业务功能，同时进行模型状态的维护和更新。

⑥ 当模型状态发生改变的时候，模型会通知相应的视图，告诉视图它的状态发生了改变。

⑦ 视图接到模型的通知后，会向模型进行状态查询，获取需要展示的数据，然后按照视图本身的展示方式，把这些数据展示出来。

4. Model2 模型对 MVC 的实现方法

在 Java Web 应用开发中，通常把 JSP+Servlet+JavaBean 的模型称为 Model2 模型，这是一个遵循 MVC 模式的模型，Model2 实现 MVC 的基本结构如图 5-5 所示。

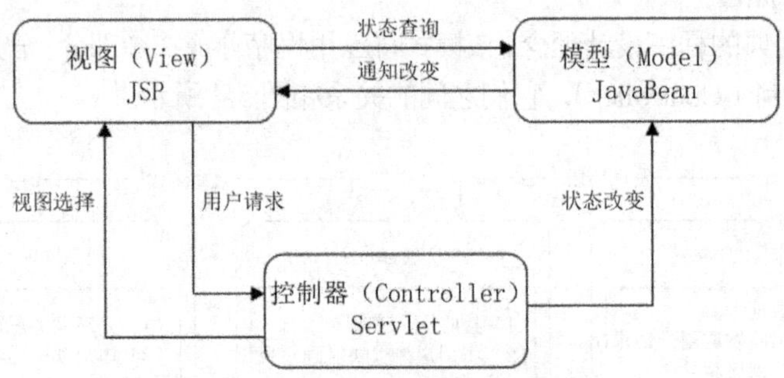

图 5-5　Model2 实现 MVC 的基本结构

JSP 作为表现层，负责提供页面为用户展示数据，提供相应的表单（Form）来用于用户的请求，并在适当的时候（单击提交按钮）向控制器发出请求来请求模型进行更新。

Serlvet 作为控制器，用来接收用户提交的请求，然后获取请求中的数据，将之转换为业务模型需要的数据模型，然后调用业务模型相应的业务方法进行更新，同时根据业务执行结果来选择要返回的视图。

JavaBean 作为模型，既可以作为数据模型来封装业务数据，又可以作为业务逻辑模型来包含应用的业务操作。其中，数据模型用来存储或传递业务数据，而业务逻辑模型接收到控制器传过来的模型更新请求后，执行特定的业务逻辑处理，然后返回相应的执行结果。

Servlet+JSP+JavaBean 模型基本的响应顺序是：当用户发出一个请求后，这个请求会被控制器 Servlet 接收到；Servlet 将请求的数据转换成数据模型 JavaBean，然后调用业务逻辑模型 JavaBean 的方法，并将业务逻辑模型返回的结果放到合适的地方，如请求的属性里；最后根据业务逻辑模型的返回结果，由控制器来选择合适的视图（JSP），由视图把数据展现给用户。

5. JavaScript 简介

JavaScript 是一种基于对象和事件驱动的脚本语言。使用它的目的是与 HTML 超文本标记语言一起实现网页中的动态交互功能。通过嵌入或调用 JavaScript 代码在标准的 HTML 语言中实现其功能，它与 HTML 标签结合在一起，弥补了 HTML 语言的不足，JavaScript 使得网页变得更加生动。

JavaScript 是一种轻量级的编程语言，JavaScript 插入 HTML 页面后，可由所有的现代浏览器执行。JavaScript 由布兰登·艾奇（Brendan Eich）发明，于 1995 年出现在 Netscape 中（该浏览器已停止更新），并于 1997 年被 ECMA（欧洲计算机制造协会）采纳，将 JavaScript 制定为标准，称为 ECMAScript，ECMA-262 是 JavaScript 标准的官方名称。

JavaScript 的基本语法与 C 语言类似，但运行过程中不需要单独编译，而是逐行解释执行，运行快。JavaScript 具有跨平台性，与操作环境无关，只依赖于浏览器本身，对于支持 JavaScript 的浏览器就能正确执行。

由于 JavaScript 具有复杂的文档对象模型（DOM），不一致的浏览器实现和缺乏便捷的开发、调试工具。正当 JavaScript 从开发者的视线中渐渐隐去时，一种新型的基于 JavaScript 的 Web 技术——AJAX（Asynchronous JavaScript And XML，异步 JavaScript 和 XML）诞生了，从而使互联网中基于 JavaScript 的应用越来越多，使 JavaScript 不再是一种仅仅用于 Web 页面的脚本语言，JavaScript 越来越受到重视，互联网正在掀起一场 JavaScript 风暴。

6．jQuery 简介

jQuery 是一个 JavaScript 函数库，是一个“写得更少，但做得更多”的轻量级 JavaScript 库，jQuery 极大地简化了 JavaScript 编程。

jQuery 是继 prototype 之后又一个优秀的 JavaScript 框架。它兼容 CSS3，还兼容各种浏览器（IE 6.0+、FF 1.5+、Safari 2.0+、Opera 9.0+等），jQuery2.0 及后续版本将不再支持 IE6/7/8 浏览器。jQuery 使用户能更方便地处理 HTML、events，实现动画效果，并且方便地为网站提供 AJAX 交互。jQuery 还有一个比较大的优势是，它的文档说明很全，而且各种应用也说得很详细，同时还有许多成熟的插件可供选择。jQuery 能够使用户的 HTML 页面保持程序代码和 HTML 内容分离，也就是说，不用再在 HTML 里面插入一堆 JavaScript 代码来调用命令了，只需定义 id 即可。

jQuery 在 2006 年 1 月由美国人 John Resig 在纽约的 barcamp 发布，吸引了来自世界各地的众多 JavaScript 高手加入，由 Dave Methvin 率领团队进行开发。如今，jQuery 已经成为最流行的 javascript 框架，在世界前 10 000 个访问最多的网站中，有超过 55%在使用 jQuery。jQuery 是免费、开源的，使用 MIT 许可协议。jQuery 的语法设计可以使开发者更加便捷，如操作文档对象、选择 DOM 元素、制作动画效果、事件处理、使用 Ajax 及其他功能。除此以外，jQuery 提供 API 让开发者编写插件。其模块化的使用方式使开发者可以很轻松地开发出功能强大的静态或动态网页。

【应用技巧】

本单元的应用技巧如下所示。

① Model2 模型对 MVC 的实现方法。

② 基于 Model2 模型用户登录与用户注册功能的实现方法。

③ 验证码的生成方法与比较方法。

【环境创设】

① 下载 Servlet 支持类库 servlet-api.jar 和 JDBC 支持类库 sqljdbc4.jar。

② 准备开发 Web 应用程序所需的图片文件和 JavaScript 文件。

③ 数据库 eshop 中“用户表”已在单元 3 创建完成。

④ 在计算机的【资源管理器】中创建文件夹 unit05。

在 E 盘文件夹“移动平台的 Java Web 实用项目开发”中创建子文件夹“unit05”，以文件夹“unit05”作为 Java Web 项目的工作空间。

⑤ 启动 Eclipse，设置工作空间为 unit05，然后进入 Eclipse 的开发环境。

⑥ 在 Eclipse 集成开发环境中配置与启动 Tomcat 服务器。

⑦ 在 Eclipse 集成开发环境中新建动态 Web 项目 project05。

⑧ 将文件 servlet-api.jar 和 sqljdbc4.jar 拷贝到 Web 项目 project05 的文件夹。“WebContent\WEB-INF\lib”下，并在 Eclipse 集成开发环境的“项目资源管理器”刷新 Web 项目 project05。

⑨ 在 Eclipse 集成开发环境中创建包 package05。

在 Web 项目 project05 中创建一个包，将其命名为“package05”。

【任务描述】

【任务 5-1】基于 Model2 模式设计用户登录模块

基于 Model2 模式（JSP+Servlet+JavaBean）设计用户登录模块，其程序设计流程如图 5-6 所示。

【任务 5-2】基于 Model2 模式设计用户注册模块

基于 Model2 模式（JSP+Servlet+JavaBean）设计用户注册模块，其程序设计流程如图 5-7 所示。

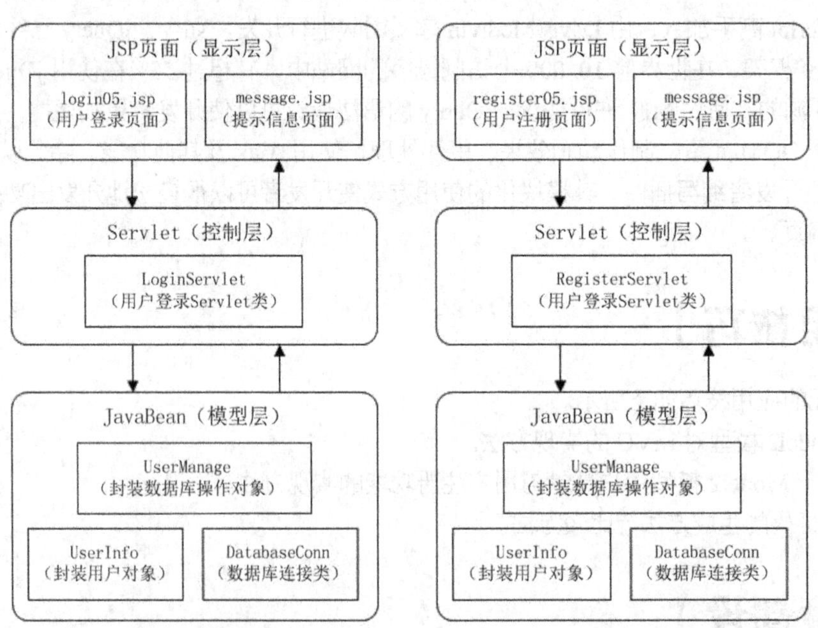

图 5-6 用户登录模块的程序设计流程　　图 5-7 用户注册模块的程序设计流程

【任务实施】

【网页结构设计】

本单元用户登录页面主体结构的 HTML 代码如表 5-1 所示。

表 5-1 单元 5 用户登录页面主体结构的 HTML 代码

行号	HTML 代码
01	<nav class="w nav pr"></div>
02	</nav>
03	<!--顶部导航栏结束-->
04	<div class="login w f14">
05	<form id="formlogon" name="formlogon" method="post" action="">
06	<ul class="input-list mt10" id="Login_Check">
07	<li></li>
08	<li></li>
09	<li></li>
10	</ul>
11	<div class="btn-ui-b mt10"></div>
12	</form>
13	</div>
14	<!--底部导航栏开始-->
15	<div id="footer" class="w"></div>

本单元用户注册页面主体结构的 HTML 代码如表 5-2 所示。

表 5-2 单元 5 用户注册页面主体结构的 HTML 代码

行号	HTML 代码
01	<nav class="w nav pr"></nav>
02	<!--顶部导航栏结束-->
03	<div class="login w f14">
04	<div class="signup layout f14" id="Sign_Check">
05	<div class="regist-box" id="Login_Check">
06	<div class="signup-tab-box tabBox ">
07	<form action="UserRegister" method="post" id="emailRegisterForm">
08	<ul class="input-list mt10">
09	<li></li>
10	<li></li>
11	<li></li>
12	<li></li>
13	</ul>
14	<div class="btn-ui-b mt10"></div>
15	<div class="wbox a label-bind zhmm mt10">
16	<div class="wbox-flex"></div>
17	</div>
18	</form>
19	</div>
20	</div>
21	</div>
22	</div>
23	<!--底部导航栏开始-->
24	<div id="footer" class="w"></div>

【网页 CSS 设计】

在 Dreamweaver CS6 开发环境中创建两个 CSS 文件：module.css 和 member.css，module.css 文件中主要的 CSS 代码如表 5-3 所示，这两个 CSS 文件具体的代码见本书提供的电子资源。

表 5-3　module.css 文件的主要 CSS 代码

```
body{
   color: #000;
   font-family: arial;
   background: #FFF;
}
body{
   -webkit-text-size-adjust: none;
   font-family: "microsoft yahei", Verdana,
                Arial, Helvetica, sans-serif;
   font-size: 1em;
   min-width: 320px;
   background: #eee;
}
.w{
   width: 320px !important;
   margin:0 auto;
}
.input-list li{
   margin-bottom: 12px;
}
#footer{
   clear: both;
   font-size: 14px;
}
.layout{
   margin:0 10px;
}
.btn-ui-b,.btn-ui-b-a {
   position: relative;
   background: -webkit-gradient(linear,
        50% 0%, 50% 100%,
        from(#0D9BFF),to(#0081DC));
   border-top: 1px solid #4CB5FF;
   color: #fff;
   text-align: center;
   padding: 0px;
   height: 40px;
   line-height: 40px;
   font-weight: 700;
   font-size: 14px;
   overflow: hidden;
}
.wbox{
   display:-webkit-box;
}
.wbox-flex{
   -webkit-box-flex: 1;
   word-wrap: break-word;
   word-break: break-all;
}

ul,ol,li{
  list-style:none
}
```

【静态网页设计】

1．在 Dreamweaver CS6 中创建静态网页 login05.html

在 Dreamweaver CS6 中创建静态网页 login05.html，该网页的初始 HTML 代码如表 1-5 所示。在网页 login05.html 中<head>和</head>之间编写如下所示的代码，引入所需的 CSS 样式文件。

```
<link rel="stylesheet" type="text/css" href="css/module.css">
<link rel="stylesheet" type="text/css" href="css/member.css">
```

在<head>和</head>之间编写如表 5-4 所示的代码，引入所需的 JavaScript 文件。

表 5-4　网页 login05.html 中<head>和</head>之间的 JavaScript 代码

```
<script type="text/javascript" src="js/jquery.min.js"></script>
<script type="text/javascript" src="js/member.js"></script>
<script type="text/javascript" src="js/sntouch.js"></script>
<script type="text/javascript">
```

续表

HTML 代码

```
function checkForm(){
    var retFlag = true;
    var email2 =    $("#email2").val();
    var password = $("#password").val();
    if(email2 == ""){
    retFlag = false;
    }
    if (password == null || password == "") {
    retFlag = false;
    }
    return retFlag;
}
function submitForm(){
    if(!checkNormalLogonId() || !checkNormalLogonPwd()) {
    return;
    }
    if(checkForm()){
    $("#formlogon").submit();
    return true;
    }else{
    return false;
    }
}
$(function(){
    $("#email2").blur(function(){
    var email2 =    $("#email2").val();
    if($(this).val() == ''){
        $("#logonIdErrMsg").html('请输入昵称/邮箱/注册手机！');
        $("#logonIdErrMsg").show();
        } else if (email2.match( /^\w+([-+.]\w+)*@\w+([-.]\w+)*\.\w+([-.]\w+)*$/ )) {
        $("#logonIdErrMsg").html('');
        return true;
        }
    })
$("#password").blur(function(){
    var pwd = $('#password').val();
    if (pwd == null || pwd == "") {
    $("#passwordErrMsg").html('请输入密码！');
    $("#passwordErrMsg").show();
    } else if (pwd.length<6 || pwd.length>20) {
    $("#passwordErrMsg").html('请输入 6-20 位密码！');
    $("#passwordErrMsg").show();
    } else {
    $("#passwordErrMsg").html('');
    return true;
    }
    })
    showServerErrorMsg();
});
function checkNormalLogonId() {
```

续表

HTML 代码

```
  // 清掉服务器错误消息
  $("#normalLogonServerErrMsg").hide();
  var eml = $('#email2').val();
  if(eml=='昵称/邮箱/注册手机'){
  //$('#email2').val("");
  eml = "";
  }
  if (eml == null || eml == "") {
  $("#logonIdErrMsg").show().html('<em class="tipFalse"></em>请输入昵称/邮箱/注册手机！');
  return false;
  }
  if (eml.length != 0 && eml.length < 50
  && eml.match( /^\w+([-+.]\w+)*@\w+([-.]\w+)*\.\w+([-.]\w+)*$/ )){
  $('#logonId').val(eml.toLowerCase());
  } else {
  $('#logonId').val(eml);
  }
  $("#logonIdErrMsg").html('');
  return true;
}
function checkNormalLogonPwd() {
  // 清掉服务器错误消息
  $("#normalLogonServerErrMsg").hide();
  var pwd = $('#password').val();
  if (pwd == null || pwd == "") {
  $("#passwordErrMsg").show().html('<em class="tipFalse"></em>请输入密码！');
  return false;
  } else if (pwd.length<6 || pwd.length>20) {
  $("#passwordErrMsg").show().html('<em class="tipFalse"></em>请输入 6-20 位密码！');
  return false;
  } else {
  $("#passwordErrMsg").html('');
  return true;
  }
}
function fun_getVcode(){
   var timenow = new Date().getTime();
   var uid = document.getElementById("uuid").value;
   document.getElementById("vcodeimg1").src =
           "https://vcs.suning.com/vcs/imageCode.htm?uuid="+ uid +"&yys=" + timenow;
}
</script>
```

在网页 login05.html 的标签<body>和</body>之间编写如表 5-5、表 5-6 和表 5-7 所示的代码，实现网页所需的布局和内容。

表 5-5　网页 login05.html 和 register05.html 顶部内容对应的 HTML 代码

```
<nav class="w nav pr">
    <a class="goback" href="javascript:history.back(1)">返回</a>
    <div class="nav-title wb">用户登录</div>
    <div class="title-submit-ui-a">
        <a href="">注册</a>
    </div>
</nav>
```

表 5-6　网页 login05.html 中部内容对应的 HTML 代码

```
<div class="login w f14">
<form id="formlogon" name="formlogon" method="post" action="">
    <ul class="input-list mt10" id="Login_Check">
        <li>
        <input type="text" class="input-ui-a" placeholder="用户名:手机/邮箱/昵称"
                name="email2" id="email2" value="">
        <p class="err-tips mt5 hide" id="logonIdErrMsg">请输入用户名！</p>
        </li>
        <li>
        <input type="password" class="input-ui-a" placeholder="密码："
                name="logonPassword" id="password" maxlength="20">
        <p class="err-tips mt5 hide" id="passwordErrMsg">请输入密码！</p>
        </li>
        <li>
        <input type="text" class="input-ui-a half" id="validate" name="verifyCode"
                maxlength="4" placeholder="验证码：">
        <input type="hidden" name="uuid" id="uuid"
                value="196f8850-5bda-4a68-b395-d0547549d4d1">
        <img id="vcodeimg1" src="images/imageCode.htm" width="63" height="29"
                alt="验证码" onclick="fun_getVcode();">
        <a class="a" href="javascript:void(0);" onclick="fun_getVcode();">换一张</a>
        <p class="err-tips mt5 hide" id="vcodeErrMsg">验证码输入不正确！</p>
        </li>
    </ul>
    <div class="btn-ui-b mt10">
    <a href="javascript:void(0);" onclick="return submitForm();">登录</a>
    </div>
</form>
</div>
```

表 5-7　网页 login05.html 和 register05.html 底部内容对应的 HTML 代码

```
<div id="footer" class="w">
    <ul class="list-ui-a">
        <li>
        <div class="w user-login">
            <a href="#" id="footerLogin" style="">登录</a>
            <a href="#" id="footerRegister" style="">注册</a>
```

续表

```
        <a href="#" >购物车</a>
      </div>
    </li>
  </ul>
  <div class="copyright">Copyright© 2012-2018 m.ebuy.com</div>
</div>
```

网页 login05.html 的浏览效果如图 5-8 所示。

图 5-8 网页 login05.html 的浏览效果

2. 在 Dreamweaver CS6 中创建静态网页 register05.html

在 Dreamweaver CS6 中创建静态网页 register05.html，该网页的初始 HTML 代码如表 1-5 所示。在网页 register05.html 中<head>和</head>之间编写如下所示的代码，引入所需的 CSS 样式文件。

```
<link rel="stylesheet" type="text/css" href="css/module.css">
<link rel="stylesheet" type="text/css" href="css/member.css">
```

在<head>和</head>之间编写如下所示的代码，引入所需的 JavaScript 文件。

```
<script type="text/javascript" src="js/jquery.min.js"></script>
<script type="text/javascript" src="js/userReg.js"></script>
<script type="text/javascript" src="js/password.js"></script>
```

在网页 login05.html 的标签<body>和</body>之间编写代码实现网页所需的布局和内容，网页 register05.html 中部内容对应的 HTML 代码如表 5-8 所示，其顶部代码参考表 5-5 所示的代码，底部代码参考表 5-7 所示的代码。

表 5-8 网页 register05.html 中部内容对应的 HTML 代码

```
<div class="login w f14">
  <div class="signup layout f14" id="Sign_Check">
    <div class="regist-box" id="Login_Check">
      <div class="signup-tab-box tabBox ">
        <form action="UserRegister" method="post" id="emailRegisterForm">
          <ul class="input-list mt10">
            <li>
              <input type="text" class="input-ui-a" rel="email" name="egoAccountOfEmail"
                      id="egoAccountOfEmail" value="" placeholder="请输入您的邮箱地址">
              <p class="err-tips mt5 hide" id="p_egoAccountOfEmail_info">邮箱格式不正确
```

续表

```html
            </p>
          </li>
          <li>
            <input type="password" class="input-ui-a" rel="psw1" name="logonPassword"
                maxlength="20" id="emailLogonPassword" value=""
                placeholder="请输入 6-20 位密码">
            <p class="err-tips mt5 hide" id="p_egoAcctEmailPwd_info">
              请输入 6-20 位密码</p>
          </li>
          <li>
            <input type="password" class="input-ui-a" rel="psw2"
                  name="logonPasswordVerify"   maxlength="20"
                  id="emailLogonPasswordVerify" value=""
                  placeholder="请再次输入您的密码">
            <p class="err-tips mt5 hide" id="p_egoAcctEmailConfirmPwd_info">
              请再次输入密码</p>
          </li>
          <li>
            <input type="text" class="input-ui-a half" rel="emailValCode"
                name="valCode" id="emailValCode" maxlength="4" value=""
                placeholder="请输入验证码：">
            <input type="hidden" name="uuid" id="uuid"
                  value="196f8850-5bda-4a68-b395-d0547549d4d1">
            <img id="vcodeimg1" src="images/imageCode.htm" width="63"
                height="29" alt="验证码" onclick="fun_getVcode();">
            <a class="a" href="javascript:void(0);" onclick="fun_getVcode();">换一张</a>
            <p class="err-tips mt5 hide" id="p_emailValCode_info">
              验证码输入不正确！</p>
          </li>
          <p class="err-tips mt10" id="normalLogonServerErrMsg"></p>
        </ul>
        <div class="btn-ui-b mt10"><a href="javascript:void(0);"
            onclick="doEmailRegisterSubmit();">注册</a></div>
        <div class="wbox a label-bind zhmm mt10">
          <label><input type="checkbox" class="input-checkbox-a f-les m-tops"
                    id="epp_email_checked"></label>
          <div class="wbox-flex">
            <p>同意易购网触屏版会员章程</p>
            <p>同意易付宝协议，创建易付宝账户</p>
            <p class="err-tips mt5 hide" id="epp_email_checked_error">请确认此协议！</p>
          </div>
        </div>
      </form>
    </div>
  </div>
 </div>
</div>
```

网页 register05.html 的浏览效果如图 5-9 所示。

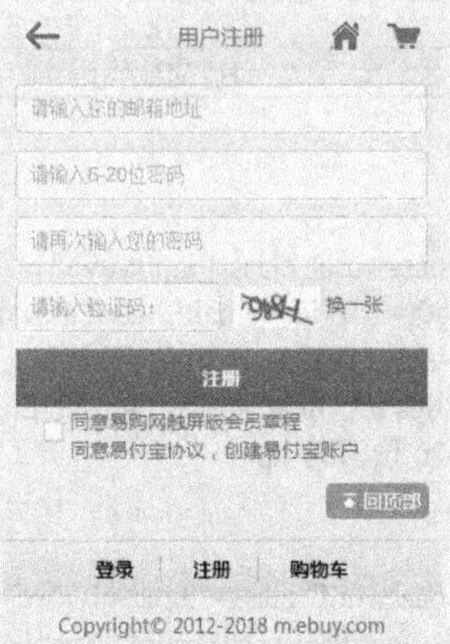

图 5-9　网页 register05.html 的浏览效果

【网页功能实现】

【任务 5-1】基于 Model2 模式设计用户登录模块

（1）创建名为“UserInfo”的类

在项目 project05 的包 package05 中，创建一个名为“UserInfo”的 Java 类，UserInfo 类是一个封装用户信息的 JavaBean，其代码如表 5-9 所示。

表 5-9　UserInfo 类的代码

```java
package package05;
public class UserInfo {
    private int id;
    private String name;
    private String password ;
    private String email;
    public UserInfo(){
        //定义一个不带参数构造方法
    }
    public int getId(){
        return id;
    }
    public void setId(int id){
        this.id=id;
    }
    public String getName(){
        return name;
    }
    public void setName(String name){
        this.name=name;
    }
    public String getPassword(){
        return password;
    }
    public void setPassword(String password){
```

续表

```
        this.password=password;
    }
    public String getEmail(){
        return email;
    }
    public void setEmail(String email){
        this.email=email;
    }
}
```

（2）创建名为“DatabaseConn”的 Java 类

在项目 project05 的包 package05 中，创建一个名为“DatabaseConn”的 Java 类，打开 DatabaseConn.java 文件，在 DatabaseConn 类中编写如表 5-10 所示的代码。

表 5-10　类 DatabaseConn 的主要代码

```
package package05;
import java.sql.*;
public class DatabaseConn {
    public DatabaseConn(){
        }
    //定义获取数据库连接的方法，该方法为静态方法可以直接调用
    public static Connection getConnection(){
        Connection conn=null;
        //驱动程序
        String driverClass = "com.microsoft.sqlserver.jdbc.SQLServerDriver";
        //数据库连接 URL
        String url = "jdbc:sqlserver://localhost:1433;DatabaseName=eshop";
        //数据库登录用户名
        String user = "sa";
        //数据库登录密码
        String password = "123456";
        try
        {
            //加载驱动
            Class.forName(driverClass);
            //获取数据连接
            conn = DriverManager.getConnection(url, user, password);
        } catch (Exception ex) {
            ex.printStackTrace();
            //发送数据库连接错误提示信息
            //response.sendError(500,"数据库连接不成功。");
        }
         return conn;
    }
    //定义关闭数据库连接的静态方法
    public static void closeConn(Connection conn){
        //判断 conn 是否为空
        if(conn!=null){
```

续表

```
        try{
          conn.close();   //关闭数据库连接
        }catch(SQLException ex){
          ex.printStackTrace();
        }
      }
    }
}
```

（3）创建名为“UserManage”的类

在项目 project05 的包 package05 中，创建一个名为“UserManage”的 Java 类，UserManage 类包含多个方法，实现用户登录功能方法的代码如表 5-11 所示。

表 5-11　UserManage 类的代码

```
package package05;
import java.sql.*;
public class UserManage {
    private Connection conn;
    private ResultSet rs;
    private    PreparedStatement pstmt;

    public UserManage(){
      }
    //查询指定注册用户是否存在的方法添加位置
    //指定用户登录
    public UserInfo userLogin(String name,String password){
      UserInfo loginUser=null;
      try{
        conn=DatabaseConn.getConnection();
        String strSql="select 用户 ID,用户名,密码,Email   "
                    +  "  from 用户表  where 用户名=? and 密码=?";
        pstmt=conn.prepareStatement(strSql);
        pstmt.setString(1,name);
        pstmt.setString(2,password);
        rs=pstmt.executeQuery();
        if(rs.next()){
          //实例化一个用户对象
          loginUser=new UserInfo();
          //对用户对象属性赋值
          loginUser.setId(rs.getInt("用户 ID"));
          loginUser.setName(rs.getString("用户名"));
          loginUser.setPassword(rs.getString("密码"));
          loginUser.setEmail(rs.getString("Email"));
        }
        //释放此 ResultSet 对象
        if(rs!=null)rs.close();
        //释放此 PreparedStatement 对象
        if(pstmt!=null)pstmt.close();
```

续表

```
        }
        catch(SQLException e)
        {
            e.printStackTrace();
        }finally{
            //关闭数据库连接
            if(conn!=null)DatabaseConn.closeConn(conn);
        }
        return loginUser;
    }
    //在数据表添加用户注册信息方法的添加位置
}
```

（4）新建一个 Java 类 LoginServlet

在项目 project05 的包 package05 中新建一个名为“LoginServlet”的 Java 类，该类是用于处理用户登录请求的 Servlet，通过 doPost()方法对用户登录进行处理，其主要代码如表 5-12 所示。

表 5-12　LoginServlet 类 doPost()方法的主要代码

```
01 protected void doPost(HttpServletRequest request, HttpServletResponse response)
02         throws ServletException, IOException {
03     // 设置 request 与 response 的编码
04     response.setContentType("text/html");
05     request.setCharacterEncoding("UTF-8");
06     response.setCharacterEncoding("UTF-8");
07     //获取表单数据
08     String userName=request.getParameter("login_username");
09     String userPassword=request.getParameter("login_password");
10     UserManage userm=new UserManage();
11     UserInfo user=new UserInfo();
12     user=userm.userLogin(userName, userPassword);
13     if(user!=null){
14         request.getSession().setAttribute("loginUser", user);
15         request.setAttribute("info", "用户登录成功！");
16     }
17     else{
18         request.setAttribute("info", "用户登录失败！");
19     }
20     //转发 message.jsp 页面
21     request.getRequestDispatcher("message.jsp").forward(request,response);
22 }
```

表 5-12 第 12 行通过 UserManage 类的 userLogin()方法查询所输入的用户信息，如果查询到的用户信息不为 null，则用户登录成功，将获取到的用户对象写到 session 中，否则进行相应的错误处理。

（5）创建用户登录的 JSP 页面 login05.jsp

在项目 project05 中创建名为“login05.jsp”的 JSP 页面。在 JSP 页面 login05.jsp 中<head>和</head>之间编写如下所示的代码，引入所需的 CSS 样式文件。

```
<link rel="stylesheet" type="text/css" href="css/module.css">
<link rel="stylesheet" type="text/css" href="css/member.css">
```

在<head>和</head>之间编写如表 5-13 所示的代码，引入所需的 JavaScript 文件。

表 5-13　JSP 页面 login05.jsp 中<head>和</head>之间的 JavaScript 代码

HTML 代码

```
<script type="text/javascript" src="js/jquery.min.js"></script>
<script type="text/javascript" src="validate.js" ></script>
<script type="text/javascript">
  function fun_getVcode(){
      document.getElementById("vcodeimg1").src = "validatecode?"+Math.random();
  }
<!--省略的 JavaScript 代码如表 5-4 所示-->
</script>
```

JSP 页面 login05.jsp 的主体代码如表 5-14 所示。

表 5-14　JSP 页面 login05.jsp 的主体代码

代码

```
<body>
<!--页面顶部导航代码省略-->
<div class="login w f14">
<form id="formlogon" name="formlogon" method="post" action="validateYZMServlet" >
   <ul class="input-list mt10" id="Login_Check">
      <li>
         <input type="text" class="input-ui-a" placeholder="用户名:手机/邮箱/昵称"
                  name="login_username" id="email2" value="">
         <p class="err-tips mt5 hide" id="logonIdErrMsg">请输入用户名！ </p>
      </li>
      <li>
         <input type="password" class="input-ui-a" placeholder="密码："
                  name="login_password" id="password" maxlength="20">
         <p class="err-tips mt5 hide" id="passwordErrMsg">请输入密码！ </p>
      </li>
      <li>
         <input type="text" class="input-ui-a half" id="validate" name="verifyCode"
                  maxlength="4" placeholder="验证码：">
         <img id="vcodeimg1" src="validatecode" width="63" height="29" alt="验证码"
               onclick="fun_getVcode();">
         <a class="a" href="javascript:void(0);" onclick="fun_getVcode();">换一张
         </a>    
         <p class="err-tips mt5 hide" id="vcodeErrMsg">验证码输入不正确！ </p>
      </li>
   </ul>
   <div class="btn-ui-b mt10">
   <a href="javascript:void(0);" onclick="return submitForm();">登录</a>
   </div>
</form>
</div>
<!--页面底部导航代码省略-->
</body>
```

（6）创建提示信息页面 message.jsp

在项目 project05 中创建名为“message.jsp”的 JSP 页面，该页面主要输出提示信息告知用户处理结果，如用户登录成功或失败等。其主要代码如表 5-15 所示。

表 5-15　提示信息页面 message.jsp 的主要代码

```
<%
  String info=(String)request.getAttribute("info");
  if(info !=null){
    out.println(info);
  }
  UserInfo user=(UserInfo)session.getAttribute("loginUser");
  if(user!=null){
    out.println("欢迎"+user.getName()+"光临易购网");
  }
%>
```

（7）在 web.xml 文件中对 LoginServlet 类进行配置

打开项目 project05 的文件夹“WebContent\WEB-INF”中的 web.xml 文件，然后编写如表 5-16 所示的配置代码。

表 5-16　LoginServlet 类的配置代码

```
<servlet>
    <servlet-name>Login</servlet-name>
    <servlet-class>package05.LoginServlet</servlet-class>
</servlet>
<servlet-mapping>
    <servlet-name>Login</servlet-name>
    <url-pattern>/loginServlet</url-pattern>
</servlet-mapping>
<servlet>
     <servlet-name>ValidateYZMServlet</servlet-name>
     <servlet-class>package05.ValidateYZMServlet</servlet-class>
</servlet>
<servlet-mapping>
     <servlet-name>ValidateYZMServlet</servlet-name>
     <url-pattern>/validateYZMServlet</url-pattern>
</servlet-mapping>
```

（8）运行程序输出结果

运行 JSP 页面 login05.jsp，显示用户登录页面，在“用户名”文本框中输入“admin”，在“密码”输入框中输入“123456”，在“验证码”输入框中输入对应的验证码，如图 5-10 所示。然后单击【登录】按钮提交表单数据，所提交的数据交给 LoginServlet 类进行处理，在页面中显示“用户登录成功！欢迎 admin 光临易购物网”的提示信息。

图 5-10　在用户登录页面输入正确的登录信息

【任务 5-2】基于 Model2 模式设计用户注册模块

（1）在类“UserManage”中添加实现用户注册功能的方法

在项目 project05 的包 package05 的类“UserManage”中添加实现用户注册功能的方法 getUser()和 insertUser()，其代码如表 5-17 所示。

表 5-17　在 UserManage 类中添加的方法 getUser()和 insertUser()的代码

```
package package05;
import java.sql.*;
public class UserManage {
    //查询指定注册用户是否存在
    public boolean getUser(String name){
      boolean result=false;
      try{
        //获取数据库连接 Connection 对象，方法 getConnection()为静态方法可以直接调用
        conn=DatabaseConn.getConnection();
        String strSql="select 用户名 from 用户表  where 用户名=?";
        pstmt=conn.prepareStatement(strSql);
        pstmt.setString(1,name);
        rs=pstmt.executeQuery();
        if(rs.next()){
          result=true;
        }
        //释放此 ResultSet 对象
        if(rs!=null)rs.close();
        //释放此 PreparedStatement 对象
        if(pstmt!=null)pstmt.close();
      }
        catch(SQLException e)
        {
          e.printStackTrace();
        }finally{
          //关闭数据库连接
          if(conn!=null)DatabaseConn.closeConn(conn);
        }
      return result;
    }
    //在数据表添加用户注册信息
    public boolean insertUser(UserInfo newUser){
      boolean result=false;
      try{
        conn=DatabaseConn.getConnection();
        String strSql="insert into 用户表(用户名,密码) values(?,?)";
        pstmt=conn.prepareStatement(strSql);
        pstmt.setString(1,newUser.getName());
        pstmt.setString(2,newUser.getPassword());
        int i=pstmt.executeUpdate();
        if(i>0){
          result=true;
        }
        //释放此 PreparedStatement 对象
        if(pstmt!=null)pstmt.close();
```

续表

```
        }
          catch(SQLException e)
          {
             e.printStackTrace();
          }finally{
             //关闭数据库连接
             if(conn!=null)DatabaseConn.closeConn(conn);
          }
        return result;
    }
}
```

（2）新建一个 Java 类 RegisterServlet

在项目 project05 的包 package05 中，新建一个名为“RegisterServlet”的 Java 类，该类是用于处理用户注册请求的 Servlet，通过 doPost()方法对用户注册进行处理，其主要代码如表 5-18 所示。

表 5-18　RegisterServlet 类 doPost()方法的主要代码

```
protected void doPost(HttpServletRequest request, HttpServletResponse response)
            throws ServletException, IOException {
    // 设置 request 与 response 的编码
    response.setContentType("text/html");
    request.setCharacterEncoding("UTF-8");
    response.setCharacterEncoding("UTF-8");
    String strName=request.getParameter("username");
    String strPassword=request.getParameter("password");
    UserManage userm=new UserManage();
    if(strName!=null && !strName.isEmpty()){
       if(userm.getUser(strName)){
          request.setAttribute("info", "该用户名已经注册过");
       }
       else{
           UserInfo user=new UserInfo();
           //对用户对象属性赋值
           user.setName(strName);
           user.setPassword(strPassword);
           //保存用户注册信息
           if (userm.insertUser(user)){
              request.setAttribute("info", "用户注册成功！");
           }
           else{
              request.setAttribute("info", "用户注册失败！");
           }
       }
    }
    else{
       request.setAttribute("info", "用户输入的注册信息有误！");
    }
    request.getRequestDispatcher("message.jsp").forward(request,response);
}
```

表 5-18 中第 11 行通过 UserManage 类的 getUser()方法判断所提交的用户名是否已被注册，如果没有被注册则将用户提交的注册信息写入到数据表中，否则进行错误处理，对于用户注册的结果由 message.jsp 页面予以显示。

（3）创建 Servlet 类 ValidateCodeServlet

在项目 project05 的包 package05 中，创建名为“ValidateCodeServlet”的类，它继承 HttpServlet 类，在此类中重写 doGet()方法，在该方法中实现生成验证码的图片，在用户注册时添加验证码可以防止黑客利用恶意程序进行频繁注册等操作，该方法的代码如表 5-19 所示。

表 5-19　类 ValidateCodeServlet 中 doGet()方法的代码

```
protected void doGet(HttpServletRequest request, HttpServletResponse response)
        throws ServletException, IOException {
  HttpSession session = request.getSession();
  response.setContentType("image/jpeg");
  ServletOutputStream sos = response.getOutputStream();
  response.setHeader("Pragma", "No-cache");
  response.setHeader("Cache-Control", "no-cache");
  response.setDateHeader("Expires", 0);
  BufferedImage image = new BufferedImage(WIDTH,
                          HEIGHT,BufferedImage.TYPE_INT_RGB);
  Graphics g = image.getGraphics();
  char[] rands = generateCheckCode();
  drawBackground(g);
  drawRands(g, rands);
  g.dispose();
  ByteArrayOutputStream bos = new ByteArrayOutputStream();
  ImageIO.write(image, "JPEG", bos);
  byte[] buf = bos.toByteArray();
  response.setContentLength(buf.length);
  sos.write(buf);
  bos.close();
  sos.close();
  session.setAttribute("randomCode", new String(rands));
  }
   private void drawBackground(Graphics g) {
  g.setColor(new Color(0xDCDCDC));
  g.fillRect(0, 0, WIDTH, HEIGHT);
  for (int i = 0; i < 120; i++) {
    int x = (int) (Math.random() * WIDTH);
    int y = (int) (Math.random() * HEIGHT);
    int red = (int) (Math.random() * 255);
    int green = (int) (Math.random() * 255);
    int blue = (int) (Math.random() * 255);
    g.setColor(new Color(red, green, blue));
    g.drawOval(x, y, 1, 0);
  }
   }
 private void drawRands(Graphics g, char[] rands) {
  Random random = new Random();
  int red = random.nextInt(110);
```

续表

```java
    int green = random.nextInt(50);
    int blue = random.nextInt(50);
    g.setColor(new Color(red, green, blue));
    g.setFont(new Font(null, Font.ITALIC | Font.BOLD, 18));
    g.drawString("" + rands[0], 1, 17);
    g.drawString("" + rands[1], 16, 15);
    g.drawString("" + rands[2], 31, 18);
    g.drawString("" + rands[3], 46, 16);
      }
      private char[] generateCheckCode() {
    String chars = "0123456789ABCDEFGHIJKLMNOPQRSTUVWXYZ";
    char[] rands = new char[4];
    for (int i = 0; i < 4; i++) {
      int rand = (int) (Math.random() * 36);
      rands[i] = chars.charAt(rand);
    }
    return rands;
  }
```

（4）创建 Servlet 类 ValidateServlet

在项目 project05 的包 package05 中，创建名为“ValidateServlet”的类，该类继承 HttpServlet 类，在此类中重写 doPost()方法，在该方法中校验用户输入的验证码是否正确，该方法的代码如表 5-20 所示。

表 5-20　类 ValidateServlet 中 doPost()方法的代码

```java
protected void doPost(HttpServletRequest request, HttpServletResponse response)
            throws ServletException, IOException {
    //识别验证码，获取表单数据
    request.setCharacterEncoding("GB18030");
    response.setCharacterEncoding("GB18030");
    String name=request.getParameter("username");
    String password=request.getParameter("password");
    HttpSession session =request.getSession();
    PrintWriter out = response.getWriter();
    String rand = (String)session.getAttribute("randomCode");
    String input = request.getParameter("verifyCode");
    if(rand.equals(input)){
       out.print("<script>alert('验证通过！');</script>");
    response.sendRedirect("registerServlet?username="+name+"&password="+password);
    } else{
       out.print("<script>alert('请输入正确的验证码！');location.href='login05.jsp';</script>");
    }
}
```

（5）在 web.xml 文件中对 RegisterServlet 类和 ValidateCodeServlet 类进行配置

打开 Web 项目 project05 文件夹“WebContent\WEB-INF”中的 web.xml 文件，然后编写如表 5-21 所示的配置代码。

表 5-21　RegisterServlet 类和 ValidateCodeServlet 类的配置代码

```
<servlet>
   <servlet-name>Register</servlet-name>
   <servlet-class>package05.RegisterServlet</servlet-class>
</servlet>
<servlet-mapping>
   <servlet-name>Register</servlet-name>
   <url-pattern>/registerServlet</url-pattern>
</servlet-mapping>
<servlet>
   <servlet-name>ValidateCodeServlet</servlet-name>
   <servlet-class>package05.ValidateCodeServlet</servlet-class>
</servlet>
<servlet-mapping>
   <servlet-name>ValidateCodeServlet</servlet-name>
   <url-pattern>/validatecode</url-pattern>
</servlet-mapping>
<servlet>
    <servlet-name>ValidateServlet</servlet-name>
    <servlet-class>package05.ValidateServlet</servlet-class>
</servlet>
<servlet-mapping>
    <servlet-name>ValidateServlet</servlet-name>
    <url-pattern>/validateServlet</url-pattern>
</servlet-mapping>
```

（6）创建用户登录的 JSP 页面 register05.jsp

在项目 project05 中创建名为“register05.jsp”的 JSP 页面。在 JSP 页面 register05.jsp 中<head>和</head>之间编写如下所示的代码，引入所需的 CSS 样式文件。

```
<link rel="stylesheet" type="text/css" href="css/module.css">
<link rel="stylesheet" type="text/css" href="css/member.css">
```

在<head>和</head>之间编写如表 5-22 所示的 JavaScript 代码。

表 5-22　JSP 页面 register05.jsp 中<head>和</head>之间的 JavaScript 代码

```
<script type="text/javascript" src="js/jquery.min.js"></script>
<script type="text/javascript">
   function fun_getVcode(){
      document.getElementById("vcodeimg1").src = "validatecode?"+Math.random();
}
</script>
```

JSP 页面 register05.jsp 的主体代码如表 5-23 所示。

表 5-23　JSP 页面 register05.jsp 的主体代码

```
<body>
<!--页面顶部导航代码省略-->
<div class="login w f14">
```

续表

```
<div class="signup layout f14" id="Sign_Check">
  <div class="regist-box" id="Login_Check">
    <div class="signup-tab-box tabBox ">
      <form   id="formRegister" name="formRegister" method="post"
              action="validateServlet">
        <ul class="input-list mt10">
          <li>
            <input type="text" class="input-ui-a" name="username" id="username"
                   value="" placeholder="请输入您的邮箱地址">
            <p class="err-tips mt5 hide" id="p_egoAccountOfEmail_info">
               邮箱格式不正确</p>
          </li>
          <li>
            <input type="password" class="input-ui-a" name="password"
                   maxlength="20" id="emailLogonPassword" value=""
                   placeholder="请输入 6-20 位密码">
            <p class="err-tips mt5 hide" id="p_egoAcctEmailPwd_info">
               请输入 6-20 位密码</p>
          </li>
          <li>
            <input type="password" class="input-ui-a" name="PasswordVerify"
                   maxlength="20" id="emailLogonPasswordVerify" value=""
                   placeholder="请再次输入您的密码">
            <p class="err-tips mt5 hide" id="p_egoAcctEmailConfirmPwd_info">
               请再次输入密码</p>
          </li>
          <li>
            <input type="text" class="input-ui-a half" name="verifyCode" id="verifyCode"
                   maxlength="4" value="" placeholder="请输入验证码：">
            <input type="hidden" name="uuid" id="uuid"
                 value="196f8850-5bda-4a68-b395-d0547549d4d1">
            <img id="vcodeimg1" src="validatecode" width="63"
                 height="29" alt="验证码" onclick="fun_getVcode();">
            <a class="a" href="javascript:void(0);" onclick="fun_getVcode();">换一张</a>
            <p class="err-tips mt5 hide" id="p_emailValCode_info">
               验证码输入不正确！ </p>
          </li>
          <p class="err-tips mt10" id="normalLogonServerErrMsg"></p>
        </ul>
        <div class="btn-ui-b mt10"><a href="javascript:void(0);"
           onclick="formRegister.submit();">注册</a></div>
        <div class="wbox a label-bind zhmm mt10">
          <label><input type="checkbox" class="input-checkbox-a f-les m-tops"
                    id="epp_email_checked"></label>
          <div class="wbox-flex">
          <p>同意易购网触屏版会员章程</p>
          <p>同意易付宝协议，创建易付宝账户</p>
          <p class="err-tips mt5 hide" id="epp_email_checked_error">请确认此协议！ </p>
          </div>
        </div>
```

续表

```
            </form>
        </div>
    </div>
</div>
</div>
<!--页面底部导航代码省略-->
</body>
```

（7）运行程序输出结果

运行 JSP 页面 register05.jsp，显示用户注册页面，在“用户名”文本框中输入“admin5”，在“密码”输入框中输入“123456”，在“验证码”输入框中输入对应的验证码，如图 5-11 所示。然后单击【注册】按钮提交表单数据，所提交的数据交给 RegisterServlet 类进行处理，在页面中显示“用户注册成功!”的提示信息。

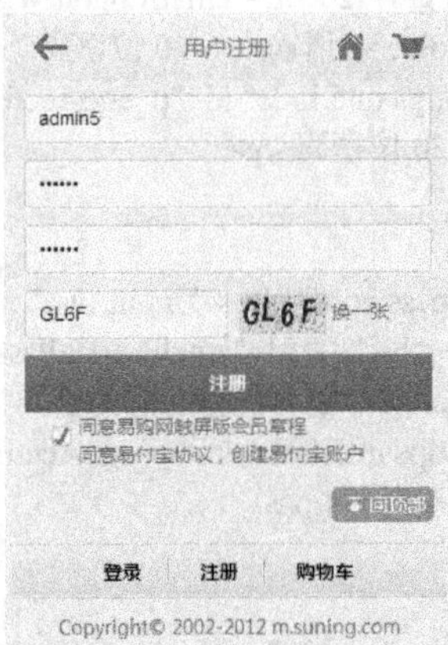

图 5-11　在用户注册页面输入正确的注册信息

如果在“用户名”文本框中输入“admin”，其他的输入内容不变，然后单击【注册】按钮提交表单数据，在页面中将显示“该用户名已经注册过”的提示信息。

【单元小结】

Model2 模式（JSP+Servlet+JavaBean）在 Model1 模式的基础上引入了 Servlet 技术，该开发模式遵循 MVC 的设计理念，将模型（Model）、视图（View）和控制层（Controller）相分离，各负其责，其中 JSP 作为视图为用户提供与程序交互的界面，JavaBean 作为模型封装实体对象以及业务逻辑，Servlet 作为控制层接收各种业务请求，并调用 JavaBean 模型组件对业务逻辑进行处理，在视图与业务逻辑之间建起一座桥梁。Model2 模式充分体现了程序中的层次概念，改变了 JSP 网页代码与 Java 代码深深耦合的状态，为程序提供了更好的重用性和扩展性。

本单元主要探讨了购物网站中用户登录与用户注册功能的实现方法。

PART 6

单元 6 购物网站喜爱商品投票统计模块设计（Struts2+JSTL+JFreeChart 组件）

Struts 2 是 Apache 软件组织的一项开放源代码项目，是基于 WebWork 核心思想的全新框架，是一种成熟的 MVC 模型解决方案，在 Java Web 开发领域中占有十分重要的地位。随着 JSP 技术的成熟，越来越多的 Java Web 开发人员专注于 MVC 框架，Struts 2 受到广泛的青睐。Struts 2 是一种支持国际化的 MVC 的 Web Framework。在设计国际化的 Struts 2 应用时，尽量将一些文本、消息、图片、标签、按钮等从程序代码中单独提取出来，存放在资源文件中，这样对于不同语言的用户，只要提供与之相应的资源文件即可。

JSTL（JSP Standard Tag Library，JSP 标准标签库）是一个不断完善的开放源代码的 JSP 标签库，是由 Apache 的 Jakarta 小组来维护的。JSTL 只能运行在支持 JSP1.2 和 Servlet2.3 及以上版本规范的容器上。使用 JSTL 可以取代在传统 JSP 程序中嵌入 Java 代码的做法，提高了程序的可维护性和可读性。

以图形报表的形式对数据进行统计分析，其显示结果直观、清晰。JFreeChart 组件是 Java 领域一个功能强大的开源图形报表组件，为 Java 的图形报表制作提供了解决方案。

【知识梳理】

1. Struts 简介

Struts 是 Apache 软件基金会（ASF）赞助的一个开源项目，它最初是 Jakarta 项目中的一个子项目，并在 2004 年 3 月成为 ASF 的顶级项目，它通过采用 Java Servlet/JSP 技术实现了基于 Java EE Web 应用的 MVC 设计模式的应用框架，是 MVC 经典设计模式中的一个经典产品。

在 Struts 中，由一个名为 ActionServlet 的 Servlet 充当控制器（Controller）的角色，根据描述模型、视图与控制器对应关系的 struts-config.xml 配置文件，转发视图（View）的请求组装响应数据模型（Model）。在 MVC 模型（Model）部分，经常划分为两个主要子系统：系统的内部数据状态与改变数据状态的逻辑动作，这两个概念子系统分别具体对应 Struts 里的 ActionForm 与 Action 两个子类，这两个类需要继承实现超类。在这里，Struts 可以与各种标准的数据访问技术结合在一起，包括 Enterprise Java Beans（EJB）、JDBC 与 JNDI。在 Struts 的视图（View）端，除了使用标准的 JSP 以外，还提供了大量的标签库使用，同时也可以与其他表现层组件技术进行整合，如 Velocity Templates、XSLT 等。通过应用 Struts 的框架，最终用户可以把大部分的关注点放在自己的业务逻辑（Action）与映射关系的配置文件（struts-config.xml）中。

在 Java EE 的 Web 应用发展的初期，除了使用 Servlet 技术以外，普遍在 JSP 的源代码中，采用 HTML 与 Java 代码混合的方式进行开发。因为这两种方式不可避免地要把页面表现与业务逻辑代码混合在一起，给前期开发与后期维护带来巨大的复杂度。为了摆脱上述的约束与局限，把业务逻辑代码从表现层中清晰地分离出来，2000 年，Craig McClanahan 采用了 MVC 的设计模式开发 Struts，后来该框架产品一度被认为是最广泛、最流行的 Java Web 应用框架。

2．Struts 2 简介

Struts 2 并不是一个陌生的 Web 框架，它是以 WebWork 的设计思想为核心，吸收了 Struts 1 的优点，可以说 Struts 2 是 Struts 1 和 WebWork 结合的产物。

2006 年，WebWork 与 Struts 这两个优秀的 Java EE Web 框架（Web Framework）的团体，决定合作共同开发一个新的框架，该框架整合了 WebWork 与 Struts 优点，并且更加优雅，扩展性更强，命名为“Struts 2”，原 Struts 的 1.x 版本产品称为“Struts 1”。

（1）Struts 2 基本组成

WebWork 与 Struts 合并之后，根据功能的细分和设计，拆分出一个叫 xWork 的部分，用来处理与 Web 无关的部分，也就是与 Servlet 无关的部分，如用户数据的类型转换、动作调用之前的数据验证、动作的调用等。其余与 Web 相关的部分，也就是与 servlet 相关的部分，被称为 Struts 2 部分。这里的“Struts 2 部分”可以理解为一个模块，是 Struts 2 框架的一部分，例如，如何接收用户请求的数据，如何跳转到下一个页面。其中 Struts 2 部分调用了 xWork 部分，但是 xWork 部分并不依赖于 Struts 2 部分，xwork 是完全独立的、纯 Java 的应用。

（2）Struts 2 的核心功能

① Struts 2 通过简单、集中的配置来调度动作类，使得配置和修改都非常容易。

② Struts 2 提供简单、统一的表达式语言来访问所有可供访问的数据。

③ Struts 2 提供内存式的数据中心，所有可供访问的数据都集中存放在内存中，在调用中不需要将数据传来传去，都去这个内存数据中心访问即可。

④ Struts 2 提供在动作类执行的前或后附加执行一定功能的能力，能实现 AOP（Aspect Oriented Programming，面向切面编程）。

⑤ Struts 2 提供标准的、强大的验证框架和国际化框架，且与 Struts 2 的其他特性紧密结合。

3．Struts 2 的处理流程

Struts 是一个开源框架，使用 Struts 的目的就是为了帮助减少在运用 MVC 设计模型来开发 Web 应用的时间。

Struts 2 的简单处理流程示意图如图 6-1 所示。

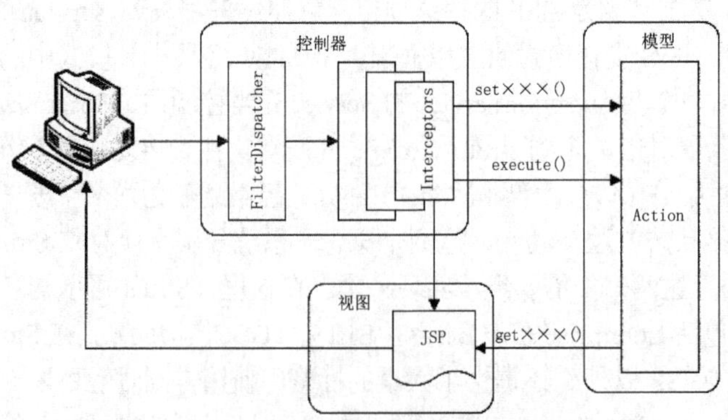

图 6-1 Struts 2 的简单处理流程示意图

Struts 2 的简单处理流程说明如下。

① Web 客户端的浏览器发送请求。

② 核心处理器根据 Struts.xml 文件查找对应的处理请求的 Action 类。

③ WebWork 的拦截器链自动请求应用通用功能，如 WorkFlow、Validation 等功能。

④ 如果 Struts.xml 文件中配置了 Method 参数，则调用 Method 参数对应的 Action 类中的 Method 方法，否则调用 Action 的的 Execute()方法来处理用户请求。

⑤ 将 Action 类中的对应方法 get×××()返回的结果响应给浏览器。

一个请求在 Struts 2 框架中的处理大概分为以下几个步骤。

① 客户端提交一个指向 Servlet 容器（如 Tomcat）的 HTTP 请求。

② 这个请求经过一系列的过滤器（包括 ActionContext、ClearUp 过滤器和其他过滤器），最后会到达 FilterDispatcher 过滤器。

③ 接着 FilterDispatcher 被调用，FilterDispatcher 询问 ActionMapper 是否需要调用某个 Action 来处理这个请求。

④ 如果 ActionMapper 决定需要调用某个 Action，FilterDispatcher 把请求的处理交给 ActionProxy。

⑤ ActionProxy 通过 Configuration Manager（struts.xml）读取框架的相关配置，找到需要调用的 Action 类。

⑥ ActionProxy 创建一个 ActionInvocation 的实例。

⑦ ActionInvocation 实例使用命名模式来调用，在调用 Action 的过程前后，涉及一系列的相关拦截器（Intercepter）的调用。

⑧ 一旦 Action 执行完毕，ActionInvocation 负责根据 struts.xml 中的配置找到对应的返回结果。将返回相应的结果视图（JSP、FreeMarker 和 Veiocity 等），在这些视图之中可以使用 struts 标签显示数据并控制数据逻辑。然后 HTTP 请求回应给浏览器，在回应的过程中同样经过一系列过滤器。

4．Action 对象简介

在传统的 MVC 框架中，Action 需要实现特定的接口，这些接口由 MVC 框架定义，实现这些接口会与 MVC 框架耦合。Struts 2 比 Action 更为灵活，可以实现或不实现 Struts 2 的接口。

（1）Action 对象简介

Action 对象是 Struts 2 框架中的重要对象，主要用于处理 HTTP 请求。在 Struts 2 API 中，Action 对象是一个接口，位于 com.opensymphony.xwork2 包中。通常情况下，在开发基于 Struts 2 的应用项目时，创建 Action 对象都要直接或间接地实现 com.opensymphony.xwork2.Action 接口，在该接口中，除了定义 execute()方法外，还定义了 5 个字符串类型的静态常量。其关键代码如下：

```
public interface Action {
    public static final String SUCCESS= "success" ;
    public static final String NONE= "none" ;
    public static final String ERROR= "error" ;
    public static final String INPUT= "input" ;
    public static final String LOGIN= "login" ;
    public static execute() throws Exception ;
}
```

在 Action 接口中，包含了以下 5 个静态常量，它们是 Struts 2 API 为处理结果所定义的静态常量。

① SUCCESS。

静态变量 SUCCESS 代表 Action 执行成功的返回值，在 Action 执行成功的情况下需要返回成功页面，则可设置返回为 SUCCESS。

② NONE。

静态变量 NONE 代表 Action 执行成功的返回值，但不需要返回到成功页面，主要用于处理不需要返回结果页面的业务逻辑。

③ ERROR。

静态变量 ERROR 代表 Action 执行失败的返回值，在一些信息验证失败的情况下可以使用 Action 返回此值。

④ INPUT。

静态变量 INPUT 代表需要返回某个输入信息页面的返回值，如在修改某些信息时加载数据后需要返回到修改页面，即可将 Action 对象处理的返回值设置为 INPUT。

⑤ LOGIN。

静态变量 LOGIN 代表需要用户登录的返回值，如在验证用户是否登录时 Action 验证失败并需要用户重新登录，即可将 Action 对象处理的返回值设置为 LOGIN。

（2）Action 的基本流程

Struts 2 框架主要通过 Struts 2 的过滤器对象拦截 HTTP 请求，然后将请求分配到指定的 Action 进行处理。

由于在 Web 项目中配置了 Struts 2 的过滤器，所以当浏览器向 Web 容器发送一个 HTTP 请求时，Web 容器就要调用 Struts 2 过滤器的 doFilter()方法。此时 Struts 2 接收到 HTTP 请求，通过 Struts 2 的内部处理机制会判断这个请求是否与某个 Action 对象相匹配。如果找到匹配的 Action，就会调用该对象的 execute()方法，并根据处理结果返回相应的值。然后 Struts 2 通过 Action 的返回值查找返回值所映射的页面，最后通过一定的视图回应给浏览器。

在 Struts 2 框架中，一个“*.action”请求的返回视图由 Action 对象决定，其实现方法是通过查找返回的字符串对应的配置项确定返回的视图，例如，Action 中的 execute()方法返回的字符串为 success，那么 Struts 2 就会在配置文件中查找名为 success 的配置项，并返回这个配置项对应的视图。

5．Struts 2 的拦截器

（1）拦截器概述

拦截器是 AOP（面向切面编程）的一种实现方式，通过它可以在 Action 执行前后处理一些相应的操作。Struts 2 提供了多个拦截器，开发人员也可以根据需要配置拦截器。

拦截器是 Struts 2 框架中一个重要的核心对象，动态地作用于 Action 与 Result 之间，可以动态地增加 Action 及 Result。客户端发送的 HTTP 请求会被 Struts 2 的过滤器所拦截，此时 Struts 2 对请求持有控制权。它会创建 Action 的代理对象，并通过一系列拦截器处理请求，最后交给指定的 Action 处理。在这期间，拦截器对象作用 Action 和 Result 的前后可以执行任何操作，所以 Action 对象编程简单是由于拦截器进行了处理。

（2）Struts 2 API

Struts 2 API 中有一个名为 com.opensymphony.xwork2.interceptor 的包，其中有一些 Struts 2 内置的拦截器对象，它们具有不同的功能。在这些对象中，Interceptor 接口是 Struts 2 框架中定义的拦截器对象，其他拦截器都直接或间接地实现于此接口。

（3）拦截器 Interceptor 中包含的方法

拦截器 Interceptor 中包含了 3 个方法，分别为 init()、intercept()和 destroy()。其中 init()方法用于对拦截器执行一些初始化操作，该方法在拦截器被实例化后和 intercept()方法执行之前调用；intercept()方法是拦截器的主要方法，用于执行 Action 对象中的请求处理方法及其前后的一些操作，动态增强 Action 的功能；destroy()方法指示拦截器的生命周期结束，它在拦截器被销毁前调用，用于释放拦截器在初始化时占用的一些资源。

（4）AbstractInterceptor 类

虽然 Struts 2 提供了拦截器对象 Interceptor，但该对象是一个接口。如果通过该接口创建拦截器对象，则需要实现 Interceptor 提供的 3 个方法。为了简化程序开发，也可以通过 Struts 2 API 中的 AbstractInterceptor 类创建拦截器对象，AbstractInterceptor 类是一个实现了 Interceptor 接口的抽象类，该类已经实现了 Interceptor 接口的 init()和 destroy()方法，通过继承该类创建拦截器对象时，intercept()方法必须重写，如果没有用到 init()和 destroy()方法，则可以不重写。

6．软件的国际化支持

为了使 Web 应用程序能同时支持多国语言、支持全球用户，就必须对 Web 应用程序进行国际化的处理。国际化（简称为 I18N）指的是在设置软件系统时使软件具有支持多种语言的功能。当需要在应用中添加对一种新的语言和国家的支持时，无须修改应用程序的代码。国际化是相对本地化而言的，本地化意味着针对不同语言的用户，开发出不同的软件版本，而国际化则意味着同一个软件可以面向使用各种不同语言的用户。

7．Struts 2 中国际化语言的动态切换方法

为了适应不同语言的用户，由用户自己选择合适的语言进行浏览是软件国际化的普通需求。在一些大型网站上，经常能看到“英文版　中文版”等语言动态切换的超链接。

在 Struts 2 框架中有两种途径实现国际化语言的动态切换，一种是在 Action 类中通过调用 ActionContext.getContext().setLocale(Locale arg)设置用户的默认语言。例如：

```
ActionContext.getContext().setLocale(Locale.US) ;          //设置默认语言为英文
ActionContext.getContext().setLocale(Locale.CHINA) ;     //设置默认语言为中文
```

另一种就是充分利用 Struts 2 自带的默认拦截器 I18N，在执行 Action 方法之前，I18N 拦截器被调用，并自动查找名为 request_locale 的请求参数，如果该参数存在，则将该参数指定的 Locale 对象设置为默认的 Locale，否则采用浏览器设置的 Locale 对象。因此，使用该方法改变语言环境时，只需要在某个 Action 的请求后带上 request_locale 参数即可。示例代码如下所示：

http://localhost:8080/project062/index.action?request_locale=en_US

http://localhost:8080/project062/index.action?request_locale=zh_CN

值得注意的是，通过 I18N 拦截器实现语言环境的切换时，必须要在 Action 的请求后携带 request_locale 请求参数，在 JSP 页面请求后携带 request_locale 请求参数由于不能被 I18N 拦截器拦截，则起不到改变语言环境的效果。

8．Web 应用程序开发过程常见的中文乱码问题及其解决方法

（1）解决 HTML 页面中的中文问题

为了使 HTML 页面很好地支持中文，必须在每个 HTML 页面的头部增加以下代码：

```
<head>
    <meta http-equiv="Content-Type" content="text/html; charset=UTF-8">
</head>
```

（2）解决 JSP 页面中的中文问题

为了使 JSP 页面很好的支持中文，必须在每个 JSP 页面的头部增加以下代码：

```
<%@ page language="java" contentType="text/html; charset=UTF-8"
    pageEncoding="UTF-8"%>
```

（3）解决 Servlet 响应结果的中文问题

为了使 Servlet 生成的响应的页面很好地支持中文，必须在每个 Servlet 中增加以下代码：

```
response.setCharacterEncoding("GB18030");
```

（4）解决页面数据传输的中文问题

为了使中文数据在各页面（组件）之间正常传递，最佳的方法是采用编码过滤器来解决，在 web.xml 中配置一个编码过滤器，其代码如表 6-1 所示。

表 6-1　web.xml 文件中编码过滤器的配置代码

行号	代码
01	<filter>
02	<filter-name>CharacterEncodingFilter</filter-name>
03	<filter-class>org.springframework.web.filter.CharacterEncodingFilter</filter-class>
04	<init-param>
05	<param-name>encoding</param-name>
06	<param-value>GB18030</param-value>
07	</init-param>
08	</filter>
09	<filter-mapping>
10	<filter-name>CharacterEncodingFilter</filter-name>
11	<url-pattern>/*</url-pattern>
12	</filter-mapping>

（5）解决 HTTP(get)请求中的中文问题

在默认情况下，IE 浏览器以"ISO-8859-1　"的编码格式发送请求，如果接收到 HTTP 的 get 请求中文参数时出现乱码，就可以对其进行编码转换。示例代码如下所示：

```
String para=request.getParameter("name") ;
if (para != null ) para = new String( para.getBytes("ISO-8859-1"),"GB18030");
```

如果应用程序中 HTTP(get)请求传递中文参数的情况很多的话，也可以通过修改 Tomcat 的 server.xml 文件来解决。示例代码如下所示：

```
<Connector port="8080"   connectionTimeout="20000"   redirectPort="8443"
           useBodyEncodingForURI="true" URIEncoding="UTF-8"
```

（6）解决 MySQL 数据库的中文问题

解决 MySQL 数据库的中文问题主要在 JDBC 驱动的 URL 上，示例代码如下所示：

```
jdbc:mysql://localhost/test?user=root&password=123456&useUnicode=true
                    &characterEncoding=GB18030
```

9．JSTL 标签库

JSTL（JSP Standard Tag Library，JSP 标准标签库）是一个不断完善的开放源代码的 JSP 标签库，是由 Apache 的 Jakarta 小组来维护的。JSTL 只能运行在支持 JSP1.2 和 Servlet2.3 及以上版本规范的容器上。使用 JSTL 可以取代在传统 JSP 程序中嵌入 Java 代码的做法，提高了程序的可维护性和可读性。

① 使用 JSTL 标签之前必须在 JSP 页面的顶部使用“<%@taglib%>指令定义标签库的位置和访问前缀。使用核心标签库的 taglib 指令格式如下所示：

```
<%@ taglib uri="http://java.sun.com/jsp/jstl/core" prefix="c" %>
```

② <c:if>标签。

<c:if>标签可以根据不同的条件处理不同的业务，即执行不同的程序代码。<c:if>标签和 Java 中的 if 语句的功能类似，但是它没有对应的 else 标签。

③ <c:forEach>标签。

<c:forEach>标签可以根据循环条件遍历数组和集合类中的所有或部分数据。例如，在使用 Hibernate 技术访问数据库时，返回的均为数组、java.util.List 或者 java.util.Map 对象，它们封装了从数据库中查询出的数据，而这些数据都是 JSP 页面所需要的。如果在 JSP 页面中使用 Java 代码来循环遍历所有数据，会使页面的代码非常混乱，不易分析和维护；而使用 JSTL 的<c:forEach>标签循环显示这些数据，不但可以解决 JSP 页面的代码混乱问题，还可提高代码的可维护性。

10．过滤器的配置

在创建一个过滤器对象之后，需要对其进行配置才可以使用。过滤器的配置方法与 Servlet 的配置方法类似，都是通过 web.xml 文件进行配置。

（1）声明过滤器对象

在 web.xml 文件中，通过<filter>标签声明一个过滤器对象，此标签下包含 3 个常用的子元素，分别为<filter-name>、<filter-class>和<init-param>。其中，<filter-name>元素用于指定过滤器的名称，该名称可以为自定义的名称；<filter-class>元素用于指定过滤器对象的完整位置，包含过滤器对象的包名称与类名称；<init-param>元素用于设置过滤器的初始化参数。<init-param>元素包含两个常用的子元素，分别为<param-name>和<param-value>，<param-name>元素用于声明初始化参数的名称，<param-value>元素用于指定初始化参数的值。

（2）映射过滤器

在 web.xml 文件中声明了过滤器对象后，需要映射访问过滤器的过滤对象，该操作使用<filter-mapping>标签进行配置。在<filter-mapping>标签中主要需要配置过滤器的名称、过滤器关联的 URL、过滤器对应的请求方式等，此标签下包含 3 个常用的子元素，分别为<filter-name>、<url-pattern>和<dispatcher>。其中，<filter-name>元素用于指定过滤器的名称，该名称与<filter>标签中的<filter-name>相对应；<url-pattern>元素用于指定过滤器关联的 URL，设置为“/*”表示关联所有的 URL；<dispatcher>元素用于指定过滤对应的请求方式，其可选值及功能说明如表 6-2 所示。

表 6-2 <dispatcher>元素的可选值及功能说明

可选值	功能说明
REQUEST	当客户端直接请求时，通过过滤器进行处理
INCLUDE	当客户端通过 RequestDispatcher 对象的 include()方法请求时，通过过滤器进行处理
FORWARD	当客户端通过 RequestDispatcher 对象的 forward()方法请求时，通过过滤器进行处理
ERROR	当产生声明式异常时，通过过滤器进行处理

【应用技巧】

本单元的应用技巧如下所示。

① 应用 JfreeChart 组件实现动态图表，显示投票结果。

② 应用 JfreeChart 组件绘制柱形图。

③ 应用 JFreeChart 组件绘制饼图。

④ 在服务器端的 Application 对象中存储投票总结果，在 Struts2.x 中利用 Map 对象模拟 Application 对象。

⑤ JSP 页面中实现动态数据的两列显示。

⑥ JSP 页面中通过设置 div 区块的宽度样式显示投票结果。

⑦ 通过 IP 地址和 Cookie 信息设计投票过滤器，控制投票的有效性，从而防止恶意投票和虚假投票。

⑧ Web 应用程序开发过程中文乱码问题的解决方法。

⑨ Struts 2 国际化支持的实现。

⑩ Struts 2 中国际化语言环境的动态切换。

【环境创设】

① 下载与配置 Struts 2。

Struts 2 的使用比起 Struts 1.x 更为简单、方便，只需要加载一些 jar 包等插件，而不需要配置任何文件，即 Struts 2 采用热部署方式注册插件。

Struts 2 的官方网站的网址是 http://struts.apache.org，在该网站上可以获取 Struts 的所有版本及帮助文档，本书所使用的 Struts 2 开发包为 Struts 2.3.4 版本。

在项目开发之前需要添加 Struts 2 的类库支持，即将 jar 包拷贝到 WEB-INF\lib 文件夹中。

通常情况下，Struts 2.3 需要添加的类库文件包括 Struts 2-core-2.3.4.jar、xwork-core-2.3.4.jar、ognl-3.0.5.jar 、 freemarker-2.3.19.jar 、 commons-io-2.0.1.jar 、 commons-fileupload-1.2.2.jar 、javassist-3.11.0.GA.jar、asm-commons-3.3.jar、asm-3.3.jar、commons-lang3-3.1.jar，这些 jar 文件是必须要添加的。在实际的 Java Web 应用项目开发中可能还需要更多的类库支持。

② 下载 JFreeChart 组件的最新版本。

③ 准备开发 Web 应用程序所需的图片文件和 JavaScript 文件。

④ 在数据库 eshop 中创建“投票信息”数据表，其结构信息如表 6-3 所示。

表 6-3 “投票信息”数据表的结构信息

字段名	数据类型	字段名	数据类型
投票 ID	int	投票人 IP	bigint
上次投票时间	smalldatetime		

⑤ 在数据库 eshop 中创建“商品投票”数据表，其结构信息如表 6-4 所示。

表 6-4 “商品投票”数据表的结构信息

字段名	数据类型	字段名	数据类型
商品 ID	int	商品名称	nvarchar(100)
品牌名称	nvarchar(50)	图片地址	nvarchar(100)
投票数量	int	排列顺序	int

⑥ 在计算机的【资源管理器】中创建文件夹 unit06。

在 E 盘文件夹“移动平台的 Java Web 实用项目开发”中创建子文件夹“unit06”，以文件夹“unit06”作为 Java Web 项目的工作空间。

⑦ 启动 Eclipse，设置工作空间为 unit06，然后进入 Eclipse 的开发环境。

⑧ 在 Eclipse 集成开发环境中配置与启动 Tomcat 服务器。

⑨ 新建动态 Web 项目，命名为 project06X，本单元有 2 个任务，每个任务创建一个独立的 Web 项目，命名分别为 project061 和 project062。

⑩ 添加 Struts 2 和 JFreeChart 组件的核心类包。

将 Struts 2 的类库文件和 JFreeChart 组件的 jar 包拷贝到 Web 项目 project06X 的文件夹“WebContent\WEB-INF\lib”下，并在 Eclipse 集成开发环境的“项目资源管理器”刷新 Web 项目 project06X。由于本单元各项任务实现功能比较简单，所以只需添加 Struts 2 的核心类包即可，所添加的类包如图 6-2 所示。

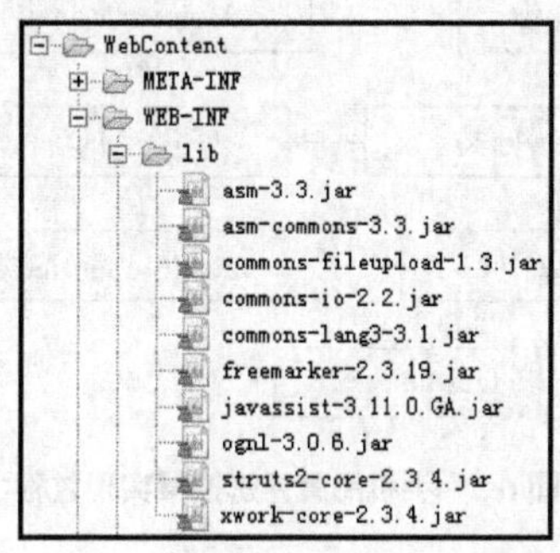

图 6-2 添加的 Struts 2 核心类包

【任务描述】

【任务 6-1】基于 JSTL+JavaBean+JFreeChart 组件实现喜爱的手机品牌评选投票

① 创建 JSP 页面 index.jsp，该页面是投票统计程序的起始页面。

② 创建 Servlet 类 GetDataServlet，该类主要获取手机品牌的相关信息，然后转移到 JSP 页面 task6-2.jsp。

③ 创建 JSP 页面 task6-2.jsp，该页面是投票的核心页面之一，主要显示手机品牌的相关信息以及投票、查看投票结果等多个链接按钮。

④ 创建 GoodsInfo 类，该类为商品信息类，包含多个属性定义和方法定义。

⑤ 创建 DbManage 类，该类为公共的数据库操作类，主要包含创建数据库连接、关闭数据库连接、对数据库进行操作（查、增、删、改）等多个方法。

⑥ 创建 GetDataDao 类，该类包含获取手机品牌的相关信息、获取投票总数和最大投票数量、更新投票数量等多个方法。

⑦ 创建 GetVoteServlet 类，该类主要获取手机品牌的相关信息、投票总数、最大投票数量，然后转移到 JSP 页面 vote6-2.jsp。

⑧ 创建 JSP 页面 vote6-2.jsp，该页面以网页表现形式显示投票结果。

⑨ 创建 VoteServlet 类，该类是实现图形方式显示投票结果的核心类，主要实现以柱形图和饼形图两种方式显示投票结果。

⑩ 创建 JSP 页面 showResult.jsp，该类主要显示投票结果的柱形图或饼形图。

⑪ 创建过滤器类 SubmitFilter，该类用于判断表单提交时的请求方式是否为 POST 方式。

⑫ 创建过滤器类 VoteLimitFilter，该类负责过滤投票者的信息，控制是否能成功投票，从而防止恶意投票和虚假投票。

⑬ 创建 VoterDao 类，该类主要获取某一位投票最近一次的投票时间，更新投票数据。

⑭ 创建 JSP 页面 fail.jsp，该页面主要显示错误提示信息，当投票程序运行时出现错误时，转移到该页面。

⑮ 创建配置文件 web.xml。

本任务手机品牌评选投票实现过程的流程如图 6-3 所示。

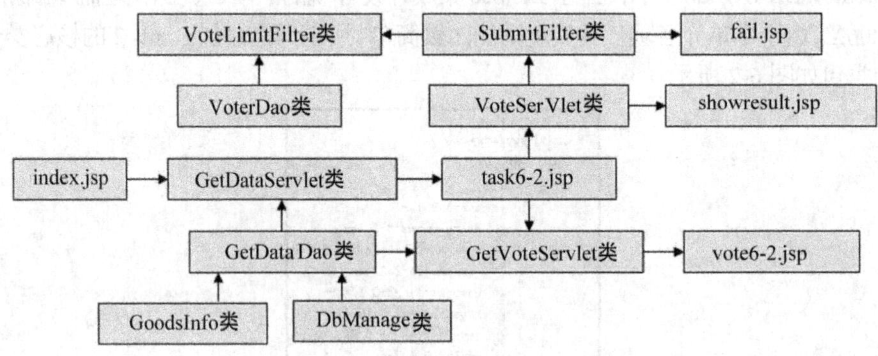

图 6-3 手机品牌评选投票实现过程

【任务 6-2】基于 Struts 2 实现投票程序的国际化支持

① 创建中文、英文的资源文件 messageResource_en_US.properties 和 messageResource_zh_CN.properties。

② 创建配置文件 struts.xml 和 web.xml。

③ 创建类 ChangeLocale，该类实现了 LocaleProvider 接口，用于实现国际化语言环境的动态切换。

④ 创建 JSP 页面 task6-3.jsp，该页面用于显示投票信息和提供国际化语言环境的动态切换按钮。

【任务实施】

【网页结构设计】

本单元将会创建多个网页，其主体结构的 HTML 代码如表 6-5 所示。

表 6-5 单元 6 网页主体结构的 HTML 代码

```
<nav class="nav nav-sub pr w"></nav>
<!-- 网页头部导航结束 -->
<form name="form1" method="post" action="">
   <div class="layout w" style="margin:4px auto 0px;">
      <ul class="jhy1 wbox">
```

续表

HTML 代码

```
            <li>        </li>
            <li>        </li>
        </ul>
      </div>
</form>
<!--  网页底部导航开始  -->
<footer class="footer w">
    <div class="tr"> </div>
  <ul class="list-ui-a foot-list tc">
      <li>    </li>
  </ul>
  <div class="tc copyright"></div>
</footer>
```

【网页 CSS 设计】

在 Dreamweaver CS6 开发环境中创建 3 个 CSS 文件：base.css、view.css 和 style css，view.css 文件中主要的 CSS 代码如表 6-6 所示。这 3 个 CSS 文件具体的代码见本书提供的电子资源。

表 6-6　view.css 文件的主要 CSS 代码

CSS 代码

```
.jhy1 li{
    margin: 0 5px 5px 0;
    width: 50%;
}

.jhy1 li:nth-child(2n){
    margin-right: 0;
}

.jhy1 li a{
    display: block;
}
.jhy1 li:last-child{
    margin-right: 0;
}

.jhy1 li img{
    width: 160px;
    height: 145px;
}
.jhy1 li p{
    height: 32px;
    line-height: 18px;
    overflow: hidden;
    color: #7A7A7A;
    background: #F5F5F5;
    text-indent: 2px;
    padding-top: 10px;
    padding-right: 4px;
    padding-bottom: 10px;
    padding-left: 6px;
}
```

【静态网页设计】

在 Dreamweaver CS6 中创建静态网页 unit06.html，该网页的初始 HTML 代码如表 1-5 所示。在网页 unit06.html 中<head>和</head>之间编写如下所示的代码，引入所需的 CSS 样式文件。

```
<link rel="stylesheet" type="text/css" href="css/base.css">
<link rel="stylesheet" type="text/css" href="css/view.css">
```

在网页 unit06.html 的标签<body>和</body>之间编写如表 6-7、表 6-8 和表 6-9 所示的代码，实现网页所需的布局和内容。

表 6-7 网页 unit06.html 顶部内容对应的 HTML 代码

```
<nav class="nav nav-sub pr w">
   <a class="goback" href="javascript:history.back(1)">返回</a>
   <div class="nav-title wb">我所喜爱的手机款式评选投票</div>
   <a href="#" class="home"></a>
</nav>
```

表 6-8 网页 unit06.html 中部内容对应的 HTML 代码

```
<form name="form1" method="post" action="">
   <div class="layout w" style="margin:4px auto 0px;">
      <ul class="jhy1 wbox">
         <li>
            <a href="104433937.html">
            <img src="images/104433937_ls1.jpg" alt="苹果手机(金)iPhone5S"></a>
            <a href="104433937.html">
            <p><input type="checkbox" name="CheckboxGroup1" value="1"
                  id="CheckboxGroup1_1">  苹果手机（金) iPhone5S（16GB)
            </p>
            </a>
         </li>
         <li>
            <a href="103789878.html">
            <img src="images/103789878_ls1.jpg" alt="三星 手机 I9500(皓月白)">
            <p><input type="checkbox" name="CheckboxGroup1" value="2"
                 id="CheckboxGroup1_2">  三星 手机 I9500 2GB 强大运行
            </p>
            </a>
         </li>
      </ul>
      <ul class="jhy1 wbox">
       <li>
            <img src="images/104419690_ls1.jpg" alt="索尼手机 L39h(紫色)">
            <p><input type="checkbox" name="CheckboxGroup1" value="3"
                 id="CheckboxGroup1_3">  索尼手机 L39h(紫色) 索尼 Z1)
            </p>
         </li>
         <li>
            <img src="images/104083059_ls1.jpg" alt="小米手机红米(灰色)">
            <p><input type="checkbox" name="CheckboxGroup1" value="4"
                  id="CheckboxGroup1_4">  小米手机红米（灰色)移动定制机。
            </p>
         </li>
      </ul>
      <ul class="jhy1 wbox">
         <li>
            <img src="images/104044814_ls.jpg" alt="中兴手机 U817（黑色)">
            <p><input type="checkbox" name="CheckboxGroup1" value="5"
                  id="CheckboxGroup1_5">  中兴手机 U817 黑色，超强美肤功
            </p>
```

续表

```html
        </li>
        <li>
            <img src="images/106133338_ls.jpg" alt="酷派手机 5951(智尚白)">
            <p><input type="checkbox" name="CheckboxGroup1" value="6"
                    id="CheckboxGroup1_6">  酷派手机 5951 智尚白，5.5 英寸
            </p>
        </li>
    </div>
</form>
```

表 6-9　网页 unit06.html 底部内容对应的 HTML 代码

```html
<footer class="footer w">
    <div class="tr">
    <input class="button" id="submitBtn" value="投票" type="submit" name="submitBtn">
    <input class="button" value="重选" type="reset">
    <input class="button" onclick=" " value="查看结果" type="button" name="result">
    </div>
    <ul class="list-ui-a foot-list tc">
      <li>
      <a   href="#" id="footerLogin" style="" class="foot1">登录</a>
      <a   href="#" id="footerRegister" style="" class="foot2">注册</a>
      <a   href="#" id="shopCartTip" style="" class="foot3">购物车</a>
      </li>
    </ul>
    <div class="tc copyright">Copyright© 2012-2018 m.ebuy.com</div>
</footer>
```

网页 unit06.html 的浏览效果如图 6-4 所示。

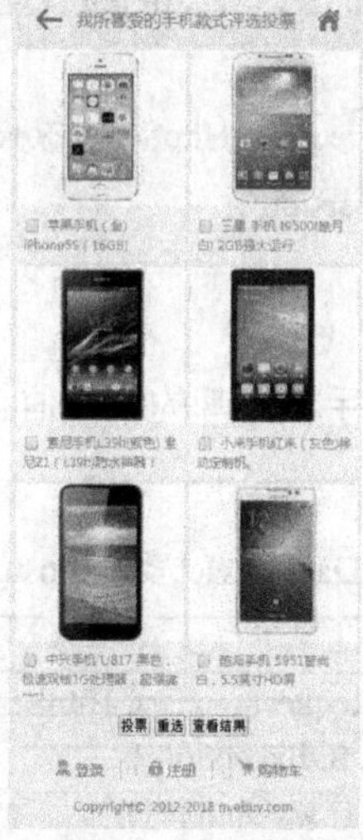

图 6-4　网页 unit06.html 的浏览效果

【网页功能实现】

【任务 6-3】基于 JSTL+JavaBean+JFreeChart 组件实现喜爱的手机品牌评选投票

（1）在项目 project061 中创建多个包

在Eclipse集成开发环境的项目project061中创建多个包，分别命名为“dao”、“filter”、“model”和“servlet”。

（2）创建 JSP 页面 index.jsp

在项目 project061 中创建 JSP 页面 index.jsp，该页面是投票统计程序的起始页面，其代码如下所示。

```
<%@ page contentType="text/html;charset=UTF-8"%>
<jsp:forward page="/index"/>
```

（3）在 web.xml 文件中对 GetDataServlet 类进行配置

打开项目 project061 的文件夹“WebContent\WEB-INF”中的 web.xml 文件，然后编写如表 6-10 所示的配置代码。

表 6-10　GetDataServlet 类的配置代码

```
<servlet>
    <servlet-name>index</servlet-name>
    <servlet-class>servlet.GetDataServlet</servlet-class>
</servlet>
<servlet-mapping>
    <servlet-name>index</servlet-name>
    <url-pattern>/index</url-pattern>
</servlet-mapping>
```

（4）创建 Servlet 类 GetDataServlet

在项目 project061 的包 servlet 中，创建名为“GetDataServlet”的类，该类继承 HttpServlet 类，在此类中重写 doGet()和 doPost()方法，在 doGet()方法中调用 doPost()方法，该方法的代码如下所示。

```
protected void doGet(HttpServletRequest request, HttpServletResponse response)
        throws ServletException, IOException {
    doPost(request, response);
}
```

doPost()方法中代码的作用是获取手机品牌的相关信息，然后转移到 JSP 页面 task6-2.jsp，该方法的代码如表 6-11 所示。

表 6-11　GetDataServlet 类 doPost()方法的代码

```
protected void doPost(HttpServletRequest request, HttpServletResponse response)
        throws ServletException, IOException {
    List options=new GetDataDao().getOptions();
    request.setAttribute("optionlist",options);
    RequestDispatcher rd=request.getRequestDispatcher("/task6-2.jsp");
    rd.forward(request,response);
}
```

（5）创建 JSP 页面 task6-2.jsp

在项目 project061 中创建 JSP 页面 task6-2.jsp，该页面主要用于显示手机品牌的相关信息以及投票、查看投票结果等多个链接按钮。

JSP 页面 task6-2.jsp 中需要使用 JSTL 标签，使用 JSTL 标签之前必须在 JSP 页面的顶部使用“<%@taglib%>指令定义标签库的位置和访问前缀，使用核心标签库的 taglib 指令格式如下所示。

```
<%@ taglib uri="http://java.sun.com/jstl/core_rt" prefix="c" %>
```

在 JSP 页面 task6-2.jsp 中<head>和</head>之间编写如下所示的代码，引入所需的 CSS 样式文件。

```
<link rel="stylesheet" type="text/css" href="css/base.css">
<link rel="stylesheet" type="text/css" href="css/view.css">
```

在<head>和</head>之间编写如表 6-12 所示的 JavaScript 代码。

表 6-12　JSP 页面 task6-2.jsp 中<head>和</head>之间的 JavaScript 代码

HTML 代码

```
<script type="text/javascript">
var c_num = 0;

function checkSelect(){
   var goods=document.getElementsByName("commodity");
   var i=0;
   for(i=0;i<goods.length;i++){
      if(goods[i].checked){
         voteform.btnSubmit.disabled=true;
         voteform.submit();
         alert("投票成功！");
         break;
      }
   }
   if(c_num == 0)
         alert("请至少选择一项！");
}

function changeSelect(chk){
      if(chk.checked) c_num ++;
   else c_num --;
      alert("你已选择了"+c_num+"项");
}
</script>
```

JSP 页面 task6-2.jsp 的主体代码如表 6-13 所示。

表 6-13　JSP 页面 task6-2.jsp 的代码

代码

```
<body>
<!--页面顶部导航代码省略-->
<form action="vote" name="voteform" method="post">
<div class="layout w" style="margin:4px auto 0px;">
   <c:set var="options" value="${requestScope.optionlist}"/>
   <c:if test="${empty options}">
         <span>没有投票选项</span>
   </c:if>
```

续表

```
<c:if test="${!empty options}">
<c:set var="i" value="0"/>
  <c:forEach var="option" varStatus="ovs" items="${options}">
    <c:if test="${i==0}">
    <c:set var="start" value="0"/>
    <ul class="jhy1 wbox">
    </c:if>
    <li>
      <img src="${option.goodsImageAddress}" alt="${option.goodsName}"></a>
      <p><input type="checkbox" name="commodity" value="${option.goodsId}"
              onclick="changeSelect(this)">  ${option.goodsName}
      </p>
    <li>
    <c:if test="${i==1}">
    </ul>
    <c:set var="i" value="0"/>
    <c:set var="start" value="1"/>
    </c:if>
    <c:if test="${(i==0) and (start==0)}">
    <c:set var="i" value="1"/>
    </c:if>
  </c:forEach>
</c:if>
<div class="tr">
 <input class="button" id="btnSubmit" value="投票" type="button" name="btnSubmit"
        onclick="checkSelect()" />
 <input class="button" value="重选" type="reset" />
 <input class="button" value="网页浏览投票结果" type="button"
        onclick="window.open('voteresult')"/>
</div>
</div>
</form>
<!-- 底部导航开始 -->
<footer class="footer w">
  <div class="tr">
   <input class="button" value="柱形图浏览投票结果" type="button"
          onclick="window.open('viewresult?showmode=bar')"/>
   <input class="button" value="饼形图浏览投票结果" type="button"
          onclick="window.open('viewresult?showmode=pie')"/>
  </div>
  <ul class="list-ui-a foot-list tc">
    <li>
    <a  href="#" id="footerLogin" class="foot1">登录</a>
    <a  href="#" id="footerRegister" class="foot2">注册</a>
    <a  href="#" id="shopCartTip" class="foot3">购物车</a>
    </li>
  </ul>
  <div class="tc copyright">Copyright© 2012-2018 m.ebuy.com</div>
</footer>
</body>
```

表 6-13 中第 10 行至第 29 行的代码显得有些复杂，其目的是为实现显示两列手机品牌信息。静态网页中，一行中并排显示两列信息的代码较简单，如表 6-14 所示。

表 6-14　JSP 页面 task6-2.jsp 浏览时对应的部分代码

```
<ul class="jhy1 wbox">
   <li>
      <img src="images/104433937_ls1.jpg" alt="苹果手机（金) iPhone5S（16GB)"></a>
      <p><input type="checkbox" name="commodity" value="1" onclick="changeSelect(this)" />
             苹果手机（金) iPhone5S（16GB)</p>
   <li>
   <li>
     <img src="images/103789878_ls1.jpg" alt="三星  手机  I9500(皓月白) 2GB 强大运行"></a>
     <p><input type="checkbox" name="commodity" value="2" onclick="changeSelect(this)" />
               三星  手机  I9500(皓月白) 2GB 强大运行</p>
   <li>
</ul>
```

（6）创建 GoodsInfo 类

在项目 project061 的包 model 中，创建名为“GoodsInfo”的类，该类为商品信息类，包含多个属性定义和方法定义，其代码如表 6-15 所示。

表 6-15　GoodsInfo 类的代码

```
package model;
public class GoodsInfo {
   // 商品 ID
   private int goodsId=0;
   public int getGoodsId() {
      return goodsId;
   }
   public void setGoodsId(int id) {
      this.goodsId = id;
   }
   // 商品名称
   private String goodsName="";
   public String getGoodsName() {
      return goodsName;
   }
   public void setGoodsName(String name) {
      this.goodsName = name;
   }
   //品牌名称
   private String brandName="";
   public String getBrandName() {
      return brandName;
   }
   public void setBrandName(String name) {
      this.brandName = name;
   }
   // 图片地址
```

续表

```
    private String goodsImageAddress;
    public String getGoodsImageAddress() {
        return goodsImageAddress;
    }
    public void setGoodsImageAddress(String address) {
        this.goodsImageAddress = address;
    }
    // 投票数量
    private int goodsNumber=0;
    public int getGoodsNumber() {
        return goodsNumber;
    }
    public void setGoodsNumber(int num) {
        this.goodsNumber = num;
    }
    // 排列顺序
    private int goodsOrder=0;
    public int getGoodsOrder() {
        return goodsOrder;
    }
    public void setGoodsOrder(int order) {
        this.goodsOrder = order;
    }
    // 投票总计
    private long voteTotal=0;
    public long getVoteTotal() {
        return voteTotal;
    }
    public void setVoteTotal(long num) {
        this.voteTotal = num;
    }
    // 投票最多
    private double voteMax=0.0;
    public double getVoteMax() {
        return voteMax;
    }
    public void setVoteMax(double num) {
        this.voteMax = num;
    }
}
```

（7）创建 DbManage 类

在项目 project061 的包 model 中，创建名为“DbManage”的类，该类为公共的数据库操作类，主要包含创建数据库连接的方法 getConnn()、关闭数据库连接的方法 closed()、对数据库进行查、增、删、改操作的方法 doPs()等。DbManage 类的代码如表 6-16 所示。

表 6-16 DbManage 类的代码

```
package model;
import java.sql.Connection;
import java.sql.DriverManager;
import java.sql.PreparedStatement;
import java.sql.ResultSet;
import java.sql.SQLException;
public class DbManage {
  private Connection conn;
  private PreparedStatement ps;
  private String className="com.microsoft.sqlserver.jdbc.SQLServerDriver";
  private String url="jdbc:sqlserver://localhost:1433;DatabaseName=eshop";
  private String user="sa";
  private String password="123456";
  /** 构造方法，在该方法中加载数据库驱动 */
  public DbManage(){
    try{
      Class.forName(className);
    }catch(ClassNotFoundException e){
      System.out.println("加载数据库驱动失败！");
      e.printStackTrace();
    }
  }
  /**创建数据库连接*/
  public Connection getConnn(){
    if(conn==null){
      try {
        conn=DriverManager.getConnection(url,user,password);
      } catch (SQLException e) {
        System.out.println("创建数据库连接失败！");
        conn=null;
        e.printStackTrace();
      }
    }
    return conn;
  }
  /**
   *@功能：对数据库进行查、增、删、改操作
   *@参数：sql 为 SQL 语句；params 为 Object 数组，
   *该数组存储的是 SQL 语句中"?"占位符赋值的数据
   */
  public void doPs(String sql,Object[] params){
    if(sql!=null&&!sql.equals("")){
      if(params==null)
        params=new Object[0];
      getConnn();
      if(conn!=null){
        try{
          System.out.println(sql);
          ps=conn.prepareStatement(sql , ResultSet.TYPE_SCROLL_INSENSITIVE,
```

续表

```
                                        ResultSet.CONCUR_READ_ONLY);
                for(int i=0;i<params.length;i++){
                    ps.setObject(i+1,params[i]);
                }
                ps.execute();
            }catch(SQLException e){
                System.out.println("doPs()方法出错！");
                e.printStackTrace();
            }
        }
    }
}
/**
 * @功能：获取调用 doPs()方法执行查询操作后返回的 ResultSet 结果集
 * @返回值：ResultSet
 * @throws SQLException
 */
public ResultSet getRs() throws SQLException{
    return ps.getResultSet();
}
/**
 * @功能：获取调用 doPs()方法执行更新操作后返回影响的记录数
 * @返回值：int
 * @throws SQLException
 */
public int getCount() throws SQLException{
    return ps.getUpdateCount();
}
/**
 * @功能：释放 PrepareStatement 对象与 Connection 对象
 */
public void closed(){
    try{
        if(ps!=null)
            ps.close();
    }catch(SQLException e){
        System.out.println("关闭 ps 对象失败！");
        e.printStackTrace();
    }
    try{
        if(conn!=null){
            conn.close();
        }
    }catch(SQLException e){
        System.out.println("关闭 conn 对象失败！");
        e.printStackTrace();
    }
}
}
```

（8）创建 GetDataDao 类

在项目 project061 的包 dao 中，创建名为“GetDataDao”的类，该类包含获取手机品牌相关信息的 getOptions()和 getList1()方法、获取投票总数的 getTotal()方法和获取最大投票数量的 getMaxNum()方法、更新投票数量的 vote()方法等。GetDataDao 类的代码如表 6-17 所示。

表 6-17 GetDataDao 类的代码

```
package dao;
import java.sql.ResultSet;
import java.sql.SQLException;
import java.util.ArrayList;
import java.util.List;
import model.DbManage;
import model.GoodsInfo;
public class GetDataDao {
  private DbManage mydb=null;
  public GetDataDao(){
    mydb=new DbManage();
  }
  @SuppressWarnings("rawtypes")
  public List getOptions(){
    String sql="select 商品 ID,商品名称,品牌名称,图片地址,投票数量,排列顺序
                from 商品投票  order by 排列顺序";
    List options=getList1(sql,null);
    return options;
  }

  @SuppressWarnings({ "rawtypes", "unchecked" })
  private List getList1(String sql,Object[] params){
    List options=null;
    DbManage mydb=new DbManage();
    mydb.doPs(sql,params);
    try {
      ResultSet rs = mydb.getRs();
      if(rs!=null){
        options=new ArrayList();
        while(rs.next()){
          GoodsInfo info=new GoodsInfo();
          info.setGoodsId(rs.getInt(1));
          info.setGoodsName(rs.getString(2));
          info.setBrandName(rs.getString(3));
          info.setGoodsImageAddress(rs.getString(4));
          info.setGoodsNumber(rs.getInt(5));
          info.setGoodsOrder(rs.getInt(6));
          options.add(info);
        }
        rs.close();
      }
    } catch (SQLException e) {
      e.printStackTrace();
    }
```

续表

```
    return options;
  }

  public long getTotal(){
    long total=0;
    String sql="select sum(投票数量) as 总计  from 商品投票  ";
    DbManage mydb=new DbManage();
    mydb.doPs(sql,null);
    ResultSet rs;
    try {
      rs = mydb.getRs();
      if(rs!=null && rs.next()){
        total=rs.getLong(1);
        GoodsInfo info=new GoodsInfo();
        info.setVoteTotal(total);
        rs.close();
      }
      mydb.closed();
    } catch (SQLException e) {
      e.printStackTrace();
    }
    return total;
  }

  public double getMaxNum(){
    double maxNum=0.0;
    String sql="select max(投票数量) as 最大数量  from 商品投票  ";
    DbManage mydb=new DbManage();
    mydb.doPs(sql,null);
    ResultSet rs;
    try {
      rs = mydb.getRs();
      if(rs!=null && rs.next()){
        maxNum=130.0/(double)rs.getLong(1);
        GoodsInfo info=new GoodsInfo();
        info.setVoteMax(maxNum);
        rs.close();
      }
      mydb.closed();
    } catch (SQLException e) {
      e.printStackTrace();
    }
    return maxNum;
  }

  public int vote(String[] strId){
    int i=0;
    for(i=0;i<strId.length;i++){
    System.out.print(strId[i]);
         String sql="update 商品投票 set 投票数量=投票数量+1 where 商品 ID=?";
```

续表

```
            Object[] params={strId[i]};
            DbManage mydb=new DbManage();
            mydb.doPs(sql, params);
        }
        return i;
    }

    public void closed(){
        mydb.closed();
    }
}
```

（9）创建 GetVoteServlet 类

在项目 project061 的包 servlet 中，创建名为“GetVoteServlet”的类，该类继承 HttpServlet 类，在此类中重写 doGet()和 doPost()方法，在 doGet()方法中调用 doPost()方法，该方法的代码如下所示。

```
protected void doGet(HttpServletRequest request, HttpServletResponse response)
        throws ServletException, IOException {
    doPost(request, response);
}
```

doPost()方法中代码的作用是获取手机品牌的相关信息、投票总数、最大投票数量，然后转移到 JSP 页面 vote6-2.jsp，该方法的代码如表 6-18 所示。

表 6-18　GetVoteServlet 类 doPost()方法的代码

```
protected void doPost(HttpServletRequest request, HttpServletResponse response)
            throws ServletException, IOException {
    List vote=new GetDataDao().getOptions();
    request.setAttribute("votelist",vote);
    long total=new GetDataDao().getTotal();
    request.setAttribute("votetotal",total);
    double max=new GetDataDao().getMaxNum();
    request.setAttribute("votemax",max);
    request.getRequestDispatcher("vote6-2.jsp").forward(request, response) ;  //重定向页面
}
```

（10）在 web.xml 文件中对 GetVoteServlet 类进行配置

打开项目 project061 的文件夹“WebContent\WEB-INF”中的 web.xml 文件，然后编写如表 6-19 所示的配置代码。

表 6-19　GetVoteServlet 类的配置代码

```
<servlet>
    <servlet-name>vote1</servlet-name>
    <servlet-class>servlet.GetVoteServlet</servlet-class>
</servlet>
```

续表

```
<servlet-mapping>
    <servlet-name>vote1</servlet-name>
    <url-pattern>/voteresult</url-pattern>
</servlet-mapping>
```

（11）创建 JSP 页面 vote6-2.jsp

在项目 project061 中创建 JSP 页面 vote6-2.jsp，该页面通过设置 div 区块的宽度样式显示投票结果。

JSP 页面 vote6-2.jsp 中需要使用 JSTL 标签，使用核心标签库的 taglib 指令格式如下所示。

```
<%@ taglib prefix="c" uri="http://java.sun.com/jsp/jstl/core"%>
<%@ taglib prefix="fmt" uri="http://java.sun.com/jsp/jstl/fmt" %>
```

在 JSP 页面 vote6-2.jsp 中<head>和</head>之间编写如下所示的代码，引入所需的 CSS 样式文件。

```
<link rel="stylesheet" type="text/css" href="css/style.css">
```

JSP 页面 vote6-2.jsp 的主体代码如表 6-20 所示。

表 6-20　JSP 页面 vote6-2.jsp 的代码

```
<body>
<div class="div_global w">
    <div class="div_report">
      <div class="div_report_up">
        <div id="title" class="title blue_t">我来投票</div>
      </div>
      <div class="div_report_middle">
        <div class="div_q">
          <div class="q_bar">
            <div id="bar_0" class="col" style="width:34px;">序号</div>
            <div id="bar_1" class="col" style="width:80px;">手机品牌 </div>
            <div id="bar_2" class="col" style="width:195px;border-right-width:0px;">
                得票比例
            </div>
        </div>
          <div class="q_table">
            <ol>
            <c:forEach var="vote" items="${requestScope.votelist}">
            <li id="i_31761" onMouseOver="this.style.background=&#39;#dbecfc&#39;;"
                          onMouseOut="this.style.background=&#39;&#39;;">
              <div class="cell" style="width:27px ;">
                <div id="c_0" class="num_order">${vote.goodsId}</div>
              </div>
              <div id="c_1" class="cell" style="width:73px ;text-align: center;">
                  <a href="">${vote.brandName}</a>
              </div>
              <div id="c_2" class="cell" style="width:190px ;">
                <div class="beam_bg" style="width:130px ;">
                  <div id="c_2_0" class="beam"
```

续表

```
                                  style="width:${requestScope.votemax*vote.goodsNumber}px;">
                              </div>
                          </div>
                          <div id="c_2_1" class="perc"><fmt:formatNumber
                              value="${vote.goodsNumber/requestScope.votetotal}"
                              type="percent" pattern="#0.00%"/>
                          </div>
                      </div>
                      <div class="clearit"></div>
                  </li>
                  </c:forEach>
                  </ol>
              </div>
          </div>
      </div>
      <div class="div_report_bottom">
          <div id="bar" class="bar">
                  <div class="gray_t">
                      共有 <b class="red_t">${requestScope.votetotal}</b> 票
                  </div>
                  <div class="clearit"></div>
              </div>
      </div>
    </div>
  </div>
  </body>
```

（12）创建 VoteServlet 类

在项目 project061 的包 servlet 中，创建名为“VoteServlet”的类，该类继承 HttpServlet 类，在此类中重写 doGet()和 doPost()方法，在 doGet()方法中调用 doPost()方法，该方法的代码如下所示。

```
protected void doGet(HttpServletRequest request, HttpServletResponse response)
        throws ServletException, IOException {
    doPost(request, response);
}
```

在 VoteServlet 类中定义 2 个类成员方法都能共用的变量，代码如下所示。

```
int width = 0;
int height = 0;
```

VoteServlet 类 doPost()方法的代码如表 6-21 所示，doPost()方法将分别调用 vote()方法和 showresult()方法。

表 6-21　VoteServlet 类 doPost()方法的代码

```
protected void doPost(HttpServletRequest request , HttpServletResponse response)
        throws ServletException, IOException {
    width = 0;
    height = 0;
```

续表

```
    String servletPath = request.getServletPath();
    if ("/vote".equals(servletPath))
        vote(request, response);
    else if ("/viewresult".equals(servletPath))
        showresult(request, response);
}
```

VoteServlet 类 vote()方法的代码如表 6-22 所示。

表 6-22　VoteServlet 类 vote()方法的代码

```
private void vote(HttpServletRequest request, HttpServletResponse response)
        throws ServletException, IOException {
    String message = "";
    String showpage = "";
    String[] optionid = request.getParameterValues("commodity");
    int i =new GetDataDao().vote(optionid);
    if (i <= 0) {
        message = "投票失败！ ";
    } else {
        HttpSession session = request.getSession();
        session.setMaxInactiveInterval(3600);
        session.setAttribute("ido", "yes");
        showpage = "index.jsp";
    }

    request.setAttribute("message", message);
    RequestDispatcher rd = request.getRequestDispatcher(showpage);
    rd.forward(request, response);
}
```

VoteServlet 类 showresult()方法的代码如表 6-23 所示，showresult()方法将分别调用 getChartForPie()方法、getChartForBar()方法和 myplot()方法。

表 6-23　VoteServlet 类 showresult()方法的代码

```
protected void showresult(HttpServletRequest request,
        HttpServletResponse response) throws ServletException, IOException {
    String forward = "";
    String showmode = request.getParameter("showmode");
    JFreeChart chart = null;
    if ("pie".equals(showmode))        // 绘制饼型图
        chart = getChartForPie();
    else
        // 绘制柱型图
        chart = getChartForBar();
    if (chart != null) {
        myplot(showmode, chart);                                  // 设置各标签的显示样式
        String webName = getServletContext().getRealPath("/img");
```

续表

```
        String picpath = webName + "/" + showmode + ".jpg";      // 图片文件路径
        FileOutputStream plot_fos = new FileOutputStream(picpath);
        ChartRenderingInfo info = new ChartRenderingInfo( new StandardEntityCollection());
        ChartUtilities.writeChartAsJPEG(plot_fos, 0.8f, chart, width, height, info);  //生成图片文件
        plot_fos.close();
        request.setAttribute("path", showmode);
        forward = "/showResult.jsp";
    } else {
        request.setAttribute("message", "所查看的时间段中没有数据！ ");
        forward = "/fail.jsp";
    }
    RequestDispatcher rd = request.getRequestDispatcher(forward);
    rd.forward(request, response);
}
```

VoteServlet 类 getChartForBar()方法的代码如表 6-24 所示，该方法中通过调用方法 getDataSetForBarAndOption()获取数据集。

表 6-24　VoteServlet 类 getChartForBar()方法的代码

```
/** @功能：获取柱型图的 JFreeChart */
private JFreeChart getChartForBar() {
    CategoryDataset dataset = null;
    JFreeChart chart = null;
    String title1 = "";
    String title2 = "";
    String subtitle = "";
    PlotOrientation way = null;
    // 处理查看"各选项得票数"的请求
    dataset = getDataSetForBarAndOption() ; // 获取数据集
    title1 = "各个手机品牌所得票数";
    title2 = "手机品牌";
    way = PlotOrientation.VERTICAL;
    width = 80 + 50 * dataset.getColumnCount();
    height = 400;
    setCN();      //设置字体解决中文乱码
    if (dataset != null && dataset.getColumnCount() > 0) {
        chart = ChartFactory.createBarChart3D(title1, title2, "票数",
                dataset, way, false, true, false);
        chart.addSubtitle(new TextTitle(subtitle));
    }
    return chart;
}
```

VoteServlet 类 getChartForPie()方法的代码如表 6-25 所示，该方法中通过调用 getDataSetForPieAndOption()方法获取数据集。

表 6-25　VoteServlet 类 getChartForPie()方法的代码

```
/** @功能：获取饼型图的 JFreeChart */
private JFreeChart getChartForPie() {
  DefaultPieDataset dataset = null;
  JFreeChart chart = null;
  String title = "";
  String subtitle = "";
  width = 550;
  height = 430;
  setCN();      //设置字体解决中文乱码
    // 处理查看"各选项得票数"的请求
    dataset = getDataSetForPieAndOption()  ;       // 获取数据集
    title = "各个手机品牌所得票数";
  if (dataset != null && dataset.getItemCount() > 0) {
    chart = ChartFactory.createPieChart3D(title , dataset , true, true , false);
    chart.addSubtitle(new TextTitle(subtitle)) ;      ///设置图例类别字体
  }
  return chart;
}
```

VoteServlet 类 myplot()方法的代码如表 6-26 所示。

表 6-26　VoteServlet 类 myplot()方法的代码

```
private void myplot(String showmode, JFreeChart chart) {
  if ("pie".equals(showmode)) {
    PiePlot pieplot = (PiePlot) chart.getPlot();
    // 设置普通标签样式
    pieplot.setLabelGenerator(new StandardPieSectionLabelGenerator("{0}  票数:{1}")) ;
    // 设置热区标签样式
    pieplot.setToolTipGenerator(new StandardPieToolTipGenerator("{0}  比例:{2}")) ;
  } else {
    CategoryPlot barplot = (CategoryPlot) chart.getCategoryPlot();
    BarRenderer br = (BarRenderer) barplot.getRenderer();
    // 设置鼠标提示
    br.setBaseToolTipGenerator(new StandardCategoryToolTipGenerator( "{1}  票数:{2}",
                              new DecimalFormat("#,###")));
    // 设置标签显示样式
    br.setItemLabelAnchorOffset(10) ;
    CategoryAxis categoryaxis = barplot.getDomainAxis() ;
    categoryaxis.setCategoryLabelPositions(CategoryLabelPositions.UP_45) ;
  }
}
```

VoteServlet 类 getDataSetForBarAndOption()方法的代码如表 6-27 所示。

表 6-27　VoteServlet 类 getDataSetForBarAndOption()方法的代码

```
@SuppressWarnings("rawtypes")
private CategoryDataset getDataSetForBarAndOption() {
```

续表

```
    GetDataDao optionDao = new GetDataDao();
    List options = null;
    options = optionDao.getOptions();
    optionDao.closed();
    DefaultCategoryDataset dataset = new DefaultCategoryDataset();
    for (int i = 0 ; i < options.size() ; i++) {
        GoodsInfo single = (GoodsInfo) options.get(i);
        dataset.addValue(single.getGoodsNumber() , "" , single.getBrandName());
    }
    return dataset;
}
```

VoteServlet 类 getDataSetForPieAndOption()方法获取数据集，其代码如表 6-28 所示。

表 6-28 VoteServlet 类 getDataSetForPieAndOption()方法的代码

```
@SuppressWarnings("rawtypes")
private DefaultPieDataset getDataSetForPieAndOption() {
    DefaultPieDataset dataset = null;
    GetDataDao optionDao = new GetDataDao();
    List options = null;
    options = optionDao.getOptions();
    optionDao.closed();
    if (options != null && options.size() != 0) {
        dataset = new DefaultPieDataset();
        for (int i = 0 ; i < options.size() ; i++) {
            GoodsInfo single = (GoodsInfo) options.get(i);
            if (single.getGoodsNumber() > 0)
                dataset.setValue(single.getBrandName() , single.getGoodsNumber());
        }
    }
    return dataset;
}
```

VoteServlet 类的 getChartForPie()方法和 getChartForBar()方法中将调用 setCN()方法，解决中文乱码的问题，setCN()方法的代码如表 6-29 所示。

表 6-29 VoteServlet 类 setCN()方法的代码

```
//解决中文乱码的方法
private void setCN() {
    // 创建主题样式
    StandardChartTheme standardChartTheme = new StandardChartTheme("CN");
    // 设置标题字体
    standardChartTheme.setExtraLargeFont(new Font("隶书", Font.BOLD, 20));
    // 设置图例的字体
    standardChartTheme.setRegularFont(new Font("宋体", Font.PLAIN, 15));
    // 设置轴向的字体
    standardChartTheme.setLargeFont(new Font("宋体", Font.PLAIN, 15));
```

续表

```
    // 应用主题样式
    ChartFactory.setChartTheme(standardChartTheme);
}
```

（13）在 web.xml 文件中对 VoteServlet 类进行配置

打开项目 project061 的文件夹“WebContent\WEB-INF”中的 web.xml 文件，然后编写如表 6-30 所示的配置代码。

表 6-30　VoteServlet 类的配置代码

```
<servlet>
    <servlet-name>vote2</servlet-name>
    <servlet-class>servlet.VoteServlet</servlet-class>
</servlet>
<servlet-mapping>
    <servlet-name>vote2</servlet-name>
    <url-pattern>/vote</url-pattern>
</servlet-mapping>
<servlet-mapping>
    <servlet-name>vote2</servlet-name>
    <url-pattern>/viewresult</url-pattern>
</servlet-mapping>
```

（14）创建 JSP 页面 showResult.jsp

在项目 project061 中创建 JSP 页面 showResult.jsp，该类主要显示投票结果的柱形图或饼形图，该页面的代码如表 6-31 所示。

表 6-31　JSP 页面 showResult.jsp 的配置代码

```
<body bgcolor="#EEE">
    <div style="text-align: center;    display: block;margin-top: 5px;">
        <img id="pic" src="img/${requestScope.path}.jpg" style="border:0">
    </div>
</body>
```

（15）创建 JSP 页面 fail.jsp

在项目 project061 中创建 JSP 页面 fail.jsp，该页面主要显示错误提示信息，当投票程序运行时出现错误时，转移到该页面，该页面的代码如表 6-32 所示。JSP 页面 fail.jsp 中需要使用 JSTL 标签，使用核心标签库的 taglib 指令格式如下所示：

```
<%@ taglib uri="http://java.sun.com/jstl/core_rt" prefix="c" %>
```

表 6-32　JSP 页面 fail.jsp 的代码

```
<body>
<div>
    ${requestScope.message}<br />
    <a href="javascript:window.history.go(-1)">返回</a>
```

续表

```
</div>
</body>
```

（16）在 web.xml 文件中对过滤器类 filter.SubmitFilter 和 VoteLimitFilter 进行配置

打开项目 project061 的文件夹“WebContent\WEB-INF”中的 web.xml 文件，然后编写如表 6-33 所示的配置代码。

表 6-33　过滤器类 filter.SubmitFilter 和 VoteLimitFilter 的配置代码

```
<filter>
    <filter-name>method</filter-name>
    <filter-class>filter.SubmitFilter</filter-class>
</filter>
<filter-mapping>
    <filter-name>method</filter-name>
    <url-pattern>/vote</url-pattern>
</filter-mapping>
<filter>
    <filter-name>votelimit</filter-name>
    <filter-class>filter.VoteLimitFilter</filter-class>
</filter>
<filter-mapping>
    <filter-name>votelimit</filter-name>
    <url-pattern>/vote</url-pattern>
</filter-mapping>
```

过滤器关联的 URL 为“/vote”时，即投票时过滤器类 filter.SubmitFilter 和 VoteLimitFilter 发生作用。

（17）创建过滤器类 SubmitFilter

在项目 project061 的包 filter 中，创建名为“SubmitFilter”的类，实现接口 Filter，用于判断表单提交时的请求方式是否为 post 方式。在类 SubmitFilter 中定义 doFilter()、init()和 destroy()方法，代码如表 6-34 所示。

表 6-34　过滤器类 SubmitFilter 的代码

```
package filter;
import java.io.IOException;
import javax.servlet.Filter;
import javax.servlet.FilterChain;
import javax.servlet.FilterConfig;
import javax.servlet.RequestDispatcher;
import javax.servlet.ServletException;
import javax.servlet.ServletRequest;
import javax.servlet.ServletResponse;
import javax.servlet.http.HttpServletRequest;
public class SubmitFilter implements Filter {
    @SuppressWarnings("unused")
```

续表

```
  private FilterConfig fc;
  public void doFilter(ServletRequest sRequest, ServletResponse sResponse,FilterChain chain)
          throws IOException, ServletException {
    HttpServletRequest request=(HttpServletRequest)sRequest;
    String method=request.getMethod();
    if(method.equalsIgnoreCase("POST"))
      chain.doFilter(sRequest,sResponse);
    else{
      request.setAttribute("message","不是以 POST 方式进行的请求！<br />");
      RequestDispatcher rd=request.getRequestDispatcher("fail.jsp");
      rd.forward(request,sResponse);
    }
  }

  public void init(FilterConfig fc) throws ServletException {
    this.fc=fc;
  }

  public void destroy() {
    this.fc=null;
  }
}
```

（18）创建过滤器类 VoteLimitFilter

在项目 project061 的包 filter 中，创建名为“VoteLimitFilter”的类，该类实现了接口 Filter，该类负责过滤投票者的信息，控制是否能成功投票，从而防止恶意投票和虚假投票。VoteLimitFilter 类中定义了 doFilter()、init()、destroy()、getIpNum()、timeTostr()、addCookie()和 getCookie()等多个方法，其中 doFilter()方法负责具体的过滤操作，VoteLimitFilter 类的主体代码如表 6-35 所示。

表 6-35　过滤器类 VoteLimitFilter 的主体代码

```
package filter;
import java.io.IOException;
import java.sql.SQLException;
import java.text.SimpleDateFormat;
import java.util.Date;
import javax.servlet.Filter;
import javax.servlet.FilterChain;
import javax.servlet.FilterConfig;
import javax.servlet.RequestDispatcher;
import javax.servlet.ServletException;
import javax.servlet.ServletRequest;
import javax.servlet.ServletResponse;
import javax.servlet.http.Cookie;
import javax.servlet.http.HttpServletRequest;
import javax.servlet.http.HttpServletResponse;
import javax.servlet.http.HttpSession;
import dao.VoterDao;
```

续表

```
public class VoteLimitFilter implements Filter {
  @SuppressWarnings("unused")
  private FilterConfig fc=null;

  public void doFilter(ServletRequest srequest , ServletResponse sresponse,FilterChain chain)
             throws IOException, ServletException {
    HttpServletRequest request=(HttpServletRequest)srequest;
    HttpServletResponse response=(HttpServletResponse)sresponse;
    HttpSession session=request.getSession();
    //查询服务器端该 IP 上次投票的时间
    String ip=request.getRemoteAddr();        //获取客户端 IP
    long ipnum=getIpNum(ip);
    try {
      VoterDao voterDao=new VoterDao();
      Date now=new Date();                //获取当前时间
      Date last = voterDao.getLastVoteTime(ipnum);//获取该 IP 的上次投票时间
      if(last==null){                    //数据库中没有记录该 IP，则该 IP 地址没有投过票
        addCookie(request,response);    //在客户端的 cookie 中记录该用户已经投过票
        Object[] params={ipnum,timeTostr(now)};
        voterDao.saveVoteTime(params);     //在数据库中记录该 IP、选项 ID 和投票时间
        chain.doFilter(request,response);
      }
          //该 IP 地址投过票，则接着判断客户端 cookie 中是否记录了用户投票情况
      else{  //用来解决局域网中某个 IP 投票后，其他 IP 不能再进行投票的问题
       //判断当前使用该 IP 的用户的客户端 cookie 中是否记录了投票标记
        boolean voteincookie=getCookie(request);
        if(voteincookie){                      //如果记录了该用户已经投过票
          request.setAttribute("message","已经投过票了，1 小时内不允许重复投票！");
          RequestDispatcher rd=request.getRequestDispatcher("fail.jsp");
          rd.forward(request,response);
        }
      //没有记录该用户是否投过票，则接着判断当前 session 中是否记录了用户投票的情况
        else{     //用来解决用户投票后，删除本地 cookie 实现重复投票
          String ido=(String)session.getAttribute("ido");
          if("yes".equals(ido)){                         //当前用户已投过票
            request.setAttribute("message","已经投过票了，1 小时内不允许重复投票！");
            RequestDispatcher rd=request.getRequestDispatcher("fail.jsp");
            rd.forward(request,response);
          }
          else{
            addCookie(request,response);  //在客户端的 cookie 中记录该用户已经投过票
            Object[] params={ipnum,timeTostr(now)};
            voterDao.saveVoteTime(params);  //记录使用该 IP 的用户的投票时间
            chain.doFilter(request,response);
          }
        }
      }
    } catch (SQLException e) {
      e.printStackTrace();
```

续表

```
    }
}

    public void init(FilterConfig fc) throws ServletException {
        this.fc=fc;
}

    public void destroy() {
        this.fc=null;
    }
}
```

VoteLimitFilter 类中调用了 doFilter()、getIpNum()、timeTostr()、addCookie()和 getCookie()等多个方法，方法 getIpNum()的代码如表 6-36 所示。

表 6-36　VoteLimitFilter 类的方法 getIpNum()的代码

```
public static long getIpNum(String ip){
    long ipNum=0;
    if(ip!=null&&!ip.equals("")){
        String[] subips=ip.split("\\.");
        for(int i=0;i<subips.length;i++){
            ipNum+=Integer.parseInt(subips[i]);
            if(i<subips.length-1)
                ipNum=ipNum<<8;
        }
    }
    return ipNum;
}
```

过滤器类 VoteLimitFilter 的方法 timeTostr()方法的代码如表 6-37 所示。

表 6-37　VoteLimitFilter 类的方法 timeTostr()的代码

```
public static String timeTostr(Date date){
    String strDate="";
    if(date!=null){
        SimpleDateFormat format=new SimpleDateFormat("yyyy-MM-dd HH:mm:ss");
        strDate=format.format(date);
    }
    return strDate;
}
```

过滤器类 VoteLimitFilter 的方法 addCookie()的代码如表 6-38 所示。

表 6-38　VoteLimitFilter 类的方法 addCookie()的代码

```
private void addCookie(HttpServletRequest request,HttpServletResponse response){
    String webname=request.getContextPath();
```

续表

```
        webname=webname.substring(1);
        Cookie cookie=new Cookie(webname+".voter","I Have Vote");     //创建一个 cookie
        cookie.setPath("/");
        cookie.setMaxAge(60*60*1);        //设置 cookie 在客户端保存的有效时间为 1 小时
        response.addCookie(cookie);         //向客户端写入 cookie
    }
```

过滤器类 VoteLimitFilter 的方法 getCookie()用来判断当前使用该 IP 的用户的客户端 cookie 中是否记录了投票标记，其代码代码如表 6-39 所示。

表 6-39　VoteLimitFilter 类的方法 getCookie()的代码

```
    private boolean getCookie(HttpServletRequest request){
        boolean hasvote=false;
        String webName=request.getContextPath();
        webName=webName.substring(1);
        String cookiename=webName+".voter";
        Cookie[] cookies=request.getCookies();
        if(cookies!=null&&cookies.length!=0){
            for(int i=0;i<cookies.length;i++){
                Cookie single=cookies[i];
                if(single.getName().equals(cookiename) && single.getValue().equals("I Have Vote")){
                    hasvote=true;
                    break;
                }
            }
        }
        return hasvote;
    }
```

（19）创建 VoterDao 类

在项目 project061 的包 dao 中，创建名为“VoterDao”的类，该类主要获取某一位投票人最近一次的投票时间，更新投票数据。VoterDao 类中定义了 getLastVoteTime()和 saveVoteTime()两个方法，代码如表 6-40 所示。

表 6-40　VoterDao 类的代码

```
import java.sql.ResultSet;
import java.sql.SQLException;
import java.util.Date;
import model.DbManage;
public class VoterDao {
    public Date getLastVoteTime(long ip) throws SQLException{
        Date time=null;
        String sql="select max(上次投票时间) from 投票信息 where 投票人 IP=?";
        Object[] params={ip};
        DbManage mydb=new DbManage();
        mydb.doPs(sql, params);
```

续表

```
            ResultSet rs=mydb.getRs();
            if(rs!=null && rs.next()){
                time=rs.getTimestamp(1);
                rs.close();
            }
            mydb.closed();
            return time;
    }

        @SuppressWarnings("unused")
        public void    saveVoteTime(Object[] params){
            String sql="insert into  投票信息    values(?,?)";
            DbManage mydb=new DbManage();
            mydb.doPs(sql, params);
            try {
                int i=mydb.getCount();
            } catch (SQLException e) {
                e.printStackTrace();
            }
            mydb.closed();
        }
    }
```

（20）运行程序输出结果

运行 JSP 页面 indexjsp，显示 JSP 页面 task6-2.jsp，如图 6-5 所示。在页面 task6-2.jsp 分别选择“苹果手机”、“三星手机”、“小米手机”和“联想手机”对应的复选框，如图 6-6 所示。

图 6-5　JSP 页面 task6-2.jsp 的运行外观

图 6-6　在页面 task6-2.jsp 选择所喜爱的手机品牌

每选择一个喜爱的手机品牌则会弹出一个提示信息对话框，当选择了 4 个复选框，弹出的提示信息对话框如图 6-7 所示，在提示信息对话框中单击【确定】按钮即可。所喜爱的手机品牌选择完成后，在页面 task6-2.jsp 中单击【投票】超链接按钮，弹出“投票成功”提示信息对话框，如图 6-8 所示，在该对话框中单击【确定】按钮即可。

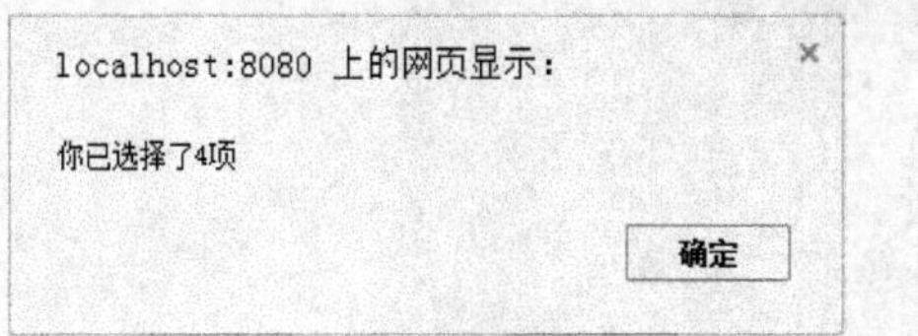

图 6-7　选择了 4 个复选框时所弹出的提示对话框

localhost:8080 上的网页显示：

投票成功！

确定

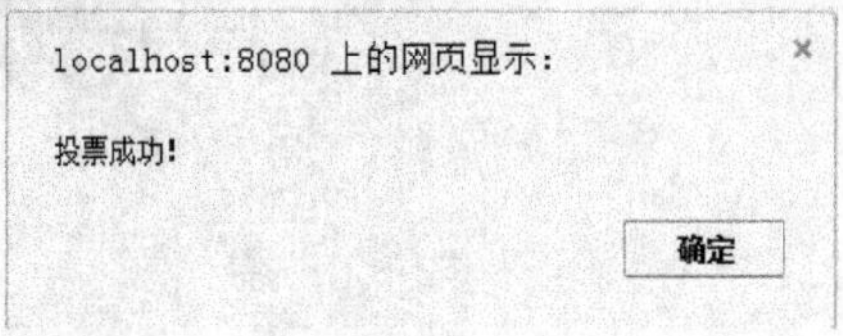

图 6-8　投票成功时所弹出的提示对话框

在页面 task6-2.jsp 中单击【网页浏览投票结果】超链接按钮，显示 JSP 页面 vote6-2.jsp，如图 6-9 所示。

图 6-9　页面 vote6-2.jsp 中网页方式显示的投票结果

在页面 task6-2.jsp 中单击【柱形图浏览投票结果】超链接按钮，显示如图 6-10 所示的柱形图。

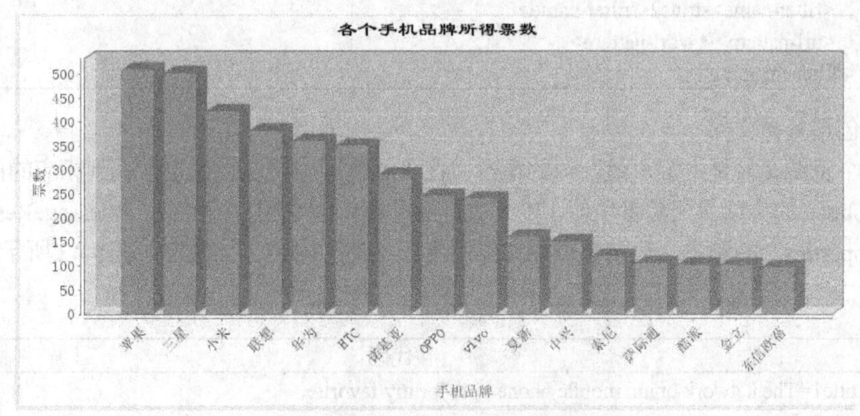

图 6-10　垂直柱形图方式显示的投票结果

在页面 task6-2.jsp 中单击【饼形图浏览投票结果】超链接按钮，显示如图 6-11 所示的饼图。

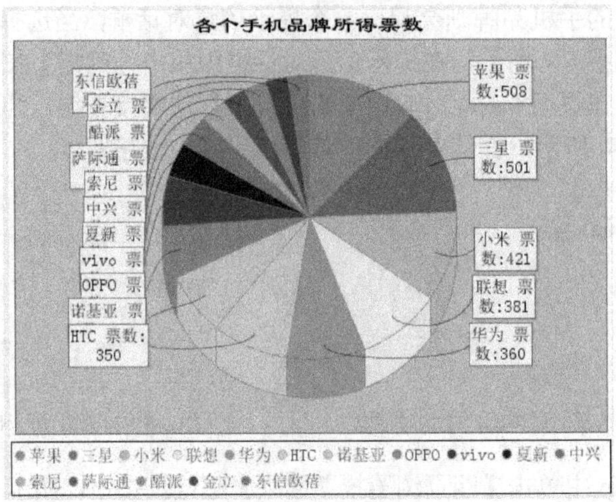

图 6-11　饼图方式显示的投票结果

【任务 6-4】基于 Struts 2 实现投票程序的国际化支持

（1）创建包与添加 Struts 2 的核心类包

在项目 project062 中创建包，将该包命名为“package062”，在该项目中添加 Struts 2 的核心类包。

（2）在 web.xml 文件中声明 Struts 2 提供的过滤器

打开项目 project062 的文件夹“WebContent\WEB-INF”中的 web.xml 文件，在 web.xml 文件中声明 Struts 2 提供的过滤器，其主要代码如表 6-41 所示。

表 6-41　在项目 project062 的 web.xml 文件中声明 Struts 2 提供的过滤器

行号	代码
01	<filter>
02	<filter-name>struts2</filter-name>
03	<filter-class>org.apache.struts2.dispatcher.ng.filter.StrutsPrepareAndExecuteFilter</filter-class>
04	</filter>
05	<filter-mapping>
06	<filter-name>struts2</filter-name>
07	<url-pattern>/*</url-pattern>
08	</filter-mapping>

（3）创建资源文件

每一个资源文件是“键－值”对的集合，在 JSP 页面中可以通过键来找到相应的值。

在 Eclipse 的【项目资源管理器】的子文件夹“src”中创建一个名为“messageResource_en_US.properties”的资源文件，该资源文件用于保存英文内容，其内容如表 6-42 所示。

表 6-42　资源文件 messageResource_en_US.properties 的内容

行号	代码
01	title1=The network brand mobile phone vote for my favorite
02	title2=I vote
03	number=Serial number
04	brand=Mobile phone brand
05	scale=Ratio
06	mobile=Apple mobile phone

续表

行号	代码
07	total=A total of
08	vote=votes
09	china=Chinese
10	us=English

在子文件夹“src”中创建另一个名为“messageResource_zh_CN.properties”的资源文件，该资源文件用于保存中中文内容，其内容如表 6-43 所示。由于 Java 从流中读取属性或向流中保存属性时使用的字符集编码是 ISO8859-1，所以保存中文内容的属性值需要进行 Unicode 转义，例如，键 title 的中文值是“手机品牌”，经过转义后的值是“\u624B\u673A\u54C1\u724C”。

表 6-43 资源文件 messageResource_zh_CN.properties 的内容

行号	代码
01	title1=\u6211\u6240\u559C\u7231\u7684\u624B\u673A\u54C1\u724C\u7F51\u7EDC\u6295\u7968
02	title2=\u6211\u6765\u6295\u7968
03	number=\u5E8F\u53F7
04	brand=\u624B\u673A\u54C1\u724C
05	scale=\u6BD4\u4F8B
06	mobile=\u82F9\u679C\u624B\u673A
07	total=\u5171\u6709
08	vote=\u7968
09	china=\u4E2D\u6587
10	us=\u82F1\u6587

（4）新建一个 Java 类 ChangeLocale

在项目 project062 的包 package062 中创建名为“ChangeLocale”的类，该类实现了 LocaleProvider 接口，用于实现国际化语言环境的动态切换。ChangeLocale 类的代码如表 6-44 所示。

表 6-44 ChangeLocale 类的代码

行号	代码
01	package package062;
02	import java.util.Locale;
03	import com.opensymphony.xwork2.ActionContext;
04	import com.opensymphony.xwork2.LocaleProvider;
05	public class ChangeLocale implements LocaleProvider {
06	private String lan;
07	public String getLan() {
08	return lan;
09	}
10	public void setLan(String lan) {
11	this.lan = lan;
12	}
13	public Locale getLocale() {
14	Locale locale=null;
15	if(lan.equals("1")){
16	locale=new Locale("zh", "cn");
17	}else if(lan.equals("2")){
18	locale=new Locale("en", "US");
19	}

续表

```
            return locale;
        }

    public String execute(){
            ActionContext ac=ActionContext.getContext();
            ac.setLocale(getLocale());
            return "success";
    }
}
```

（5）创建配置文件 struts .xml

在 Eclipse 的【项目资源管理器】的子文件夹“src”中创建一个配置文件 struts .xml，在配置文件 struts .xml 中定义 Action 对象 localeAction，其主体代码如表 6-45 所示。

表 6-45　Web 项目 project062 中配置文件 struts .xml 的主体代码

```
<struts>
        <!-- 设置全局配置文件 -->
        <constant name="struts.custom.i18n.resources" value="messageResource"/>
        <!-- 解决中文乱码 -->
        <constant name="struts.i18n.encoding" value="UTF-8"/>
        <package name="list" extends="struts-default">
                <action name="localeAction" class="package062.ChangeLocale">
                        <result>/task6-3.jsp</result>
                </action>
        </package>
</struts>
```

（6）创建全局资源文件 struts.properties

在 Eclipse 的【项目资源管理器】的子文件夹“src”中创建一个全局资源文件 struts.properties，该文件指定了国际化全局资源文件，该文件是 Struts 2 的属性配置文件。在 struts.properties 文件编写以下代码：

```
struts.custom.i18n.resources=messageResource
```

（7）创建 JSP 页面 task6-3.jsp

在 Web 项目 project062 中创建名为“task6-3.jsp”的 JSP 页面，该页面用于显示投票信息和提供国际化语言环境的动态切换按钮。

JSP 页面 task6-3.jsp 中需要使用 Struts 2 的标签库，首先要指定标签库的引入，在 JSP 代码的顶部添加如下代码：

```
<%@taglib prefix="s" uri="/struts-tags" %>
```

将 JSP 页面的字符编码设置为“UTF-8”，代码如下所示：

```
<%@ page language="java" contentType="text/html; charset=UTF-8"
    pageEncoding="UTF-8"%>
```

在该页面<head>和</head>之间编写如下所示的代码，引入所需的 CSS 样式文件。

```
<link rel="stylesheet" type="text/css" href="css/style.css">
```

网页标题国际化的实现代码如下所示：

```
<title><s:text name="title1"></s:text></title>
```

JSP 页面 task6-3.jsp 主体部分国际化的实现代码如表 6-46 所示。

表 6-46 JSP 页面 task6-3.jsp 主体部分国际化实现的代码

```
<body>
<div class="div_global w">
    <div class="div_report">
        <div class="div_report_up">
          <div id="title" class="title blue_t"><s:text name="title2"></s:text></div>
        </div>
        <div class="div_report_middle">
          <div class="div_q">
            <div class="q_bar">
                <div id="bar_0" class="col" style="width:110px;">
                <span><s:text name="number"></s:text></span>
                </div>
                <div id="bar_1" class="col" style="width:150px;">
                <span><s:text name="brand"></s:text></span>
                </div>
                <div id="bar_2" class="col" style="width:210px;border-right-width:0px;">
                <span><s:text name="scale"></s:text></span>
                </div>
            </div>
              <div class="q_table">
                <ol>
                <li id="i_31761">
                  <div class="cell" style="width:105px;">
                    <div id="c_0" class="num_order">1</div>
                  </div>
                  <div id="c_1" class="cell" style="width:140px ;">
                      <s:text name="mobile"></s:text></div>
                  <div id="c_2" class="cell" style="width:205px ;">
                    <div class="beam_bg">
                      <div id="c_2_0" class="beam" style="width:150px;"></div>
                    </div>
                    <div id="c_2_1" class="perc">9.58%</div>
                  </div>
                  <div class="clearit"></div>
                </li>
                </ol>
              </div>
      </div>
        </div>
        <div class="div_report_bottom">
          <div id="bar" class="bar">
                <div class="gray_t">
                    <s:text name="total"></s:text>
                    <b class="red_t"> 24,63 </b>
                    <s:text name="vote"></s:text>
                </div>
```

续表

```
            <div class="clearit"></div>
        </div>
        <div id="bar" class="bar">
            <s:url action="localeAction" id="urla">
                <s:param name="lan" value="1"></s:param>
            </s:url>
            <s:url action="localeAction" id="urlb">
                <s:param name="lan" value="2"></s:param>
            </s:url>
            <a href="<s:property value="#urla"/>"><s:text name="China"></s:text></a>
            <a href="<s:property value="#urlb"/>"><s:text name="US"></s:text></a>
        </div>
    </div>
  </div>
</div>
</body>
```

（8）运行程序输出结果

运行 JSP 页面 task6-3.jsp，显示如图 6-12 所示的中文投票页面。

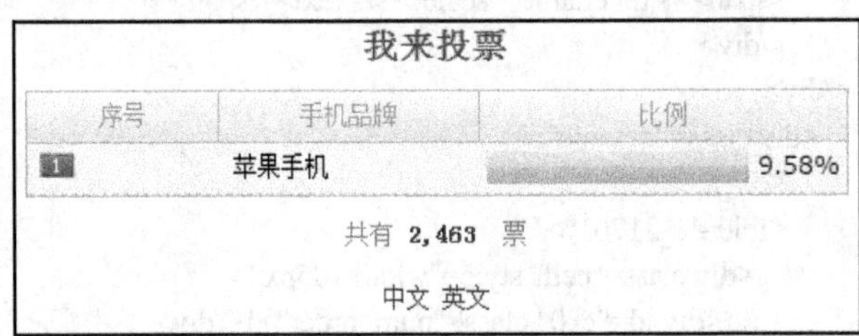

图 6-12　中文投票页面

在图 6-12 所示的中文投票页面单击超链接“英文”，则自动切换到“英文”投票页面，如图 6-13 所示。

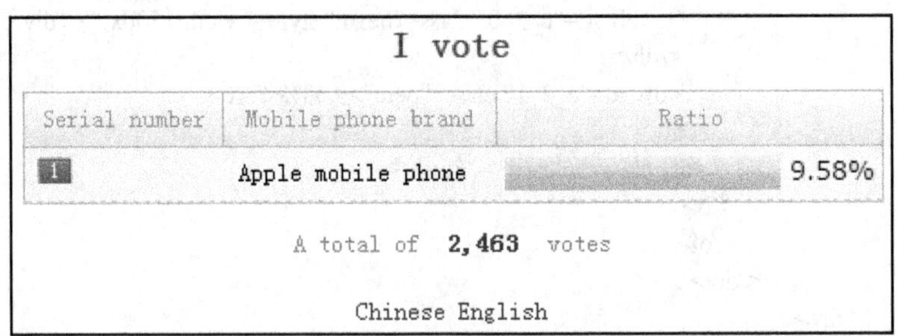

图 6-13　英文投票页面

在如图 6-13 所示的“英文”投票页面中单击超链接“Chinese”，则自动切换到如图 6-12 所示的中文投票页面。

【单元小结】

Struts 是一个在 Model2 基础上实现的 MVC 框架，主要是采用 Servlet 和 JSP 技术来实现的。Struts 能充分满足应用开发的需求，且简单易用、敏捷迅速。Struts 把 Servlet、JSP、自定义标签和信息资源（message resources）整合到一个统一的框架中，开发人员利用其进行开发时不用自己编码实现全套 MVC 模式，极大地节省了时间，所以说 Struts 是一个非常不错的应用框架。Struts 主要分为模型（Model）、视图（Viewer）和控制器（Controller）3 部分，其主要的设计理念是通过控制器将表现视图和业务逻辑解耦，以提高系统的可维护性、可扩展性和可重用性。

本单元主要探讨了购物网站中喜爱商品投票统计功能的实现方法。

PART 7 单元 7 购物网站用户留言模块设计（JSP+Servlet+Hibernate）

面向对象是 Java 编程语言的特点，但在数据库的编程中，操作对象为关系型数据库，并不能对实体对象直接持久化，Hibernate 通过 ORM 技术解决了这一问题。Hibernate 是 Java 应用和关系数据库之间的桥梁，它负责 Java 对象和关系数据库之间的映射。Hibernate 内部封装了通过 JDBC 访问数据库的操作，向上层应用提供了面向对象的数据库访问 API。在基于 MVC 设计模式的 Java Web 应用程序中，Hibernate 可以作为应用程序的数据访问层或持久层。

Hibernate 是一个开放源代码的对象关系映射框架，它对 JDBC 做了轻量级的封装，使得 Java 程序员可以使用面向对象编程思想来操作数据库。Hibernate 既可以在 Java 的客户端程序中使用，也可以在 JSP/Servlet 的 Web 应用程序中使用，Hibernate 可以在 Java EE 中取代 CMP（Container-Managed Persistence），完成数据持久化的重任。使用 Hibernate 对数据库进行操作时，不必再编写繁琐的 JDBC 代码，而是完全以面向对象的思想模式，通过 Session 接口对数据进行查、改、增、删操作。

【知识梳理】

1. Hibernate 简介

Hibernate 是一个开源的持久层框架，它就是位于数据库和应用程序之间的各种 ORM 中间件，通过映射关系来协调持久对象与关系数据库的交互，使开发者不必关心持久方面的问题，而专注于业务的开发。Hibernate 作为一个对象关系映射框架，本身对 JDBC 进行了简单的对象封装，开发人员便可以运用面向对象的编程思想来实现对数据库的操作。

Hibernate 是一种 Java 语言下的对象关系映射解决方案，它是一种自由、开源的软件。它用来把对象模型表示的对象映射到基于 SQL 的关系模型结构中，为面向对象的领域模型到传统的关系型模型库的映射提供了一个使用方便的框架。

Hibernate 封装了数据库的访问细节，并一直维护着实体类与关系型数据库中数据表之间的映射关系，业务处理可以通过 Hibernate 提供的 API 接口进行数据库操作。

目前，持久层框架并非只有 Hibernate，但 Hibernate 无疑是众多 O/R（对象/关系）框架中的佼佼者，深受广大程序员的关注，已经成为事实上标准的 O/R 映射技术。

Hibernate 具有以下优点。

① Hibernate 可以大大提高开发效率。它封装了数据库的访问细节，程序员可以免去编写繁琐的 SQL 语句，可以专注于业务逻辑的实现。只需要在映射文件中对关系进行定义，然后编写少量的代码，便可实现将实体与关系的维护，对象与关系的转换工作由 Hibernate 实现。

② Hibernate 使应用程序具有良好的移植性。Hibernate 框架是轻量级、低侵入性的框架，

对实体对象实现了透明持久化。当持久层框架发生改变时，例如，不再使用 Hibernate 框架，改为使用其他框架，那么不需要更改业务逻辑。

③ Hibernate 可以跨数据库平台，支持多种常用数据库，如 SQL Server、Oracle、MySQL 等。使用 Hibernate 不必担心底层数据库的类型，当更换底层数据库时，只需更改 Hibernate 的配置文件即可，而不需要更改程序的代码。

2．对象－关系映射

对象－关系映射（Object Relational Mapping，ORM）是一种为了解决面向对象与关系数据库的相互匹配的技术，是随着面向对象的软件开发方法发展而产生的。

内存中的对象之间存在关联和继承关系，而在数据库中，关系数据库无法直接表达多对多关联和继承关系。因此，对象－关系映射（ORM）系统一般以中间件的形式存在，主要实现程序对象到关系数据库数据的映射。ORM 通过使用描述对象和数据库之间映射的元数据，将 Java 程序中的对象自动持久化到关系数据库中。本质上就是将对象模型映射为一种关系模型的技术，ORM 在业务逻辑层与数据库层之间充当桥梁的作用，将数据库中的数据表映射为对象，对关系型数据以对象的形式进行操作。

在 Hibernate 框架中，ORM 的设计思想得以具体实现。Hibernate 主要通过持久化类（*.java）、Hibernate 映射文件（*.hbm.xml）和 Hibernate 配置文件（*.cfg.xml）与数据库进行互交。其中，持久化类是操作对象，用于描述数据表的结构；映射文件指定持久化类与数据表之间的映射关系；配置文件用于指定 Hibernate 的属性信息等，如数据库的连接信息等。

3．数据持久化

（1）什么叫持久化？

持久化（Persistence），即把数据（如内存中的对象）保存到可永久保存的存储设备中（如磁盘）。持久化的主要应用是将内存中的数据存储在关系型的数据库中，当然也可以存储在磁盘文件、XML 数据文件中等。

（2）什么叫持久层？

持久化层（Persistence Layer），即专注于实现数据持久化应用领域的某个特定系统的一个逻辑层面，将数据使用者和数据实体相关联。

（3）为什么要持久化？增加持久层的作用是什么？

数据库的读写是一个很耗费时间和资源的操作，当大量用户同时直接访问数据库的时候，效率将非常低，如果将数据持久化就不需要每次从数据库读取数据，直接在内存中对数据进行操作，这样就节约了数据库资源，而且加快了系统的反应速度。

增加持久化层提高了开发的效率，使软件的体系结构更加清晰，在代码编写和系统维护方面变得更容易。特别是在大型的应用项目中会更有利。同时，持久化层作为单独的一层，人们可以为这一层独立地开发一个软件包，让其实现将各种应用数据的持久化，并为上层提供服务。从而使得各个企业里做应用开发的开发人员，不必再来做数据持久化的底层实现工作，而是可以直接调用持久化层提供的 API。

数据持久化可以减少访问数据库的次数，增加应用程序执行速度；使代码重用度提高，能够完成大部分数据库操作；使持久化不依赖于底层数据库和上层业务逻辑实现。更换数据库时只需修改配置文件，而不需要修改业务逻辑代码。

4．Hibernate 的常用接口

Hibernate 的常用接口主要有 Configuration 接口、SessionFactory 接口、Session 接口、Transaction 接口、Query 接口和 Criteria 接口。这 6 个核心接口在 Hibernate 框架中发挥着重要

作用，使用这 6 个接口不仅可以获取数据库连接，对数据进行持久化操作，HQL 查询等，而且还可以对事务进行控制。

（1）Configuration 接口

Configuration 接口用于加载 Hibernate 的配置文件，启动 Hibernate，创建 SessionFactory 实例。在 Hibernate 的启动过程中，Configuration 对象首先加载 Hibernate 的配置文件并对其进行读取，然后根据配置创建 SessionFactory 对象。

（2）SessionFactory 接口

SessionFactory 接口用于对 Hibernate 进行初始化操作。它是一个 Session 工厂，Session 对象从该接口获取。通常一个软件项目只有一个 SessionFactory 对象，因为它对应一个数据库；如果软件项目中存在多个数据库，可以存在多个 SessionFactory 对象。但要注意 SessionFactory 是一个重量级对象，其创建比较耗时，占用资源多，它是线程安全的。

（3）Session 接口

Session 接口是操作数据库的核心对象，它负责管理所有与持久化相关的操作，也称为 CRUD（Create、Retrieve、Update、Delete4 个单词首字母的缩写）操作。使用该对象时应该注意的是：Session 对象与 SessionFactory 对象不同，它是非线程安全的，应避免多个线程共享同一个 Session，其创建不会消耗太多的资源。Hibernate 的 Session 不同于 JSP 中的 HttpSession，这里使用的 Session 术语，其实是指 Hibernate 的 Session，而以后将 HttpSession 对象称为用户 Session。

（4）Transaction 接口

Transaction 接口负责事务相关的操作，如事务的提交、回滚等操作。由于 Hibernate 本身不具备事务管理能力，在事务管理方面，将其委托给底层的 JDBC，以实现事务管理和调度功能。Hibernate 的默认事务处理机制基于 JDBC 的 Transaction。

（5）Query 接口

Query 接口主要用于对数据库的查询操作，功能十分强大，它可以使用 HQL 或 SQL 语言两种表达方式，其单检索、分页查询等方面为程序开发提供了方便。

（6）Criteria 接口

Criteria 接口主要用于对数据库的查询操作，它为 Hibernate 的另一种查询方式 QBC（QueryByCriteria）提供了方法。

5．Hibernate 的运行原理

Hibernate 的运行原理如图 7-1 所示，具体说明如下。

① Java 应用程序首先调用 Configuration 类，该类读取 Hibernate 配置文件和映射文件中的信息。

② Configuration 类利用配置信息和映射信息生成一个 SessionFactory 对象。

③ SessionFactory 对象生成一个 Session 对象。

④ Session 对象生成一个 Transaction 对象。

⑤ Session 对象通过 get()、load()、save()、update()、delete()和 savaOrUpdate()等方法对 PO（Persistent Objects，持久化对象）进行加载、保存、更新、删除等操作。

在查询的情况下，可通过 Session 对象生成一个 Query 对象，然后利用 Query 对象执行查询操作；如果没有异常，Transaction 对象将提交这些数据结果到数据库中。如果出现异常，则进行回滚操作。

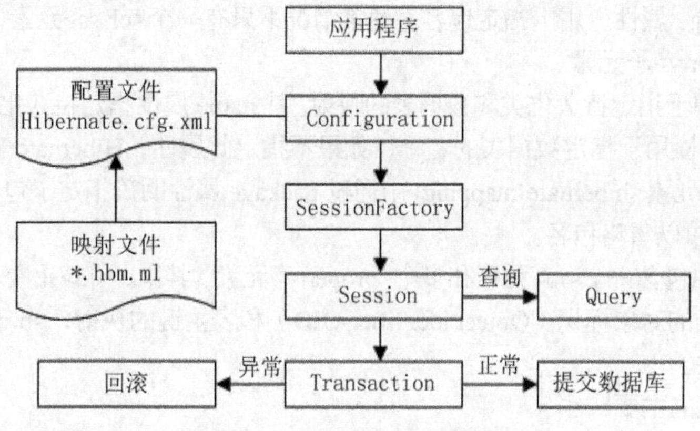

图 7-1 Hibernate 的运行原理图

6. Hibernate 实例的 3 种状态

Hibernate 实例状态分为 3 种，分别为临时状态（Transient）、持久化状态（Persistent）、脱管状态（Detached）。

（1）临时状态（Transient）

实例对象在内存中孤立存在，并没有纳入 Hibernate Session 的管理之中，就被认定为临时状态。如果临时状态对象在程序中没有被引用，将被垃圾回收器回收，由于数据库中没有与之匹配的数据，也没有在 Hibernate 缓存管理之中。

（2）持久化状态（Persistent）

实例对象与数据库中的数据有关联关系，在 Hibernate 缓存的管理之中，就变成持久化对象。当持久对象有任何改变时，Hibernate 在更新缓存时将对其进行更新。如果持久化状态变成了临时状态，Hibernate 同样会自动对其进行删除操作，不需要手动检查数据。

（3）脱管状态（Detached）

当关联的 Session 被关闭时，持久化状态将变为脱管状态，此时也没有在 Hibernate Session 的管理之中，实例对象可以被应用程序的任何层自由使用。

7. Hibernate 的映射文件

（1）Hibernate 映射文件的基本概念

Hibernate 映射文件是 Hibernate 的核心文件，用来把持久化对象与数据库中的表、持久化对象之间的关系与数据库表之间的关系、持久化对象的属性与数据表字段一一映射起来。

Hibernate 的映射文件与持久化类相互对应，映射文件指定持久化类与数据表之间的映射关系，如数据表的主键生成策略、字段的类型、一对一关联关系等。它与持久化类的关系密切，两者之间相互关联。在 Hibernate 中，映射文件的类型为 xml 格式，其命名规范为*.hbm.xml。

（2）Hibernate 映射文件应遵循的规则

Hibernate 映射文件应遵循以下规则：

① 映射文件名称和对应的实体类名称一致；

② 映射文件和对应的实体类保存在同一个位置；

③ 映射文件必须在 hibernate.cfg.xml 文件中加载，通过<mapping>标签的 resource 标签可以实现加载。

（3）Hibernate 映射文件的元素

Hibernate 映射文件的根元素为<hibernate-mapping>，其他元素嵌入在该根元素中，其常用属性主要有 package 属性，用于指定包名。通常情况下只有一个<class>元素，每个<class>元素可以有多个<property>子元素。

<class>元素用于指定持久化类和数据表的映射。其 name 属性指定持久化类的完整类名（包含包名）；table 属性用于指定数据表的名称，如果不指定此属性，Hibernate 将使用类名作为数据表名称。如果根元素<hibernate-mapping>中通过 package 属性明确指定了包名，<class>元素的 name 属性设置也可以省略包名。

<class>元素中包含一个<id>元素和多个<property>元素，其中，<id>元素对应数据表中的主键，指定持久化类的对象标识（Object identifier-OID）和表主键的映射；<property>元素描述数据表中字段的属性。

（4）<id>元素的主要属性

<id>元素的主要属性如下所示。

① name 属性：指定持久化类中的属性名称。

② column 属性：指定数据表中的字段名称。

③ type 属性：用于指定字段的类型，如 integer、double、string 等。

（5）常用内置主键生成策略

<id>元素的子元素<generator>用于配置数据表主键的生成策略，通过 class 属性进行设置。常用内置主键生成策略如下所示。

① increment：由 Hibernate 以自增的方式生成，增量为 1。

② identity：由底层数据库生成，其前提是底层数据库支持自增字段类型。

③ sequence：Hibernate 根据底层数据库的序列生成，其前提条件是底层数据库支持序列。

④ hilo：Hibernate 根据 high/low 算法生成。

⑤ native：根据底层数据库对自动生成标识符的支持能力，选择 identity、sequence 或 hilo 作为内置主键。

⑥ uuid：Hibernate 采用 128 位的 UUID（Universal Unique Identitication）算法生成，该算法能够在网络环境生成唯一的字符串标识符，不推荐使用，因为字符串类型要比整型占用更多的数据库空间。

⑦ assigned：由 Java 应用程序负责生成，此时不能把 setID()方法声明为 private 类型，不推荐使用。

（6）<property>元素的常用配置属性

<property>元素用于配置数据表中字段的属性信息，通过该元素能够详细地对数据表的字段进行描述，其常用配置属性如下所示。

① name：指定持久化类中的属性名称。

② column：指定数据表中的字段名称。

③ type：指定数据表中的字段类型。

④ not-null：指定数据表字段的非空属性，它是一个布尔值。

⑤ length：指定数据表中的字段长度。

⑥ unique：指定数据表字段值是否唯一，它是一个布尔值。

⑦ lazy：设置延迟加载。

在实际开发过程中，可以省略 column 和 type 属性的配置，在没有配置这两个属性的情况下，Hibernate 默认使用持久化类中属性名称及类型去映射数据表中的字段。但要注意，当持久化类中的属性名称与数据库中 SQL 关键字相同时（如 sum、group 等），应该使用 column 属性指定具体的字段名称以示区别。

从映射文件可以看出，映射文件在持久化类与数据库之间起着桥梁作用，描述了持久化类与数据表之间的映射关系，同样也告知了数据表的结构等信息。

8．Hibernate 的配置文件

Hibernate 的配置文件主要用来配置数据库连接参数，如数据库的驱动程序、URL、用户名和密码等。Hibernate 支持两种格式的配置文件：hibernate.cfg.xml 和 hibernate.properties，两种的配置内容基本相同，但前者的使用稍微方便一些，一般情况下，hibernate.cfg.xml 是 Hibernate 的默认配置文件。hibernate.cfg.xml 可以在其<mapping>子元素中定义用到的 xxx.hbm.xml 映射文件列表，但使用 hibernate.properties 则需要在程序中以硬编码方式指明。

9．ThreadLocal 简介

在 Hibernate 框架的应用中，Session 对象的管理非常重要，由于 Session 对象并非线程安全，稍有不慎将可能导致脏数据的产生。而在 Java EE 应用中，多线程的应用是必不可少的，如果采用同步机制来限制对 Session 对象的并发访问，将会对性能方面造成严重的影响。可以采用 ThreadLocal 对象来解决这一问题，防止多个线程对 Session 对象的访问冲突。

ThreadLocal 对象实质是线程中的局部变量，它为每一个线程提供一个副本，每一个线程都可以独立修改与自己相绑定的副本，而不会影响到其他线程的副本，从而在多个线程之间提供了安全的共享对象。因此，将 Session 对象封装到 ThreadLocal 中是一个良好的解决方案。

ThreadLocal 对象的以下 3 个方法可以对非线程安全的 Session 对象进行管理，从而解决了多线程间 Session 对象的共享冲突问题。

（1）set()方法

set()方法用于将对象装载到 ThreadLocal 对象中。其语法格式如下：

public void set(T value)

（2）get()方法

get()方法用于从 ThreadLocal 对象中获取已装载的对象。其语法格式如下：

public T get()

（3）remove()方法

remove()方法用于移除 ThreadLocal 对象中装载的对象。其语法格式如下：

public void remove()

10．SessionFactory 对象的创建过程

① Hibernate 通过 Configuration 类加载 Hibernate 的配置信息，主要是通过调用 Configuration 对象的 configure()方法来实现，默认情况下，Hibernate 加载 hibernate.cfg.xml 文件。

② Hibernate 的配置信息加载完毕后通过 Configuration 对象的 buildSessionFactory()方法创建 SessionFactory 对象。

11．Hibernate 持久化对象对数据操作的流程

Hibernate 持久化对象对数据操作的流程如图 7-2 所示。

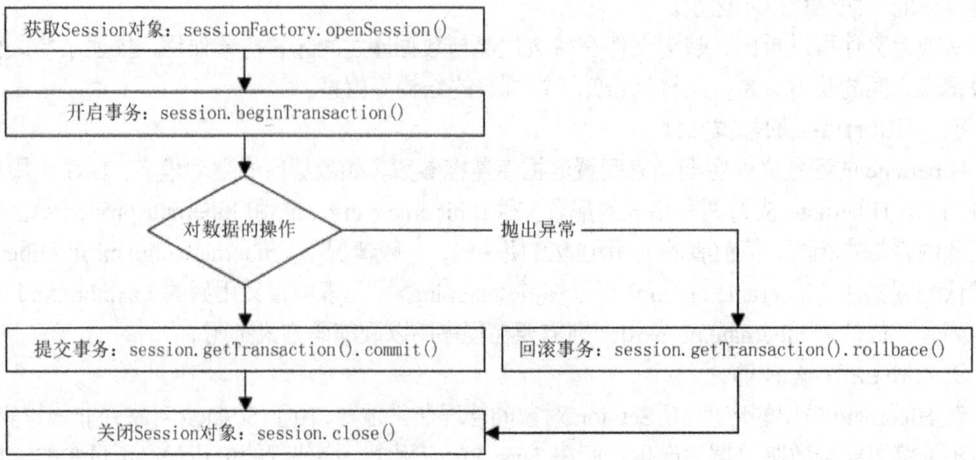

获取Session对象：sessionFactory.openSession()
↓
开启事务：session.beginTransaction()
↓
对数据的操作 → 抛出异常 → 回滚事务：session.getTransaction().rollbace()
↓
提交事务：session.getTransaction().commit()
↓
关闭Session对象：session.close()

图 7-2 Hibernate 持久化对象对数据操作的流程

12．Hibernate 框架的 Session 接口加载数据的方法

Hibernate 框架的 Session 接口提供了两个加载数据的方法，分别为 get()和 load()，它们都用于加载数据，两者的区别如下所示。

① get()方法返回实际对象，当调用 Session 的 get()方法时，Hibernate 框架就会发出 SQL 语句进行查询。

② load()方法返回对象的代理，当调用 Session 的 load()方法时，Hibernate 框架并不会立刻发出 SQL 语句进行查询，只有在引用对象时，Hibernate 框架才会发出 SQL 语句去查询对象。

get()方法的语法格式如下所示：

```
public Object get(Class entityClass , Serializable id ) throws HibernateException
```

get()方法的返回值为持久化对象或 null 值，其中，参数 entityClass 为持久化对象的类，如 UserInfo.class；id 为查询标识，如 new Integer(2)。

load()方法的语法格式如下所示：

```
public Object load(Class entityClass , Serializable id ) throws HibernateException
```

load()方法的返回值类型与参数的含义与 get()方法相同。

13．HQL 查询语言

HQL（Hibernate Query Language）查询语言是面向对象的查询语言，其语法和 SQL 语法有些相似，功能十分强大。SQL 的操作对象是数据列、数据表等数据库对象，而 HQL 的操作对象是类、实例、属性等。

（1）实现 HQL 查询的步骤

HQL 查询依赖于 Query 类，每个 Query 实例对应一个查询对象，使用 HQL 查询按如下步骤进行：

① 获取 Hibernate Session 对象；

② 编写 HQL 语句；

③ 以 HQL 语句作为参数，调用 Session 的 createQuery 方法创建查询对象；

④ 如果 HQL 语句包含参数，则调用 Query 的 setXxx()方法为参数赋；

⑤ 调用 Query 独享的 list()或 uniqueResult()方法返回查询结果列表。

（2）HQL 查询的常用子句

HQL 查询的常用子句如下所示。

① HQL 查询的 from 子句。

from 是最简单的 HQL 语句，也是最基本的 HQL 语句，from 关键字后紧跟持久化类的类名，例如：from GoodsInfo，即从 GoodsInfo 类中获取全部的实例。

from GoodsInfo as info where info.goodsId=5

我们经常使用对象别名的方法明确区分对象与对象中的属性，例如：from GoodsInfo as info，info 就是 GoodsInfo 类的别名，也就是实例名。

② HQL 查询的 select 子句。

select 子句用于选择指定的属性或直接选择某个实体，当然 select 选择的属性必须是 from 后持久化类包含的属性，例如：select info.goodsCode from GoodsInfo as info。

③ HQL 查询的 where 子句。

where 子句主要用于筛选选中的结果，缩小选择的范围，例如：from GoodsInfo as info where info.goodsId<5。

④ HQL 查询的 order by 子句。

HQL 查询语言通过 order by 子句实现对查询结果集进行排序操作，还可以使用 ASC 或 DESC 关键字指定升序或者降序，例如：from GoodsInfo as info order by info.goodsCode DESC。

⑤ HQL 查询的 group by 子句。

在 HQL 查询语言中，通常使用 group by 子句进行分组操作，其使用方法与 SQL 语言相似，它也可以使用 having 关键字设置分组的条件。

⑥ HQL 查询的聚集函数。

在 HQL 查询语言中，支持常用聚合函数的使用，如 avg（计算属性的平均值）、count（统计选择对象的数量）、max（统计属性值的最大值）、min（统计属性值的最小值）、sum（计算属性值的总和）等，其使用方法与 SQL 基本相同。查询数据表中的记录数据，使用 count(*)即可，例如：select count(*) from GoodsInfo as info。

14．Query 接口

Query 是 Hibernate 的一个面向对象的查询接口，通过调用 session.createQuery()生成 Query 的实例对象。调用 query.list()执行查询，返回的查询结果作为 List 对象存放，如果每一个查询结果每行包含多个字段，则存放在 Object[]数组中。

【应用技巧】

本单元的应用技巧如下所示。

① Hibernate 框架中的多对一关联关系映射、一对一关联关系映射、继承映射的正确使用。

② HQL 查询语句的正确使用。

③ 通过 ThreadLocal 对象解决 Session 对象的线程安全问题。

④ 通过 Query 对象的 setParameter()方法对 HQL 语句进行动态赋值。

⑤ 同一个 JSP 页面中包含两个不同的表单，根据用户登录状态显示不同的表单内容。

⑥ 分页查看留言信息。

⑦ 日期数据的格式化方法。

⑧ 在 Servlet 类中根据请求参数 method 值的不同，判断业务请求类型并对其进行处理，分

别执行不同的代码。

⑨ 使用级联更新的方法对回复信息进行持久化。

⑩ 将多个子类通过类继承树映射成一张表，然后配置鉴别器与子类的鉴别值。

【环境创设】

① 下载与配置 Hibernate。

Hibernate 官方网站的网址是 http://www.hibernate.org，在该网站上可以获取 Hibernate 的最新版本的 jar 包及帮助文档，本书所使用的 Hibernate 开发包为 Hibernate 4.1.8 版本。

在 Hibernate 的应用项目开发之前需要添加 Hibernate 的类库支持，即将 jar 包拷贝到 WEB-INF\lib 文件夹中。Web 服务器启动时会自动加载 lib 中的所有 Jar 文件。在使用 Eclipse 开发工具时，也可以将这些包配置为一个用户库，然后在需要应用 Hibernate 的项目中，加载这个用户库即可。

Hibernate 的支持类库如图 7-3 所示。

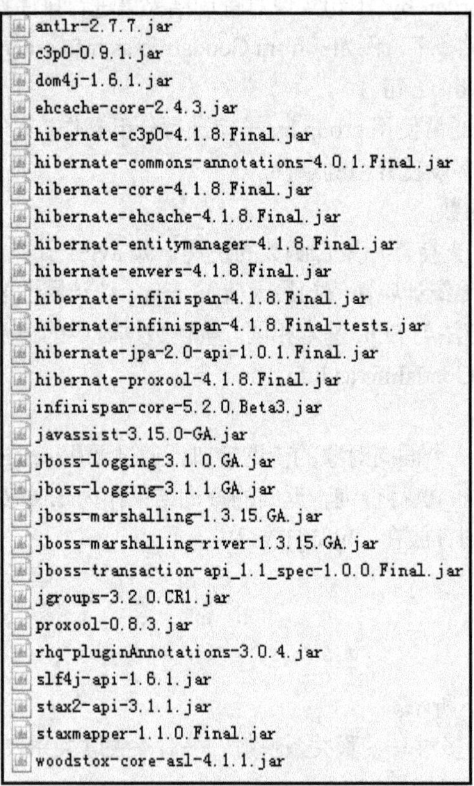

图 7-3 Hibernate 的支持类库

② 下载并安装好数据库管理系统 SQL Server 2008。

③ 在 Microsoft SQL Server 2008 的数据库 eshop 中创建本单元所需的多个数据表，“用户表”已在前面的单元中创建完成了，本单元只创建“留言表”、“留言回复表”和“留言头像”。

“留言表”的结构信息如表 7-1 所示。

表 7-1 “留言表”的结构信息

字段名	数据类型	字段名	数据类型
留言 ID	int	留言标题	nvarchar(255)
留言内容	text	留言时间	date
用户 ID	int	回复 ID	int

“留言回复表”的结构信息如表 7-2 所示。

表 7-2 “留言回复表”的结构信息

字段名	数据类型	字段名	数据类型
回复 ID	int	回复内容	text
回复时间	date		

“留言头像”数据表的结构信息如表 7-3 所示。

表 7-3 “留言头像”数据表的结构信息

字段名	数据类型	字段名	数据类型
头像 ID	int	头像地址	nvarchar(50)

④ 下载 Servlet 支持类库 servlet-api.jar 和 JDBC 支持类库 sqljdbc4.jar。

⑤ 准备开发 Web 应用程序所需的图片文件和 JavaScript 文件。

⑥ 在计算机的【资源管理器】中创建文件夹 unit07。

在 E 盘文件夹“移动平台的 Java Web 实用项目开发”中创建子文件夹“unit07”，以文件夹“unit07”作为 Java Web 项目的工作空间。

⑦ 启动 Eclipse，设置工作空间为 unit07，然后进入 Eclipse 的开发环境。

⑧ 在 Eclipse 集成开发环境中配置与启动 Tomcat 服务器。

⑨ 新建动态 Web 项目，命名为 project07。在该 Web 项目中创建 4 个包，分别命名为“dao”、“model”、“servlet”和“util”。

⑩ 将 Jar 包文件 servlet-api.jar 和 sqljdbc4.jar 复制到 Web 项目的文件夹“WebContent\WEB-INF\lib”下，并在 Eclipse 集成开发环境的“项目资源管理器”刷新各个 Web 项目。

【任务描述】

【任务 7-1】综合运用 JSP、Servlet 和 Hibernate 技术设计购物网站的留言模块

购物网站中设置留言模块，为用户与网站之间的架起沟通桥梁，通过留言模块，用户可以反馈购物过程中出现的问题或者网站中存在的问题，提出自己的建议或意见，促使购物网进一步提高服务质量和效率。

设计购物网站的留言模块，实现以下功能：

（1）用户注册

（2）用户登录

（3）发表留言信息

（4）回复留言

（5）修改回复留言

（6）删除回复留言

留言模块的实现流程如图 7-4 所示。

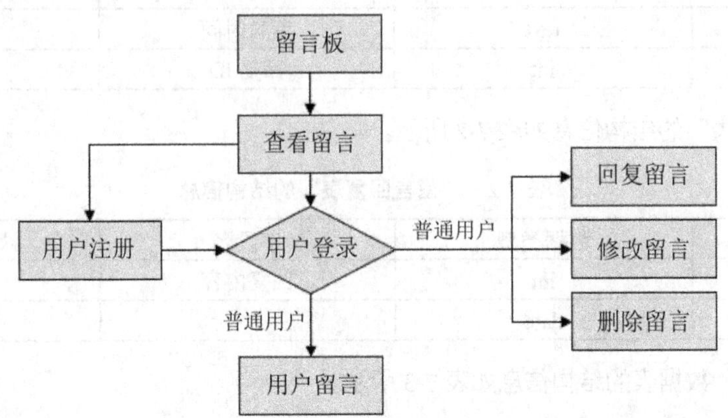

图 7-4　购物网站中留言模块的实现流程

在该留言模块中打开留言主页可以查看所有留言信息及回复信息，对于没有登录的用户则不能进行留言操作，只有已注册的用户并且已登录情况下才可以发表留言信息，如果登录的用户为管理员，则将拥有回复信息、修改回复信息和删除回复信息等操作权限。

留言模块由 4 层结构组成，分别为表示层、业务逻辑层、持久层和数据库层。其中表示层由 JSP 页面组成，为留言用户与应用程序之间交互提供界面；业务逻辑层用于处理应用程序中的各种业务逻辑，主要由 Servlet 进行控制；持久层由 Hibernate 框架组成，负责应用程序与关系型数据库之间的操作；数据库层为应用程序所使用的数据库，本任务为 SQL Server 2008 数据库。

留言模块主要有 4 个实体对象，分别为用户实体、留言实体、回复信息实体和头像实体，这些实体对象之间的关系如图 7-5 所示。

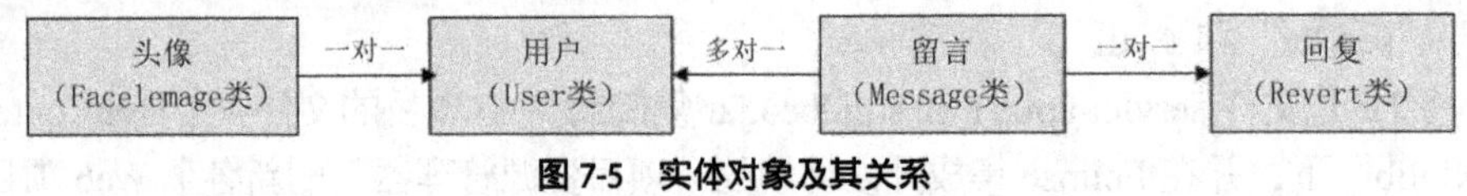

图 7-5　实体对象及其关系

留言实体是 4 个实体对象的核心对象，其中留言与用户之间是多对一的关系，一个用户可以发表多条留言，留言与回复之间是一对一的关系，一条留言信息只能对应一条回复信息，用户与头像是一对一的关系，一个用户只能对应一个头像。

在留言程序中，用户对象有两种类型，一种为管理员用户，另一种为普通用户。由于两种用户具有一定的共性，如用户名、密码等属性，所以创建一个父类 User，拥有管理员对象和普通用户对象的共同属性，Administrator 类和 Guest 类为 User 类的子类，它们都继承 User 类，分别为管理员对象与普通用户对象，在继承 User 对象后它们将具有 User 对象中的属性和方法。

【任务实施】

【网页结构设计】

本单元的应用程序中主要包括用户留言、回复留言和修改留言等页面，其主体结构的 HTML 代码如表 7-4 所示。

表 7-4　用户留言、回复留言和修改留言等页面主体结构的 HTML 代码

```html
<body>
<div class="qn_main">
  <div class="qn_header">
    <div class="title"></div>
  </div>
  <form action="" method="post" id="fb">
    <div class="qn_pa5 qn_lh" ></div>
    <div class="qn_btn qn_pa5"></div>
  </form>
  <div class="qn_footer">
    <div class="copyright"></div>
  </div>
</div>
</body>
```

浏览留言信息页面主体结构的 HTML 代码如表 7-5 所示。

表 7-5　浏览留言信息页面主体结构的 HTML 代码

```html
<div id="wrapper">
  <div id="wrapperInner">
    <div id="mainContent">
      <div id="gbcontent">
        <div class="msgArea">
          <div class="msgArea-left">
            <ul>
              <li class="userFace"></li>
              <li class="userName"></li>
            </ul>
          </div>
          <div class="msgArea-right">
            <div class="msgTitle"></div>
            <div class="msgTime"></div>
            <div class="userContact"></div>
            <div class="msgContent"></div>
            <div class="msgReply">
              <div class="msgReply-top"></div>
              <div class="msgReply-content"></div>
            </div>
          </div>
```

续表

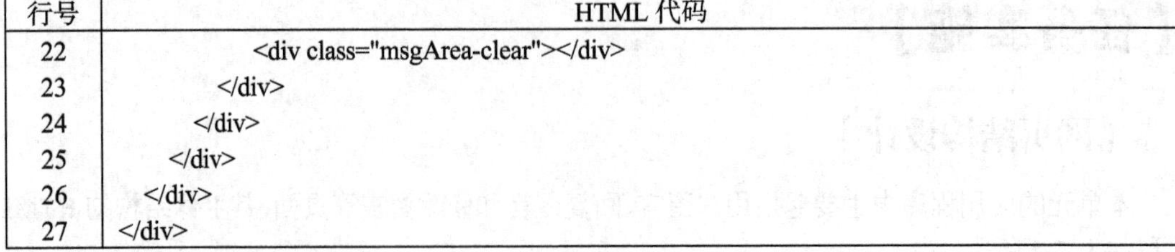

HTML 代码
<div class="msgArea-clear"></div>
</div>
</div>
</div>
</div>
</div>

【网页 CSS 设计】

在 Dreamweaver CS6 开发环境中创建 6 个 CSS 文件：common.css、style.css base css、view.css、module.css、member.css，common.css 文件中主要的 CSS 代码如表 7-6 所示，style.css 文件中主要的 CSS 代码如表 7-7 所示。这 6 个 CSS 文件具体的代码见本书提供的电子资源。

表 7-6　common.css 文件的主要 CSS 代码

```css
.qn_main{
    width: 320px;
    margin:0 auto;
}
.qn_header {
    height: 42px;
    background-color: #25a4bb;
    border-bottom: 1px solid #1b7a8b;
    position: relative;
}
.qn_header .title {
    text-align: center;
    color: #000;
    font-size: 18px;
    line-height: 42px;
    height: 42px;
    border-top: 1px solid #FBF8F0;
    border-bottom: 1px solid #E9E5D7;
    background-color: #F9F3E6;
}
.qn_pa5 {
    width: 100%;
    padding-top: 5px;
    padding-right: 0px;
    padding-bottom: 5px;
    padding-left: 0px;
}
.qn_lh {
    line-height: 1.5em;
}
.qn_footer .copyright {
    color: #9e9e9e;
    text-align: center;
    font-size: 14px;
    padding: 10px;
}
.qn_footer .copyright a {
    color: #9e9e9e;
    height: 33px;
}
```

表 7-7　style.css 文件的主要 CSS 代码

```css
#wrapper {
    width: 320px;
    background: #FF;
    margin: 0px auto;
    clear: both;
}
#wrapperInner {
    background: #E9E9E9;
    width: 316px;
    border: 2px solid #FF5C01;
```

```css
.msgTime {
    float: left;
    margin: 0px 0px 0px 2px;
}
.userContact {
    float: right;
    margin: 0px 2px 0px 0px;
    text-align: right;
}
.msgContent {
```

续表

```css
    clear: left;
    float: left;
    margin-bottom: 5px;
}
#mainContent {
    float: left;
    width: 316px;
    background: #FBFBFB;
}
#gbcontent {
    padding: 5px 0px 0px 0px;
    text-align: center;
}
.msgArea {
    clear:both;
    width: 316px;
    padding: 5px 0px 0px 0px;
    text-align: left;
    border-top: 1px dashed #C9C9C9;
}
.msgArea-left {
    float: left;
    margin: 10px 0px 0px 1px;
}
.msgArea-left ul {
    list-style-type: none;
}
.msgArea-left li {
    width: 50px;
    text-align: center;
}
.userName {
    margin: 2px 0px 2px 0px;
    color: #454545;
}
.msgArea-right {
    float: right;
    width: 260px;
    margin: 0px 2px 2px 2px;
}

.msgTitle {
    clear: both;
    margin: 0px 4px;
    font-weight: bold;
}
```

```css
    clear: both;
    margin: 4px;
    padding-top: 4px;
    border-top: 1px dashed #C9C9C9;
    white-space: normal;
    word-wrap: break-word;
    padding-right: 4px;
    text-indent: 2em;
    display: block;
}
.msgReply {
    clear: both;
    padding: 5px;
}
.msgReply-top {
    color: #FFFFFF;
    background: #F47D09;
    border-bottom: 1px dashed #000000;
    padding-top: 3px;
    padding-right: 3px;
    padding-bottom: 3px;
    padding-left: 5px;
}
.msgReply-content {
    padding: 5px;
    color: #4F4F4F;
    background: #EBEBEB;
    white-space: normal;
    word-wrap: break-word;
    text-indent: 2em;
    display: block;
}
.msgArea-clear {
    clear: both;
    visibility: hidden;
}
.input {
    padding: 3px;
    width: 130px;
    font-size: 12px;
    font-family: 宋体;
    color: #333333;
    height: 10px;
    border: 1px solid #CCC;
    background-color: #F5F5F5;
}
```

【静态网页设计】

1. 创建发表留言信息的静态网页 message07.html

在 Dreamweaver CS6 中创建静态网页 message07.html，该网页的初始 HTML 代码如表 1-5 所示。在网页 message07.html 中<head>和</head>之间编写如下所示的代码，引入所需的 CSS 样式文件。

```
<link rel="stylesheet" type="text/css" href="css/common.css">
```

在网页 message07.html 的标签<body>和</body>之间编写如表 7-8 所示的代码，实现网页所需的布局和内容。

表 7-8 网页 message07.html 主体内容对应的 HTML 代码

```
<body>
<div class="qn_main">
  <div class="qn_header">
    <div class="title">我要留言</div>
  </div>
  <form action="" method="post" id="form1" onSubmit="return checkdata();">
    <div class="qn_pa5 qn_lh"   style="padding-bottom:1px;">
      <span>留言标题：</span>
      <input type="tel" name="title" placeholder="请输入留言的标题" maxlength="11" >
      <span>留言内容：</span>
      <textarea name="content" placeholder="请输入您的意见，500 字以内"
              maxlength="500"></textarea>
      <span>选择头像：</span>
      <div class=" qn_pa5">
         <div class="qn_item qn_border">
           <img class="qn_captcha"   src="img/image1.gif" >
           <span class="qn_ml">
            <input type="radio" name="face" value="images/image1.gif" style="width:20px;">
           </span>
           <img class="qn_captcha"   src="img/image2.gif" >
           <span class="qn_ml">
            <input type="radio" name="face" value="images/image2.gif" style="width:20px;">
           </span>
           <img class="qn_captcha"   src="img/image3.gif" >
           <span class="qn_ml">
            <input type="radio" name="face" value="images/image3.gif" style="width:20px;">
           </span>
           <img class="qn_captcha"   src="img/image4.gif" >
           <span class="qn_ml">
            <input type="radio" name="face" value="images/image4.gif" style="width:20px;">
           </span>
           <img class="qn_captcha"   src="img/image5.gif" >
           <span class="qn_ml">
            <input type="radio" name="face" value="images/image5.gif" style="width:20px;">
           </span>
           <img class="qn_captcha"   src="img/image6.gif" >
           <span class="qn_ml">
```

续表

行号	HTML 代码
38	<input type="radio" name="face" value="images/image6.gif" style="width:20px;">
39	</span>
40	<img class="qn_captcha" src="img/image7.gif" >
41	<span class="qn_ml">
42	<input type="radio" name="face" value="images/image7.gif" style="width:20px;">
43	</span>
44	<img class="qn_captcha" src="img/image8.gif" >
45	<span class="qn_ml">
46	<input type="radio" name="face" value="images/image8.gif" style="width:20px;">
47	</span>
48	</div>
49	</div>
50	</div>
51	<div class="qn_btn qn_pa5">
52	<input name="submit1" type="button" value="提交">
53	</div>
54	</form>
55	<div class="qn_footer">
56	<div class="copyright">
57	<span>Copyright© 2012-2018 m.ebuy.com</span>
58	</div>
59	</div>
60	</div>
61	</body>

网页 message07.html 的浏览效果如图 7-6 所示。

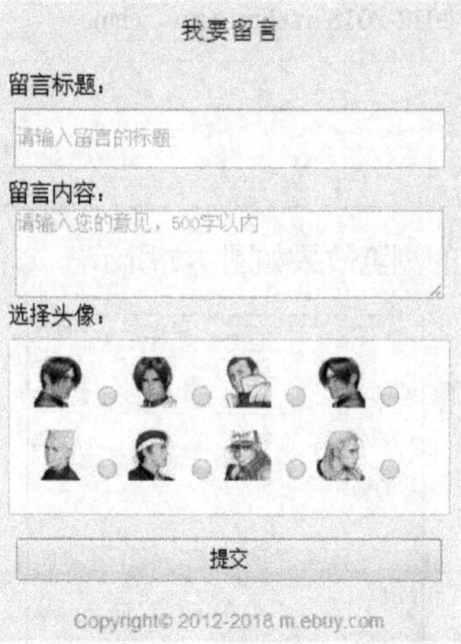

图 7-6 网页 message07.html 的浏览效果

2．创建回复留言的静态网页 managerRevert07.html

在 Dreamweaver CS6 中创建静态网页 managerRevert07.html，该网页的初始 HTML 代码如表 1-5 所示。在网页 managerRevert07.html 中<head>和</head>之间编写如下所示的代码，引入所需的 CSS 样式文件。

```
<link rel="stylesheet" type="text/css" href="css/common.css">
```

在网页 managerRevert07.html.的标签<body>和</body>之间编写如表 7-9 所示的代码，实现网页所需的布局和内容。

表 7-9　网页 managerRevert07.html 主体内容对应的 HTML 代码

```
<body>
<div class="qn_main">
  <div class="qn_header">
    <div class="title">回复留言</div>
  </div>
  <form action="" method="post" id="fb">
    <div class="qn_pa5 qn_lh"   style="padding-bottom:1px;">
      <span>留言标题：</span>
      <input type="tel" name="title" placeholder="留言标题" maxlength="11" >
      <span>留言内容：</span>
      <textarea name="content" placeholder="用户留言的内容" maxlength="500"></textarea>
      <span>网友：</span>
      <input type="tel" name="title" placeholder="网友名称" maxlength="11" value="">
      <span>回复留言：</span>
      <textarea name="content" placeholder="请输入回复留言的内容"
              maxlength="500"></textarea>
    </div>
    <div class="qn_btn qn_pa5">
       <input name="submit1" type="button" value="回复">
    </div>
  </form>
  <div class="qn_footer">
    <div class="copyright">
      <span>Copyright© 2012-2018 m.ebuy.com</span>
    </div>
  </div>
</div>
</body>
```

网页 managerRevert07.html 的浏览效果如图 7-7 所示。

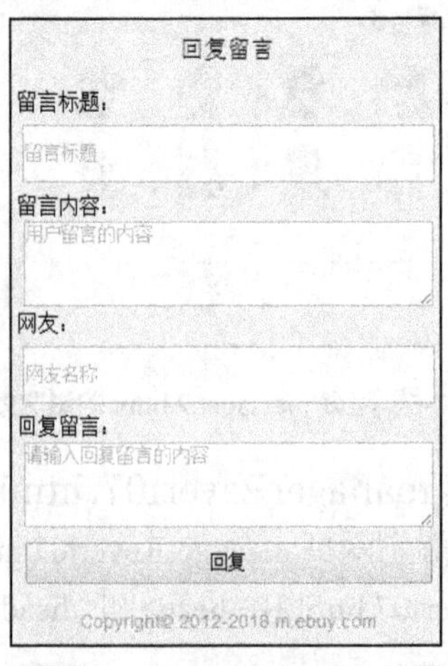

图 7-7　网页 managerRevert07.html 的浏览效果

3．创建静态网页 viewMessage07.html

在 Dreamweaver CS6 中创建静态网页 viewMessage07.html，该网页的初始 HTML 代码如表 1-5 所示。在网页 viewMessage07.html 中<head>和</head>之间编写如下所示的代码，引入所需的 CSS 样式文件。

```
<link rel="stylesheet" type="text/css" href="css/style.css">
<link rel="stylesheet" type="text/css" href="css/base.css">
<link rel="stylesheet" type="text/css" href="css/view.css">
```

在网页 viewMessage07.html 的标签<body>和</body>之间编写如表 7-10、表 7-11 和表 7-12 所示的代码，实现网页所需的布局和内容。

表 7-10　网页 viewMessage07.html 顶部内容对应的 HTML 代码

```
<nav class="nav w nav-sub pr">
    <a class="goback" href="javascript:history.back(1)">返回</a>
    <div class="nav-title wb">您尚未登录，请先进行登录</div>
    <a name="shouye_none_toubu_head0002" href="#" class="my-account"></a>
    <a href="index.jsp" class="home"></a>
</nav>
```

表 7-11　网页 viewMessage07.html 中部内容对应的 HTML 代码

```
<div id="wrapper">
<div id="wrapperInner">
<div id="mainContent">
<div id="gbcontent">
  <div class="msgArea">
      <div class="msgArea-left"> <!--头像、称呼-->
        <ul>
          <li class="userFace">
            <img src="img/image1.GIF" alt="管理员" width="40" height="40"
                  class="face-normal">
          </li>
          <li class="userName"><span class="userName-istop">管理员</span></li>
        </ul>
      </div>
      <div class="msgArea-right">
        <div class="msgTitle"><span class="msgTitle-istop">留言标题:手机款式咨询
                    </span></div>
        <div class="msgTime">2014-4-14 9:10:11</div>
        <div class="userContact"><a id="msg607">【回复】【删除】</a></div>
        <div class="msgContent">苹果（APPLE）iPhone 5s 32G 版 4G 手机有没有银色的
        </div>
        <div class="msgReply">
          <div class="msgReply-top"><b>管理员回复: </b>( 2014-4-14 10:25:01 )</div>
          <div class="msgReply-content">苹果（APPLE）iPhone 5s 32G 版 4G 手机有银色的
          </div>
        </div>
      </div>
     <div class="msgArea-clear"></div>
```

续表

```html
    </div>
</div>
</div>
</div>
</div>
```

表 7-12　网页 viewMessage07.html 底部内容对应的 HTML 代码

```html
<footer class="footer w">
<div class="layout fix user-info">
    <div class="fr"><a href="#" class="backTop" id="backTop">回顶部</a></div>
</div>
<ul class="list-ui-a foot-list tc">
    <li>
        <a href="index.jsp#login" id="footerLogin" class="foot1">登录</a>
        <a href="user_reg.jsp" id="footerRegister" class="foot2">注册</a>
        <a href="UserServlet?method=exit" id="footerLogout" class="foot6">退出</a>
    </li>
</ul>
<div class="tc copyright">Copyright© 2012-2018 m.ebuy.com</div>
</footer>
```

网页 viewMessage07.html 的浏览效果如图 7-8 所示。

图 7-8　网页 viewMessage07.html 的浏览效果

【网页功能实现】

1．编写 hibernate. properties 配置文件

hibernate.properties 配置文件用于指定连接数据库所需的配置信息，包括数据库驱动、连接 URL、用户名、密码和 Hibernate 方言等。该配件文件的代码如表 7-13 所示。

表 7-13　配置文件 hibernate.properties 的代码

行号	代码
01	#数据库驱动
02	hibernate.connection.driver_class = com.microsoft.sqlserver.jdbc.SQLServerDriver
03	#数据库连接的 URL
04	hibernate.connection.url = jdbc:sqlserver://localhost:1433;DatabaseName=eshop
05	#用户名
06	hibernate.connection.username = sa
07	#密码
08	hibernate.connection.password = 123456
09	#是否显示 SQL 语句
10	hibernate.show_sql=true
11	#Hibernate 方言
12	hibernate.dialect = org.hibernate.dialect.SQLServer2008Dialect

2．编写 hibernate.cfg.xml 映射文件

在 Eclipse 的【项目资源管理器】的子文件夹"src"中创建一个映射文件 hibernate.cfg.xml，该映射文件的代码如表 7-14 所示。

表 7-14　映射文件 hibernate.cfg.xml 的代码

行号	代码
01	<hibernate-configuration>
02	<session-factory>
03	<!-- 映射文件 -->
04	<mapping resource="package07/model/Message.hbm.xml"/>
05	<mapping resource="package07/model/Revert.hbm.xml"/>
06	<mapping resource="package07/model/User.hbm.xml"/>
07	<mapping resource="package07/model/FaceImage.hbm.xml"/>
08	</session-factory>
09	</hibernate-configuration>

3．创建 Hibernate 的初始化类 HibernateUtil.java

Hibernate 的运行离不开 Session 对象，对于数据的新增、修改、删除和查询都要用到 Session，而 Session 对象依赖于 SessionFactory 对象，它需要通过 SessionFactory 进行获取。Hibernate 通过 Configuration 类加载 Hibernate 的配置信息，主要是通过调用 Configuration 对象的 configure()方法来实现。

默认情况下，Hibernate 加载 hibernate.cfg.xml 文件，加载完毕后通过 Configuration 对象的 buildSessionFactory()方法创建 SessionFactory 对象。

Session 对象是操作数据库的关键对象，与 SessionFactory 对象关系密切。Session 对象是轻量级对象，而 SessionFactory 对象是重量级对象，其创建过程比较耗时且占用资源，要做到及时获取与及时关闭，因此需要编写一个类对 Session 对象和 SessionFactory 对象进行有效管理。

在包 util 中创建 Hibernate 的初始化类，将该类命名为"HibernateUtil"，其代码如表 7-15 所示。该类主要用于初始化 SessionFactory，获取 Session 对象，以及关闭 Session 对象。

表 7-15　Hibernate 初始化类 HibernateUtil 的代码

```
package package07.util;
import org.hibernate.HibernateException;
import org.hibernate.Session;
import org.hibernate.SessionFactory;
import org.hibernate.cfg.Configuration;
import org.hibernate.service.ServiceRegistryBuilder;
public class HibernateUtil {
    private static final ThreadLocal<Session> threadLocal = new ThreadLocal<Session>();
    private static SessionFactory sessionFactory = null;    // SessionFactory 对象
    // 静态块
    static {
        try {
            Configuration cfg = new Configuration().configure();    // 加载 Hibernate 配置文件
            sessionFactory = cfg
                    .buildSessionFactory(new ServiceRegistryBuilder()
                            .buildServiceRegistry());
        } catch (Exception e) {
            System.err.println("创建会话工厂失败");
            e.printStackTrace();
        }
    }
    /**
     * 获取 Session
     * @return Session
     * @throws HibernateException
     */
    public static Session getSession() throws HibernateException {
        Session session = (Session) threadLocal.get();
        if (session == null || !session.isOpen()) {
            if (sessionFactory == null) {
                rebuildSessionFactory();
            }
            session = (sessionFactory != null) ? sessionFactory.openSession()
                    : null;
            threadLocal.set(session);
        }
        return session;
    }
    /**
     * 重建会话工厂
     */
    public static void rebuildSessionFactory() {
        try {
            Configuration cfg = new Configuration().configure();    // 加载 Hibernate 配置文件
            sessionFactory = cfg
                    .buildSessionFactory(new ServiceRegistryBuilder()
                            .buildServiceRegistry());
        } catch (Exception e) {
            System.err.println("创建会话工厂失败");
```

续表

```
50            e.printStackTrace();
51        }
52    }
53    /**
54     * 获取 SessionFactory 对象
55     * @return SessionFactory 对象
56     */
57    public static SessionFactory getSessionFactory() {
58        return sessionFactory;
59    }
60    /**
61     * 关闭 Session
62     * @throws HibernateException
63     */
64    public static void closeSession() throws HibernateException {
65        Session session = (Session) threadLocal.get();
66        threadLocal.set(null);
67        if (session != null) {
68            session.close();              // 关闭 Session
69        }
70    }
71 }
```

SessionFactory 对象可以将其理解为是一个生产 Session 对象的工厂，当需要 Session 对象时从这个工厂中获取即可，所以在整个程序的应用过程最好只创建一次。在 Hibernate 初始化类中将 SessionFactory 对象的创建置于静态块中，实现在程序的应用过程中对其只创建一次，从而减少资源的占用。

由于 SessionFactory 是线程安全的，但是 Session 不是线程安全，所以让多个线程共享一个 Session 对象，可能会引起数据冲突，为了保证 Session 的线程安全，表 7-15 中第 8 行引入了 ThreadLocal 对象，避免多个线程之间的数据共享而产生冲突。

4．创建实体类及其映射

购物网站的留言模块主要相关的实体类包括留言信息实体类 Message、回复信息实体类 Revert、用户信息实体类 User 和头像实体类 FaceImage，这些实体类存在着关联关系。User 类拥有两个子类，分别为管理员用户类 Administrator 和普通用户类 Guest。

（1）创建留言信息实体类 Message

在包 model 中创建留言信息实体类，将该实体命名为 Message，该类封装了留言信息，其代码如表 7-16 所示。

表 7-16　留言信息实体类 Message 的代码

```
package package07.model;
import java.util.Date;
/**
 * 留言信息持久化类
 */
public class Message {
```

续表

```
private Integer id;          //ID 编号
private String title;        //留言标题
private String content;      //留言内容
private Date createTime;     //留言时间
private User user;           //留言用户
private Revert revert;       //回复

public Integer getId() {
    return id;
}
public void setId(Integer id) {
    this.id = id;
}
public String getTitle() {
    return title;
}
public void setTitle(String title) {
    this.title = title;
}
public String getContent() {
    return content;
}
public void setContent(String content) {
    this.content = content;
}
public Date getCreateTime() {
    return createTime;
}
public void setCreateTime(Date createTime) {
    this.createTime = createTime;
}
public User getUser() {
    return user;
}
public void setUser(User user) {
    this.user = user;
}
public Revert getRevert() {
    return revert;
}
public void setRevert(Revert revert) {
    this.revert = revert;
}
}
```

（2）创建 Message 类的映射文件 Message.hbm.xml

在包 model 中创建 Message 类的映射文件，将该映射文件命名为 Message.hbm.xml，该映射文件所映射的数据表名为“留言表”，其主键生成策略为自动生成，其代码如表 7-17 所示。

表 7-17　映射文件 Message.hbm.xml 的代码

```
<?xml version="1.0"?>
<!DOCTYPE hibernate-mapping PUBLIC
        "-//Hibernate/Hibernate Mapping DTD 3.0//EN"
        "http://www.hibernate.org/dtd/hibernate-mapping-3.0.dtd">
<hibernate-mapping package="package07.model">
  <class name="Message" table="留言表">
  <id name="id" column="留言 ID">
    <generator class="native"/>
  </id>
  <property name="title" column="留言标题"/>
  <property name="content" column="留言内容" type="text" />
  <property name="createTime" column="留言时间"/>
  <!-- 映射留言与用户的多对一关系 -->
  <many-to-one name="user" class="User" lazy="false">
    <column name="用户 ID"/>
  </many-to-one>
  <!-- 映射留言与回复的一对一关系 -->
  <many-to-one name="revert" class="Revert" unique="true" cascade="all" lazy="false">
      <column name="回复 ID"/>
  </many-to-one>
  </class>
</hibernate-mapping>
```

映射文件 Message.hbm.xml 中，通过两个<many-to-one>标签映射了 Message 对象与 User 对象之间的多对一关联关系、Message 对象与 Revert 对象之间的一对一关联关系，对于一对一关联映射中，需要使用 unique 属性对唯一性进行限制。

当映射文件用到同一个包下的实体对象时，可以通过<hibernate-mapping >标签的 package 指定包名，在用到不同对象时，就不需要写完整的类名了，如<many-to-one>标签的 name 属性并不需要写完整的类名（包名+类名）。

（3）创建回复信息实体类 Revert

在包 model 中创建留言信息实体类，将该实体命名为 Revert，该类封装了回复留言信息，它与 Message 对象为一对一关系，其代码如表 7-18 所示。

表 7-18　回复信息实体类 Revert 的代码

```
package package07.model;
import java.util.Date;
/**
 * 回复持久化类
 */
public class Revert {
  private Integer id;            //回复 ID
  private String content;        //回复内容
  private Date revertTime;       //回复时间
  private Message message;       //留言
  public Integer getId() {
    return id;
```

续表

```java
    }
    public void setId(Integer id) {
        this.id = id;
    }
    public String getContent() {
        return content;
    }
    public void setContent(String content) {
        this.content = content;
    }
    public Date getRevertTime() {
        return revertTime;
    }
    public void setRevertTime(Date revertTime) {
        this.revertTime = revertTime;
    }
    public Message getMessage() {
        return message;
    }
    public void setMessage(Message message) {
        this.message = message;
    }
}
```

（4）创建 Revert 类的映射文件 Revert.hbm.xml

在包 model 中创建 Revert 类的映射文件，将该映射文件命名为 Revert.hbm.xml，该映射文件所映射的数据表名为“留言回复表”，其主键生成策略为自动生成，其代码如表 7-19 所示。

表 7-19 映射文件 Message.hbm.xml 的代码

```xml
<?xml version="1.0"?>
<!DOCTYPE hibernate-mapping PUBLIC
        "-//Hibernate/Hibernate Mapping DTD 3.0//EN"
        "http://www.hibernate.org/dtd/hibernate-mapping-3.0.dtd">
<hibernate-mapping package="package07.model">
    <class name="Revert" table="留言回复表">
        <id name="id" column="回复 ID" >
            <generator class="native"/>
        </id>
        <property name="content" column="回复内容" type="text"/>
        <property name="revertTime" column="回复时间"/>
        <!-- 映射回复对象与留言对象的一对一关系 -->
        <one-to-one name="message" property-ref="revert"/>
    </class>
</hibernate-mapping>
```

映射文件 Revert.hbm.xml 中，通过<one-to-one>标签映射了 Revert 对象与 Message 对象的一对一关联关系。

（5）创建用户信息实体类 User

在购物网站的留言模块中，用户对象有两种类型：管理员用户和普通用户，两类用户的父类为 User。

在包 model 中创建留言信息实体类，将该实体命名为 User，该类封装了用户共有的属性方法，代码如表 7-20 所示。

表 7-20 用户信息实体类 User 的代码

```java
package package07.model;
/**
 * 用户持久化类
 */
public class User {
   private Integer id;          //ID 编号
   private String username;   //用户名
   private String password;   //密码
   private String email;        //邮箱
   private String face;         //头像

   public Integer getId() {
      return id;
   }
   public void setId(Integer id) {
      this.id = id;
   }
   public String getUsername() {
      return username;
   }
   public void setUsername(String username) {
      this.username = username;
   }
   public String getPassword() {
      return password;
   }
   public void setPassword(String password) {
      this.password = password;
   }
   public String getEmail() {
      return email;
   }
   public void setEmail(String email) {
      this.email = email;
   }
   public String getFace() {
      return face;
   }
   public void setFace(String image) {
      this.face = image;
   }
}
```

在类的继承关系中，父类拥有子类共有的属性和方法，子类继承父类后也拥有父类的属性的方法，子类还可以扩展父类，创建属于子类的属性的方法。留言程序中的功能比较简单，子类没有对父类进行扩展。

Administrator 类为管理员用户，其定义代码如下所示：

```
public class Administrator extends User {
}
```

Guest 类为普通用户，其定义代码如下所示：

```
public class Guest extends User {
}
```

（6）创建 User 类的映射文件 User.hbm.xml

由于 Administrator 和 Guest 两个子类并没有太多不同的属性，映射成一张表并不会产生太多的冗余字段，所以这里使用“类继承树映射成一张表”的方式进行映射。

在包 model 中创建 User 类的映射文件，将该映射文件命名为 User.hbm.xml，该映射文件所映射的数据表名为“用户表”，其主键生成策略为自动生成，其代码如表 7-21 所示。

表 7-21　映射文件 User.hbm.xml 的代码

```
<?xml version="1.0"?>
<!DOCTYPE hibernate-mapping PUBLIC
            "-//Hibernate/Hibernate Mapping DTD 3.0//EN"
            "http://www.hibernate.org/dtd/hibernate-mapping-3.0.dtd">
<hibernate-mapping package="package07.model">
   <class name="User" table="用户表">
      <id name="id" column="用户 ID">
         <generator class="native"/>
      </id>
      <!-- 鉴别器 -->
      <discriminator column="用户类型" type="string" length="20"/>
      <property name="username" column="用户名" length="30" />
      <property name="password" column="密码" length="10" />
      <property name="email" column="Email" length="50" />
      <property name="face" column="头像" length="50" />
      <!-- 子类（通过鉴别值进行区分） -->
      <subclass name="Guest" discriminator-value="user_guest"/>
      <subclass name="Administrator" discriminator-value="user_admin"/>
   </class>
</hibernate-mapping>
```

通过类继承树映射成一张表，需要配置鉴别器与子类的鉴别值。鉴别器使用<discriminator>进行配置，其中 column 属性用于设置鉴别字符，type 属性用于鉴别字段的类型。子类的映射通过<subclass>进行映射，并通过 discriminator-value 属性指定鉴别字段的值。

（7）创建头像实体类 FaceImage

在包 model 中创头像实体类，将该实体命名为 FaceImage，该类封装了头像信息，其代码如表 7-22 所示。

表 7-22 头像实体类 FaceImage 的代码

```
package package07.model;
public class FaceImage {
    private Integer id;        //ID 编号
    private String face;       //头像地址
    public Integer getId() {
        return id;
    }
    public void setId(Integer id) {
        this.id = id;
    }
    public String getFace() {
        return face;
    }
    public void setFace(String img) {
        this.face = img;
    }
}
```

（8）创建 FaceImage 类的映射文件 FaceImage.hbm.xml

在包 model 中创建 FaceImage 类的映射文件，将该映射文件命名为 FaceImage.hbm.xml，该映射文件所映射的数据表名为“留言头像”，其主键生成策略为自动生成，其代码如表 7-23 所示。

表 7-23 映射文件 FaceImage.hbm.xml 的代码

```
<?xml version="1.0"?>
<!DOCTYPE hibernate-mapping PUBLIC
            "-//Hibernate/Hibernate Mapping DTD 3.0//EN"
            "http://www.hibernate.org/dtd/hibernate-mapping-3.0.dtd">
<hibernate-mapping package="package07.model">
    <class name="FaceImage" table="留言头像">
        <id name="id" column="头像 ID">
            <generator class="native"/>
        </id>
        <property name="face" column="头像地址" type="string" length="50" />
    </class>
</hibernate-mapping>
```

5．创建 UserDao 类

在项目 project07 的包 dao 中，创建名为“UserDao.java”的类，该类是与用户操作相关的数据库操作类，在该类需要定义多个方法，这些方法将在各个功能模块实现中逐步添加，这里只定义 3 个方法，方法名称分别为 saveUser()、findUserByName()、getAllFace()，其中，方法 saveUser()实现用户信息持久化，方法 findUserByName()用于判断用户名是否已被注册，方法 getAllFace()用于获取所有的头像。相关代码如表 7-24 所示。

表 7-24　UserDao 类及与用户注册相关方法的代码

```
package package07.dao;
import java.util.List;
import org.hibernate.Query;
import org.hibernate.Session;
import package07.model.User;
import package07.model.FaceImage;
import package07.util.HibernateUtil;
/**
 * 用户数据库处理类
 */
public class UserDao {
    /**
     * 保存用户
     * @param user User 对象
     */
    public void saveUser(User user){
        Session session = null;                          //声明 Session 对象
        try {
            session = HibernateUtil.getSession();    //获取 Session
            session.beginTransaction();              //开启事务
            session.save(user);                      //持久化 user
            session.getTransaction().commit();       //提交事务
        } catch (Exception e) {
            e.printStackTrace();                     //打印异常信息
            session.getTransaction().rollback();     //回滚事务
        }finally{
            HibernateUtil.closeSession();            //关闭 Session
        }
    }
    /**
     * 获取所有头像
     * @return List 集合
     */
    @SuppressWarnings("unchecked")
    public List<FaceImage> getAllFace(){
        Session session = null;                  //声明 Session 对象
        List<FaceImage> list = null;             //List 集合
        try {
            session = HibernateUtil.getSession();    //获取 Session
            session.beginTransaction();              //开启事务
            String hql = "from FaceImage";
            list = session.createQuery(hql)          //创建 Query 对象
                          .list();                   //获取结果集
            session.getTransaction().commit();       //提交事务
        } catch (Exception e) {
            e.printStackTrace();                     //打印异常信息
        }finally{
            HibernateUtil.closeSession();            //关闭 Session
        }
```

续表

```
        return list;
    }
    /**
     * 判断指定用户名的用户是否存在
     * @param username 用户名
     * @return boolean
     */
    public boolean findUserByName(String username){
        Session session = null;                    //声明 Session 对象
        boolean exist = false;
        try {
            session = HibernateUtil.getSession();                    //获取 Session
            session.beginTransaction();                              //开启事务
            String hql = "from User u where u.username=?";           //HQL 查询语句
            Query query = session.createQuery(hql)                   //创建 Query 对象
                                .setParameter(0, username);          //动态赋值
            Object user = query.uniqueResult();                      //返回 User 对象
            //如果用户存在 exist 为 true
            if(user != null){
                exist = true;
            }
            session.getTransaction().commit();     //提交事务
        } catch (Exception e) {
            e.printStackTrace();                   //打印异常信息
        }finally{
            HibernateUtil.closeSession();          //关闭 Session
        }
        return exist;
    }
}
```

6．用户注册功能的实现

用户注册实质上是一个对用户信息持久化的过程，所以需要对数据库进行操作。

（1）创建 JSP 页面 user_register07.jsp

在项目 project07 中创建 JSP 页面 user_register07.jsp，该页面为用户注册页面，在该页面添加用户注册所需的表单及相关控件，该表单通过 post 方法提交到业务层 userServlet。

在 JSP 页面 user_register07.jsp 的<head>和</head>之间编写如下所示的代码，引入所需的 CSS 样式文件。

```
<link rel="stylesheet" type="text/css" href="css/module.css">
<link rel="stylesheet" type="text/css" href="css/member.css">
<link rel="stylesheet" type="text/css" href="css/base.css">
<link rel="stylesheet" type="text/css" href="css/view.css">
<link rel="stylesheet" type="text/css" href="css/common.css" >
```

在 JSP 页面 user_register07.jsp 的<head>和</head>之间编写如表 7-25 所示的 JavaScript 代码。

表 7-25 JSP 页面 user_register07.jsp 中<head>和</head>之间的 JavaScript 代码

HTML 代码

```
<script type="text/javascript">
function registerSubmit(){
   if(checkForm()){
      registerForm.submit();
         return true;
      }else{
         return false;
      }
   }
function checkForm(){
   if(registerForm.elements["username"].value == ""){
      alert("用户名不能空！");
      return false;
   }
   if(registerForm.elements["password"].value == ""){
      alert("密码不能空！");
      return false;
   }
   if(registerForm.elements["repassword"].value == ""){
      alert("确认密码不能空！");
      return false;
   }
   if(registerForm.elements["repassword"].value != registerForm.elements["password"].value){
      alert("两次密码输入不一致！");
      return false;
   }
   if(registerForm.elements["email"].value == ""){
      alert("电子邮件地址不能空！");
      return false;
   }
}
</script>
```

JSP 页面 user_register07.jsp 的主体代码如表 7-26 所示。

表 7-26 JSP 页面 user_register07.jsp 的代码

代码

```
<jsp:include page="top07.jsp" />
   <div class="layout f14 w">
      <div class="signup layout f14" id="Sign_Check">
         <div class="regist-box" id="Login_Check">
            <div class="signup-tab-box tabBox ">
               <form action="userServlet" method="post" id="registerForm" >
               <input type="hidden" name="method" value="guestRegister" />
                  <ul class="input-list mt10">
                  <li>
                     <input type="text" class="input-ui-a" placeholder="请输入您的用户名"
                              name="username" id="username" value="">
                     <p class="err-tips mt5 hide" id="logonIdErrMsg">请输入用户名！</p>
```

续表

行号	代码

```
13                  </li>
14                  <li>
15                      <input type="password" class="input-ui-a" name="password" maxlength="20"
16                              id="password" value="" placeholder="请输入 6-20 位密码">
17                      <p class="err-tips mt5 hide" id="p_egoAcctEmailPwd_info">
18                          请输入 6-20 位密码</p>
19                  </li>
20                  <li>
21                      <input type="password" class="input-ui-a" name="repassword" maxlength="20"
22                              id="repassword" value="" placeholder="请再次输入您的密码">
23                      <p class="err-tips mt5 hide" id="p_egoAcctEmailConfirmPwd_info">
24                          请再次输入密码</p>
25                  </li>
26                  <li>
27                      <input type="text" class="input-ui-a" name="email" id="email" value=""
28                              placeholder="请输入您的邮箱地址">
29                      <p class="err-tips mt5 hide" id="p_egoAccountOfEmail_info">
30                          邮箱格式不正确</p>
31                  </li>
32                  <li>
33                      <span>选择头像：</span>
34                      <jsp:include page="listFace07.jsp" />
35                  </li>
36                  </ul>
37                  <div class="btn-ui-b">
38                      <a href="javascript:void(0);" onclick="registerSubmit();">注册</a>
39                  </div>
40              </form>
41            </div>
42          </div>
43        </div>
44      </div>
45  <jsp:include page="bottom07.jsp" />
46  </body>
```

表 7-26 中第 7 行包含了一个隐藏元素代码，其值为 guestRegister，它是提交的请求类别参数，指示 UserServlet 进行用户注册处理。

（2）创建 JSP 页面 top07.jsp

在项目 project07 中创建 JSP 页面 top07.jsp，该页面的代码为留言模块中各 JSP 页面公用的顶部代码。

JSP 页面 top07.jsp 中需要使用 JSTL 标签，使用 JSTL 标签之前必须在 JSP 页面的顶部使用 <%@taglib%>指令定义标签库的位置和访问前缀，JSP 页面 top07.jsp 的代码如表 7-27 所示。

表 7-27　JSP 页面 top07.jsp 的代码

行号	代码

```
01  <%@ page language="java" contentType="text/html" pageEncoding="UTF-8"%>
02  <%@ taglib uri="http://java.sun.com/jsp/jstl/core" prefix="c"%>
03  <nav class="nav w nav-sub pr">
```

续表

```
<a class="goback" href="javascript:history.back(1)">返回</a>
 <c:choose>
 <c:when test="${empty user}">
  <div class="nav-title wb">您尚未登录，请先进行登录</div>
 </c:when>
 <c:otherwise>
  <div class="nav-title wb">${user.username}：欢迎您！ </div>
 </c:otherwise>
</c:choose>
  <a href="index.jsp" class="my-account"></a>
  <a href="index.jsp" class="home"></a>
</nav>
```

（3）创建 JSP 页面 bottom07.jsp

在项目 project07 中创建 JSP 页面 bottom07.jsp，该页面的代码为留言模块中各 JSP 页面公用的底部代码。

JSP 页面 bottom07.jsp 中需要使用 JSTL 标签，使用 JSTL 标签之前必须在 JSP 页面的顶部使用<%@taglib%>指令定义标签库的位置和访问前缀，JSP 页面 bottom07.jsp 的代码如表 7-28 所示。

表 7-28　JSP 页面 bottom07.jsp 的代码

```
<%@ page language="java" contentType="text/html; charset=UTF-8"
    pageEncoding="UTF-8"%>
<%@ taglib uri="http://java.sun.com/jsp/jstl/core" prefix="c"%>
<footer class="footer w">
  <div class="layout fix user-info">
    <div class="fr"><a href="#" class="backTop" id="backTop">回顶部</a></div>
  </div>
  <ul class="list-ui-a foot-list tc">
    <li>
     <c:choose>
      <c:when test="${empty user}">
     <a href="index.jsp" id="footerLogin" class="foot1">登录</a>
        <a href="user_register07.jsp" id="footerRegister"   class="foot2">注册</a>
      </c:when>
      <c:when test="${!empty manager}">
        <a href="userServlet?method=exit" id="footerLogout" class="foot6">退出</a>
      <span>管理员：${user.username}</span>
      </c:when>
      <c:otherwise>
      <a href="userServlet?method=exit" id="footerLogout" class="foot6">退出</a>
        <span>用户名：${user.username}</span>
      </c:otherwise>
     </c:choose>
    </li>
  </ul>
  <div class="tc copyright">Copyright© 2012-2018 m.ebuy.com</div>
</footer>
```

（4）创建 JSP 页面 listFace07.jsp

在项目 project07 中创建 JSP 页面 listFace07.jsp，该页面的代码主要在用户注册页面中显示头像列表。

JSP 页面 listFace07.jsp 中需要使用 JSTL 标签，使用 JSTL 标签之前必须在 JSP 页面的顶部使用<%@taglib%>指令定义标签库的位置和访问前缀，JSP 页面 listFace07.jsp 的代码如表 7-29 所示。

表 7-29 JSP 页面 listFace07.jsp 的代码

```
<%@ page language="java" contentType="text/html; charset=UTF-8"
    pageEncoding="UTF-8" import="package07.dao.UserDao;"%>
<%@ taglib uri="http://java.sun.com/jsp/jstl/core" prefix="c"%>
<%
  UserDao dao = new UserDao(); // 实例化 UserDao
  request.setAttribute("imageList", dao.getAllFace());
%>
<div class=" qn_pa10">
  <div class="qn_item qn_border">
    <c:if test="${!empty imageList}">
    <c:forEach items="${imageList}" var="image">
    <img class="qn_captcha"    src="${image.face}" >
    <span class="qn_ml">
      <input type="radio" name="face" value="${image.face}" style="width:20px;">
    </span>
    </c:forEach>
    </c:if>
  </div>
</div>
```

7. 创建 UserServlet 类

在项目 project07 的包 servlet 中，创建名为“UserServlet”的类，该类继承 HttpServlet 类，在此类中重写 doGet()和 doPost()方法，在 doGet()方法中调用 doPost()方法，该方法的代码如下所示。

```
@Override
public void doGet(HttpServletRequest request, HttpServletResponse response)
        throws ServletException, IOException {
      doPost(request, response);
}
```

doPost()方法中代码根据请求参数 method 值的不同，判断业务请求类型并对其进行处理，分别执行不同的代码，其中，用户注册的 method 参数值为 guestRegister，用户登录的 method 参数值为 userLogin，退出登录的参数值为 exit。该方法的代码如表 7-30 所示。

表 7-30 UserServlet 类 doPost()方法的代码

```
@Override
public void doPost(HttpServletRequest request, HttpServletResponse response)
        throws ServletException, IOException {
   //请求参数
```

续表

```
String method = request.getParameter("method");
if(method != null){
  //用户注册
  if("guestRegister".equalsIgnoreCase(method)){
    String username = request.getParameter("username");          //用户名
    String password = request.getParameter("password");          //密码
    String email = request.getParameter("email");                //电子邮箱
    String face = request.getParameter("face");                  //头像地址
    UserDao dao = new UserDao();                     //创建 UserDao
    if(username != null && !username.isEmpty()){ //判断用户名是否为 null 或空的字符串
      if(dao.findUserByName(username)){              //判断用户名是否存在
        //如果用户名已存在，进行错误处理
        request.setAttribute("error", "您注册的用户名已存在！");
        request.getRequestDispatcher("error07.jsp").forward(request, response);
      }else{
        User user = new Guest();                  //实例化一个 User 对象
        user.setUsername(username);               //对 user 中的属性赋值
        user.setPassword(password);
        user.setEmail(email);
        user.setFace(face);
        dao.saveUser(user);                   //保存 user
        request.getRequestDispatcher("index.jsp").forward(request, response);
      }
    }
  }
  //用户登录
  else if("userLogin".equalsIgnoreCase(method)){
    String username = request.getParameter("username");
    String password = request.getParameter("password");
    UserDao dao = new UserDao();                         //实例化 UserDao
    User user = dao.findUser(username, password);     //根据用户名、密码查询 User
    if(user != null){                                 //判断用户是否登录成功
      if(user instanceof Administrator){            //判断 user 是否是管理员对象
        request.getSession().setAttribute("manager", user); //将管理员对象放入到 session 中
      }
      request.getSession().setAttribute("user", user);   //将用户对象放入到 session 中
      request.getRequestDispatcher("index.jsp").forward(request, response);
    }else{
      //登录失败
      request.setAttribute("error", "用户名或密码错误 ！");
      request.getRequestDispatcher("error07.jsp").forward(request, response);
    }
  }
  //退出登录
  else if("exit".equalsIgnoreCase(method)){
    request.getSession().removeAttribute("user");
    if(request.getSession().getAttribute("manager") != null){
      request.getSession().removeAttribute("manager");
    }
    request.getRequestDispatcher("index.jsp").forward(request, response);
```

续表

行号	代码
55	}
56	}else{
57	request.getRequestDispatcher("index.jsp").forward(request, response);
58	}
59	}

8．创建 JSP 页面 error07.jsp

在项目 project07 中创建 JSP 页面 error07.jsp，该页面为留言模块中公用的错误处理页面。例如，用户注册过程中，程序首先通过 UserDao 类的 findUserByName()方法判断用户名是否已经被注册，如果用户名已被注册，则转移到 error.jsp 页面进行错误信息提示，否则进行持久化用户注册信息。

JSP 页面 error07.jsp 中需要使用 JSTL 标签，使用 JSTL 标签之前必须在 JSP 页面的顶部使用<%@taglib%>指令定义标签库的位置和访问前缀，使用核心标签库的 taglib 指令格式如下所示。

```
<%@ taglib uri="http://java.sun.com/jstl/core_rt" prefix="c" %>
```

在 JSP 页面 error07.jsp 的<head>和</head>之间编写如下所示的代码，引入所需的 CSS 样式文件。

```
<link rel="stylesheet" type="text/css" href="css/base.css">
```

JSP 页面 error07.jsp 的主体代码如表 7-31 所示。

表 7-31　JSP 页面 error07.jsp 的主体代码

行号	代码
01	<body>
02	<jsp:include page="top07.jsp"/>
03	<div class="info w">
04	<img alt="页面出错"　src="images/error_img.gif">
05	</div>
06	<div class="info w">
07	<c:if test="${!empty error}">
08	${error}
09	</c:if>
10	</div>
11	<div class="info w">
12	<a href="javascript:history.go(-1);">返 回</a>
13	</div>
14	<jsp:include page="bottom07.jsp"></jsp:include>
15	</body>

9．创建配置文件 web.xml 并编写配置代码

打开项目 project07 的文件夹"WebContent\WEB-INF"中的 web.xml 文件，然后编写如表 7-32 所示的配置代码，对 UserServlet、MessageServlet、ManagerServlet、ListFaceServlet、CharacterEncodingFilter 等多个类进行配置。

表 7-32　web.xml 文件中的配置代码

```
<servlet>
    <servlet-name>UserServlet</servlet-name>
    <servlet-class>package07.servlet.UserServlet</servlet-class>
</servlet>
<servlet-mapping>
    <servlet-name>UserServlet</servlet-name>
    <url-pattern>/userServlet</url-pattern>
</servlet-mapping>
<servlet>
    <servlet-name>MessageServlet</servlet-name>
    <servlet-class>package07.servlet.MessageServlet</servlet-class>
</servlet>
<servlet-mapping>
    <servlet-name>MessageServlet</servlet-name>
    <url-pattern>/messageServlet</url-pattern>
</servlet-mapping>
<servlet>
    <servlet-name>ManagerServlet</servlet-name>
    <servlet-class>package07.servlet.ManagerServlet</servlet-class>
</servlet>
<servlet-mapping>
    <servlet-name>ManagerServlet</servlet-name>
    <url-pattern>/managerServlet</url-pattern>
</servlet-mapping>
<servlet>
<filter>
    <filter-name>CharacterEncodingFilter</filter-name>
    <filter-class>package07.util.CharacterEncodingFilter</filter-class>
    <init-param>
            <param-name>encoding</param-name>
            <param-value>UTF-8</param-value>
    </init-param>
</filter>
<filter-mapping>
    <filter-name>CharacterEncodingFilter</filter-name>
    <url-pattern>/*</url-pattern>
    <dispatcher>REQUEST</dispatcher>
    <dispatcher>FORWARD</dispatcher>
</filter-mapping>
```

10．用户登录功能的实现

用户登录时，系统需要对用户名和密码进行判断，如果数据表中存在用户所输入的用户名及密码，那么可以成功登录，否则登录失败。

（1）创建 JSP 页面 user_login07.jsp

在项目 project07 中创建 JSP 页面 user_login07.jsp，该页面为用户登录页面，在该页面添加用户登录所需的表单及相关控件，该表单通过 post 方法提交到业务层 userServlet。

JSP 页面 user_login07.jsp 中需要使用 JSTL 标签，使用 JSTL 标签之前必须在 JSP 页面的顶部使用<%@taglib%>指令定义标签库的位置和访问前缀，使用核心标签库的 taglib 指令格式如下所示。

```
<%@ taglib uri="http://java.sun.com/jstl/core_rt" prefix="c" %>
```

在 JSP 页面 user_login07.jsp 的<head>和</head>之间编写如下所示的代码，引入所需的 CSS 样式文件。

```
<link rel="stylesheet" type="text/css" href="css/module.css">
<link rel="stylesheet" type="text/css" href="css/member.css">
<link rel="stylesheet" type="text/css" href="css/base.css">
<link rel="stylesheet" type="text/css" href="css/view.css">
<link rel="stylesheet" type="text/css" href="css/common.css" >
```

在JSP页面user_login07.jsp的<head>和</head>之间编写如表7-33所示的JavaScript文件代码。

表 7-33　JSP 页面 user_login07.jsp 中<head>和</head>之间的 JavaScript 代码

HTML 代码

```
<script type="text/javascript">
function submitForm(){
   formlogon.submit();
   return true;
}
function login(form){
   if(form.elements["username"].value == ""){
      alert("用户名不能空！");
      return false;
   }
   if(form.elements["password"].value == ""){
      alert("密码不能空！");
      return false;
   }
}
function message(form){
   if(form.elements["title"].value == ""){
      alert("留言标题不能为空！");
   return false;
   }
   if(form.elements["content"].value == ""){
      alert("留言内容不能空！");
      return false;
   }
}
</script>
```

JSP 页面 user_login07.jsp 的主体代码如表 7-34 所示。

表 7-34　JSP 页面 user_login07.jsp 的代码

代码

```
<body>
<c:choose>
<c:when test="${empty user}">
<div class="login layout f14 w">
```

续表

```
05     <div class="title">用户登录</div>
06     <form id="formlogon" name="formlogon" method="post" action="userServlet"
07            onsubmit="return login(this);">
08       <input type="hidden" name="method" value="userLogin">
09       <ul class="input-list mt10" id="Login_Check">
10       <li>
11          <input type="text" class="input-ui-a" placeholder="请输入您的用户名"
12                 name="username" id="username" value="">
13          <p class="err-tips mt5 hide" id="logonIdErrMsg">请输入用户名！ </p>
14          </li>
15          <li>
16          <input type="password" class="input-ui-a" placeholder="请输入您的密码"
17                 name="password" id="password" maxlength="20">
18          <p class="err-tips mt5 hide" id="passwordErrMsg">请输入密码！ </p>
19          </li>
20          </ul>
21          <div>
22             <input type="submit" value="登  录" />
23             <input type="reset" value="重  置" />
24          </div>
25     </form>
26   </div>
27   </c:when>
28   <c:otherwise>
29   <!--A.添加留言代码的位置  -->
30   </c:otherwise>
31   </c:choose>
32   </body>
```

表 7-34 中第 8 行包含了一个隐藏元素代码，其值为 userLogin，它是提交的请求类别参数，指示 UserServlet 进行用户登录处理。

（2）在 UserDao 类中定义 findUser()方法

findUser()方法用于处理用户登录，即根据用户名和密码查询用户对象，该方法的代码如表 7-35 所示。

表 7-35　findUser()方法的代码

```
/**
 * 通过用户名和密码查询用户
 * 用于登录
 * @param username  用户名
 * @param password  密码
 * @return User 对象
 */
public User findUser(String username, String password){
   Session session = null;              //Session 对象
   User user = null;                    //用户
   try {
```

续表

代码

```
        //获取 Session
        session = HibernateUtil.getSession();
        session.beginTransaction();        //开启事务
        //HQL 查询语句
        String hql = "from User u where u.username=? and u.password=?";
        Query query = session.createQuery(hql)                //创建 Query 对象
                          .setParameter(0, username)     //动态赋值
                          .setParameter(1, password);    //动态赋值
        user = (User)query.uniqueResult();                   //返回 User 对象
        session.getTransaction().commit();                   //提交事务
    } catch (Exception e) {
        e.printStackTrace();                                  //打印异常信息
    }finally{
        HibernateUtil.closeSession();              //关闭 Session
    }
    return user;
}
```

findUser()方法有两个入口参数，分别为用户名和密码，它们是 HQL 语句中的参数。在程序中通过 Query 对象的 setParameter()方法对 HQL 语句进行动态赋值，然后调用 Query 对象的 uniqueResult()方法进行单值检索，当查询到 User 对象时，该方法返回所查询到的 User 对象，否则返回 null 值。在 Hibernate 查询中，当期望查询结果返回单个对象时，可以使用 Query 对象的 uniqueResult()方法进行单值检索，但如果返回多条记录时使用此方法，则会抛出异常。

（3）在 UserServlet 类中编写用户登录请求代码

UserServlet 类中用户登录请求代码如表 7-30 第 31 行至第 47 行的代码所示，其请求类别为 userLogin。由于存在管理员和普通用户两种用户类型，通过多态查询对用户类型进行判断，然后分别对管理员和普通用户做出处理，当用户登录成功时将用户对象保存在 session 之中。对于管理员用户登录成功将用户信息分别保存在 manager 和 user 两个 session 对象中，对于普通用户登录成功只将用户信息保存在 user 一个 session 对象中。

11．创建 MessageDao 类

在项目 project07 的包 dao 中，创建名为“MessageDao”的类，该类是与用户留言相关的数据库操作类，在该类需要定义多个方法，这些方法将在各个功能模块实现中逐步添加，这里暂定义 1 个方法，方法名称为 saveMessage()，该方法主要用于保存或修改留言信息。相关代码如表 7-36 所示。

表 7-36　MessageDao 类及方法 saveMessage()的相关代码

代码

```
package package07.dao;
import java.util.List;
import org.hibernate.Query;
import org.hibernate.Session;
import package07.model.Message;
import package07.util.HibernateUtil;
import package07.util.PageModel;
/**
```

续表

```
09  * 用户留言数据库操作类
10   */
11  public class MessageDao {
12     /**
13      * 保存或修改留言信息
14      * @param message
15      */
16     public void saveMessage(Message message){
17        Session session = null;              //Session 对象
18        try {
19           session = HibernateUtil.getSession();   //获取 Session
20           session.beginTransaction();              //开启事务
21           session.saveOrUpdate(message);         //持久化留言信息
22           session.getTransaction().commit();      //提交事务
23        } catch (Exception e) {
24           e.printStackTrace();                       //打印异常信息
25           session.getTransaction().rollback();     //回滚事务
26        }finally{
27           HibernateUtil.closeSession();            //关闭 Session
28        }
29     }
30  }
```

Session 接口的 saveOrUpdate()方法用于保存或更新数据。其入口参数为 Object 类型，当传入的对象未包含实体所映射的标识时，它将对数据进行保存操作，否则将会对数据进行更新操作。表 7-36 中第 21 行代码调用 Session 接口的 saveOrUpdate()方法，对留言信息进行持久化操作，这样就不需要既编写保存数据的方法又编写修改数据的方法，从而减少了程序的代码量。

12. 创建 MessageServlet 类

在项目 project07 的包 servlet 中，创建名为“MessageServlet”的类，该类继承 HttpServlet 类，该类是与留言信息相关的请求处理类。在此类中重写 doGet()和 doPost()方法，在 doGet()方法中调用 doPost()方法，该方法的代码如下所示。

```
@Override
public void doGet(HttpServletRequest request, HttpServletResponse response)
        throws ServletException, IOException {
    doPost(request, response);
}
```

在 MessageServlet 类定义方法 isLogin()，判断用户是否处于登录状态，该方法返回用户是否登录的布尔值，其代码如表 7-37 所示。

表 7-37　MessageServlet 类中方法 isLogin()对应的代码

```
 * 判断用户是否登录
 * @param request
 * @param response
 * @throws ServletException
 * @throws IOException
```

续表

```
 */
public void isLogin(HttpServletRequest request, HttpServletResponse response)
        throws ServletException, IOException {
    // 判断 session 中的 user 值是否为 null
    if (request.getSession().getAttribute("user") == null) {
        // 用户没有登录进行错误处理
        request.setAttribute("error", "对不起，您还没有登录！");
        request.getRequestDispatcher("error07.jsp")
                .forward(request, response);
    }
}
```

MessageServlet 类 doPost()方法中代码根据请求参数 method 值的不同，判断业务请求类型并对其进行处理，分别执行不同的代码，其中保存用户留言的 method 参数值为 save，查看留言的 method 参数值为 view。该方法的代码如表 7-38 所示。

表 7-38　MessageServlet 类 doPost()方法的代码

```
@Override
public void doPost(HttpServletRequest request, HttpServletResponse response)
        throws ServletException, IOException {
    String method = request.getParameter("method");      // 获取请求类型
    if (method != null) {
        if ("save".equalsIgnoreCase(method)) {       // 留言
            this.isLogin(request, response);         // 判断用户是否登录
            String title = request.getParameter("title");        // 获取留言标题
            String content = request.getParameter("content");    // 获取留言内容
            // 如果留言内容含有换行符，将替换为<br />
            if (content.indexOf("\n") != -1) {
                content = content.replaceAll("\n", "<br />");
            }
            // 获取登录用户信息
            User user = (User) request.getSession().getAttribute("user");
            Message message = new Message();     // 创建 Message 对象并对其进行赋值
            message.setTitle(title);
            message.setContent(content);
            message.setCreateTime(new Date());
            message.setUser(user);
            MessageDao dao = new MessageDao();       // 实例化 MessageDao
            dao.saveMessage(message);                 // 保存留言
            request.getRequestDispatcher("messageServlet?method=view")
                    .forward(request, response);
        }
        // 查看留言
        else if ("view".equalsIgnoreCase(method)) {
            String page = request.getParameter("currPage");      // 获取页码
            int currPage = 1;      // 当前页
            int pageSize = 5;      // 每页显示 5 条记录
            // 如果 page 变量不为空则对 currPage 赋值
```

续表

```
行号  代码
32              if (page != null) {
33                currPage = Integer.parseInt(page);
34              }
35              MessageDao dao = new MessageDao();          // 实例化 MessageDao
36              PageModel pageModel = dao.getPaging(currPage, pageSize) ;    // 获取分页组件
37              request.setAttribute("pageModel", pageModel);
38              request.getRequestDispatcher("messageList07.jsp").forward( request, response);
39            }
40        } else {
41          request.getRequestDispatcher("index.jsp")
42              .forward(request, response);
43        }
44    }
```

表 7-38 中第 7 行代码调用 isLogin()方法判断用户是否已经成功登录，在用户登录的状态下，才可以将留言信息保存到数据表中。

由于在 HTML 语言中换行符与普通换行符不同，为了网页的美观，表 7-38 的程序中第 12 行代码使用 String 对象的 replaceAll()方法对换行符进行了简单处理。

13．用户留言功能的实现

程序中只有成功登录的用户才能留言，所以在用户留言之前需要判断用户是否登录，如果没有成功登录，将不能提交留言信息。

由于用户只有在成功登录后才能留言，留言模块中将留言页面放置在 user_login07.jsp 页面中。

打开项目 project07 中的 JSP 页面 user_login07.jspp，在该页面的“A.添加留言代码的位置”添加实现用户留言功能的表单及其相关控件，其代码如表 7-39 所示。

表 7-39　JSP 页面 user_login07.jsp 中实现用户留言功能的代码

```
<c:otherwise>
<!--A.添加留言代码的位置  -->
<div class="qn_main">
   <div class="login">
        <div class="title">我要留言</div>
      <form action="messageServlet" method="post" id="form1"
            onSubmit="return message(this);">
        <input type="hidden" name="method" value="save">
        <div class="qn_pa10 qn_lh"   style="padding-bottom:1px;">
          <span>留言标题：</span>
          <input name="title" placeholder="请输入留言的标题" maxlength="11" value="">
          <span>留言内容：</span>
          <textarea name="content" placeholder="请输入您的意见，500 字以内"
                  maxlength="500"></textarea>
        </div>
        <div>
              <input name="submit1"    type="submit" value="留  言" />
        </div>
      </form>
```

续表

```
    </div>
</div>
</c:otherwise>
```

JSP 页面 user_login07.jsp 中包含实现用户登录功能与用户留言功能两部分代码，使用 JSTL 标签进行判断。当用户处于成功登录状态时，该页面显示留言表单；当用户处于未登录状态时，该页面显示登录表单。

14．分页查看留言信息功能的实现

Hibernate 为数据分页查询提供了便捷的方法，通过 Query 接口进行实现，同时为了增加程序的可扩展性和灵活性，在分页查询中使用自定义的分页组件，该页面组件可以让程序变得更加灵活，而且其代码可重用性非常高。

（1）创建 JSP 页面 messageList07.jsp

在项目 project07 中创建 JSP 页面 messageList07.jsp，该页面通过 JSTL 标签与 EL 表达式输出用户留言信息。

JSP 页面 messageList07.jsp 中需要使用 JSTL 标签，使用 JSTL 标签之前必须在 JSP 页面的顶部使用<%@taglib%>指令定义标签库的位置和访问前缀，使用核心标签库的 taglib 指令格式如下所示。

```
<%@ taglib uri="http://java.sun.com/jstl/core_rt" prefix="c" %>
```

JSP 页面 messageList07.jsp 中还需要使用 FMT 标签，使用 FMT 标签的 taglib 指令格式如下所示。

```
<%@ taglib uri="http://java.sun.com/jsp/jstl/fmt" prefix="fmt"%>
```

在 JSP 页面 messageList07.jsp 的<head>和</head>之间编写如下所示的代码，引入所需的 CSS 样式文件。

```
<link rel="stylesheet" type="text/css" href="css/style.css">
<link rel="stylesheet" type="text/css" href="css/base.css">
<link rel="stylesheet" type="text/css" href="css/view.css">
```

JSP 页面 messageList07.jsp 的主体代码如表 7-40 所示。

表 7-40　JSP 页面 messageList07.jsp 的代码

```
<body>
<jsp:include page="top07.jsp" />
<div id="wrapper">
<div id="wrapperInner">
<div id="mainContent">
  <div id="gbcontent">
    <c:choose>
    <c:when test="${empty pageModel.list}">
       <span>暂没有留言内容!</span>
    </c:when>
    <c:otherwise>
    <!-- 循环输出留言信息 -->
    <c:forEach items="${pageModel.list}" var="m">
```

续表

代码

```
<div class="msgArea">
<div class="msgArea-left"> <!--头像、称呼   -->
  <ul>
    <li class="userFace"><img src="${m.user.face}" alt="${m.user.username}" width="40"
                         height="40" class="face-normal"></li>
    <li class="userName"><span class="userName-istop">${m.user.username}</span></li>
  </ul>
</div>
<div class="msgArea-right">
 <div class="msgTitle"><span class="msgTitle-istop">留言标题：【${m.title}】</span></div>
 <div class="msgTime">留言时间：<fmt:formatDate pattern="yyyy-MM-dd"
                                         value="${m.createTime}" /></div>
   <div class="userContact">
   <!-- 判断管理员用户是否登录 -->
     <c:if test="${!empty manager}">
       <c:if test="${empty m.revert}">
           <a id="msg607" href="managerServlet?method=revert&id=${m.id}">【回复】</a>
       </c:if>
           <a id="msg607" href="managerServlet?method=delete&id=${m.id}">【删除】</a>
     </c:if>
   </div>
   <div class="msgContent">${m.content}</div>
  <!-- 判断是否存在回复信息 -->
  <c:if test="${!empty m.revert.content}">
  <!-- 输出回复信息 -->
  <div class="msgReply">
    <div class="msgReply-top">
      <img src="images/admin.jpg" width="13" height="18" />
      <b>管理员回复：</b>( <fmt:formatDate pattern="yyyy-MM-dd"
                                     value="${m.revert.revertTime}" /> )
      <div class="userContact">
        <!-- 判断是否是管理登录 -->
        <c:if test="${!empty manager}">
          <a id="msg607" href="managerServlet?method=revert&id=${m.id}">【修改】</a>
        </c:if>
      </div>
    </div>
    <div class="msgReply-content">${m.revert.content}</div>
  </div>
  </c:if>
</div>
<div class="msgArea-clear"></div>
</div>
</c:forEach>
<!-- 分页条 -->
<div id="more_load">
   <div class="load-more-lay" style="" id="loadingMore">
     <a href="messageServlet?method=view&currPage=${pageModel.nextPage}">
         点击加载更多</a>
   </div>
```

续表

行号	代码
64	</div>
65	</c:otherwise>
66	</c:choose>
67	</div>
68	</div>
69	</div>
70	</div>
71	<jsp:include page="user_login07.jsp"></jsp:include>
72	<jsp:include page="bottom07.jsp" />
73	</body>

留言对象与用户对象之间是多对一的关联关系，留言对象与回复对象是一对一的关联关系，在加载留言信息的同时可以将回复信息与用户信息一并加载出来。在 JSP 页面 messageList07.jsp 中，通过 EL 表达式进行加载。

在循环输出留言信息的同时，通过代码<c:if test="${!empty manager}">对登录用户是否为管理员进行判断，当登录用户为管理员时，将为管理员显示“回复”、“删除”等超链接。

表 7-40 中第 24 行和 42 行都使用了<fmt>标签，该标签是 JSTL 标签库中的格式化标签，<fmt:formatDate>用于格式化日期类型的值，其属性 pattern 用于设置格式化的模式，如 yyyy-dd-MM。

表 7-40 中第 61 行代码为显示下一页留言信息提供了超链接。

（2）创建自定义分页组件 PageModel 类

在项目 project07 的包 util 中创建 PageModel 类，该类用于封装分页信息，如结果集、页码和记录等，其代码如表 7-41 所示。

表 7-41　PageModel 类的代码

行号	代码
01	package package07.util;
02	import java.util.List;
03	/**
04	* 自定义分页组件
05	*/
06	public class PageModel {
07	private int currPage;　　//当前页
08	private int totalRecords;　//总记录数
09	private List<?> list;　　//结果集
10	private int pageSize;　　//每页记录数
11	public int getCurrPage() {
12	return currPage;
13	}
14	public void setCurrPage(int currPage) {
15	this.currPage = currPage;
16	}
17	public int getTotalRecords() {
18	return totalRecords;
19	}
20	public void setTotalRecords(int totalRecords) {

续表

```
        this.totalRecords = totalRecords;
    }
    public List<?> getList() {
        return list;
    }
    public void setList(List<?> list) {
        this.list = list;
    }
    public int getPageSize() {
        return pageSize;
    }
    public void setPageSize(int pageSize) {
        this.pageSize = pageSize;
    }
    /**
     * 获取总页数
     * @return 总页数
     */
    public int getTotalPage(){
        return (totalRecords + pageSize- 1) / pageSize;
    }
    /**
     * 获取第一页
     * @return 第一页
     */
    public int getFirstPage(){
        return 1;
    }
    /**
     * 获取上一页
     * @return 上一页
     */
    public int getPreviousPage(){
        return currPage <= 1 ? 1 : currPage - 1;
    }
    /**
     * 获取下一页
     * @return 下一页
     */
    public int getNextPage(){
        if(currPage >= getTotalPage()){
            return getLastPage();
        }
        return currPage + 1;
    }
    /**
     * 获取最后一页
     * @return 最后一页
     */
    public int getLastPage(){
```

续表

```
        //如果总页数等于 0 返回 1，否则返回总页数
        return getTotalPage() <= 0 ? 1 : getTotalPage();
    }
}
```

自定义分页组件 PageModel 类实质是一个 JavaBean，适用于大多数数据的分页查询，由于结果信息并不是确定的，其 list 属性以 LIST<?>的形式进行声明。

（3）在 MessageDao 类中定义 getTotalRecords()方法和 getPaging()方法

打开项目 project07 的包 dao 中的类 MessageDao，在该类定义 getTotalRecords()方法和 getPaging()方法。

getTotalRecords()方法用于获取总记录数据，其代码如表 7-42 所示。

表 7-42　getTotalRecords()方法的代码

```
/**
 * 查询留言的总记录数
 * @param session
 * @return  总记录数
 */
public int getTotalRecords(Session session) {
    String hql = "select count(*) from Message";          // HQL 查询语句
    Query query = session.createQuery(hql);               // 创建 Query 对象
    Long totalRecords = (Long) query.uniqueResult();      // 单值检索
    return totalRecords.intValue();                       // 返回总记录数
}
```

在分页查询中，查询结果集与查询结果集中的总记录数需要在同一个事务中进行，否则可能将查询到不准确的信息。因此 getTotalRecords()方法中传递了 Session 对象，从而确保两者在同一事务中进行查询。

getPaging()方法用于分页查询留言信息，该方法有两个入口参数，其中 currPage 指当前页面是多少页，pageSize 指每一页显示多少条记录，该代码如表 7-43 所示。

表 7-43　getPaging()方法的代码

```
/**
 * 分页查询留言信息
 * @param currPage  当前页
 * @param pageSize  每页记录数
 * @return  PageModel 自定义分页组件
 */
@SuppressWarnings("unchecked")
public PageModel getPaging(int currPage, int pageSize){
    Session session = null;                     //Session 对象
    PageModel pageModel = null;
    try {
        session = HibernateUtil.getSession();   //获取 Session
        session.beginTransaction();             //开启事务
```

续表

行号	代码
14	//HQL 查询语句，按留言时间降序排序
15	String hql = "from Message m order by m.createTime desc";
16	List<Message> list = session.createQuery(hql) //创建 Query 对象
17	.setFirstResult((currPage - 1) * pageSize) //设置起始位置
18	.setMaxResults(pageSize) //设置记录数
19	.list(); //返回结果集
20	pageModel = new PageModel(); //实例化 pageModel
21	pageModel.setCurrPage(currPage); //设置当前页
22	pageModel.setList(list); //设置结果集
23	pageModel.setPageSize(pageSize); //设置每页记录数
24	pageModel.setTotalRecords(getTotalRecords(session)); //设置总记录数
25	session.getTransaction().commit(); //提交事务
26	} catch (Exception e) {
27	e.printStackTrace(); //打印异常信息
28	}finally{
29	HibernateUtil.closeSession(); //关闭 Session
30	}
31	return pageModel;
32	}

Session 接口的 createQuery()方法返回的是 Query 对象，并且 Query 对象的 setFirstResult()和 setMaxResults()方法返回的也是 Query 对象，在程序中以连续的方式将这几个方法写在一起，可以减少程序的代码量。

Query 接口的 setFirstResult()方法用于设置查询记录的起始位置，setMaxResults()方法用于设置查询后返回的记录数，list()方法用于获取结果集。

表 7-43 中第 15 行按留言信息的发布时间进行降序查询，也就是说最后发布的留言将显示在最前页的页面中。查询完成后，将分页信息封装成 pageModel 对象，并将其返回。

（4）在 MessageServlet 类中编写处理查看留言请求代码

MessageServlet 类是一个处理留言信息相关请求的 Servlet 类，该类中处理查看留言请求代码如表 7-38 第 27 行至第 39 行的代码所示，其请求类别为 view。在该类中，通过调用 MessageDao 类中的 getPaging()方法获取分页查询组件对象 PageModel，并将其装载到 request 对象中转发到相应的 JSP 页面 messageList07.jsp 中进行显示。

15．创建 ManagerServlet 类

在项目 project07 的包 servlet 中，创建名为“ManagerServlet”的类，该类继承 HttpServlet 类，该类是将管理员操作的相关业务请求封装在该类中。在此类中重写 doGet()和 doPost()方法，在 doGet()方法中调用 doPost()方法，该方法的代码如下所示。

```
@Override
public void doGet(HttpServletRequest request, HttpServletResponse response)
        throws ServletException, IOException {
    doPost(request, response);
}
```

在 ManagerServlet 类定义方法 isManager()，该方法对管理员用户进行验证，对于非管理员用户请求程序将跳转到错误处理页面，其代码如表 7-44 所示。

表 7-44 ManagerServlet 类中方法 isManager()对应的代码

```java
/**
 * 判断登录用户是否具有管理员权限
 */
public void isManager(HttpServletRequest request, HttpServletResponse response)
        throws ServletException, IOException {
    //判断是否是管理员身份
    if (request.getSession().getAttribute("manager") == null) {
        request.setAttribute("error", "对不起，您没有权限进行操作！");
        request.getRequestDispatcher("error07.jsp")
                .forward(request, response);
    }
}
```

对于管理员的操作请求通过 doPost()方法进行处理，在处理之前首先调用 isManager()方法对管理员身份进行验证，只有验证通过才可以对请求进行处理。

ManagerServlet 类 doPost()方法中代码根据请求参数 method 值的不同，判断业务请求类型并对其进行处理，分别执行不同的代码，其中删除留言信息的 method 参数值为 delete，回复留言的 method 参数值为 revert，保存回复信息的 method 参数值为 saveOrUpdateRevert。该方法的代码如表 7-45 所示。

表 7-45 ManagerServlet 类 doPost()方法的代码

```java
public void doPost(HttpServletRequest request, HttpServletResponse response)
        throws ServletException, IOException {
    this.isManager(request, response);        //判断管理员是否具有管理员权限
    String method = request.getParameter("method");        //获取请求类型
    //删除留言信息
    if("delete".equalsIgnoreCase(method)){
        String id = request.getParameter("id");
        if(id != null){
            MessageDao dao = new MessageDao();        //实例化 MessageDao
            dao.deleteMessage(Integer.valueOf(id));        //删除留言信息
        }
        request.getRequestDispatcher("index.jsp").forward(request, response);
    }
    //回复留言
    else if("revert".equalsIgnoreCase(method)){
        String msgId = request.getParameter("id");        //获取留言的 ID 号
        MessageDao dao = new MessageDao();        //实例化 MessageDao
        Message message = dao.getMessage(Integer.valueOf(msgId));        //加载留言
        request.setAttribute("message", message);
        request.getRequestDispatcher("managerRevert07.jsp").forward(request, response);
    }
    //保存回复信息
    else if("saveOrUpdateRevert".equalsIgnoreCase(method)){
        String msgId = request.getParameter("id");        //获取留言的 ID 号
        String content = request.getParameter("content");        //获取回复的内容
        //如果回复的内容含有换行符，将替换为<br />
```

续表

```
    if(content.indexOf("\n") != -1){
        content = content.replaceAll("\n", "<br />");
    }
    MessageDao dao = new MessageDao();                          //创建 MessageDao
    Message message = dao.getMessage(Integer.valueOf(msgId));   //加载留言
    if(message != null){
        Revert revert = message.getRevert();            //从留言中加载回复信息
        if(revert == null){
            revert = new Revert();                      //创建回复
        }
        revert.setContent(content);
        revert.setRevertTime(new Date());
        message.setRevert(revert);          //向留言中添加回复
        dao.saveMessage(message);           //更新留言
    }
    request.getRequestDispatcher("index.jsp").forward(request, response);
  }
  //没有传递参数值 method
  else{
    request.getRequestDispatcher("index.jsp").forward(request, response);
  }
}
```

对于持久化回复信息操作，本任务使用级联更新的方法对其进行持久化，其操作流程如图 7-9 所示。

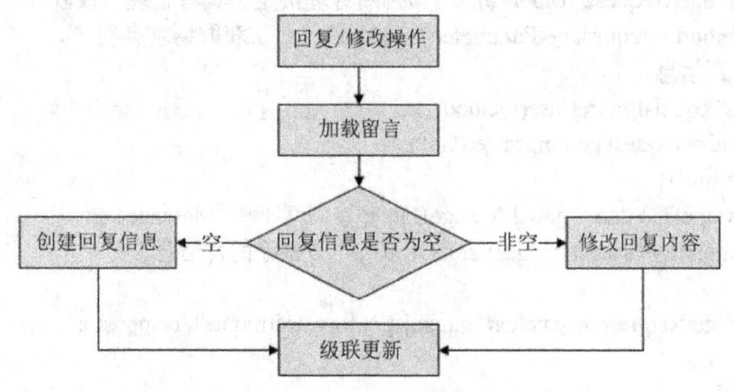

图 7-9　回复与修改留言的操作流程

当提交留言的回复信息时，程序首先加载与回复信息对应的留言对象，如果在留言对象中存在回复信息，则对此条留言的回复信息进行修改，再进行级联更新操作，如果留言对象不存在回复信息，则证明管理员还没有对此条留言进行回复，程序将创建留言对象，再进行级联更新操作。

16．回复、修改与删除留言功能的实现

在购物网站的留言模块中，管理员主要执行回复留言、修改回复留言与删除留言等操作，对于数据库操作均由 MessageDao 类进行。在业务层的操作，由于涉及系统安全性问题，将管理员操作的相关请求单独封装在 ManagerServlet 类中。

（1）创建 JSP 页面 managerRevert07.jsp

在项目 project07 中创建 JSP 页面 managerRevert07.jsp，该页面为回复与修改留言页面，由于回复留言与修改回复信息所需要的表单及控件一致，所在将回复留言与修改回复信息定义在同一个 JSP 页面中，在该页面中通过 EL 表达式设置表单值，当留言存在回复信息时，管理员可对其进行更改后提交；当留言中不存在回复信息时，管理员可回复留言后进行提交。

JSP 页面 managerRevert07.jsp 中需要使用 JSTL 标签，使用 JSTL 标签之前必须在 JSP 页面的顶部使用<%@taglib%>指令定义标签库的位置和访问前缀，使用核心标签库的 taglib 指令格式如下所示。

```
<%@ taglib uri="http://java.sun.com/jstl/core_rt" prefix="c" %>
```

在 JSP 页面 managerRevert07.jsp 的<head>和</head>之间编写如下所示的代码，引入所需的 CSS 样式文件。

```
<link rel="stylesheet" type="text/css" href="css/module.css">
<link rel="stylesheet" type="text/css" href="css/member.css">
<link rel="stylesheet" type="text/css" href="css/base.css">
<link rel="stylesheet" type="text/css" href="css/view.css">
<link rel="stylesheet" type="text/css" href="css/common.css" >
```

在 JSP 页面 managerRevert07.jsp 的<head>和</head>之间编写如表 7-46 所示的 JavaScript 代码。

表 7-46　JSP 页面 managerRevert07.jsp 中<head>和</head>之间的 JavaScript 代码

```
<script type="text/javascript">
function submitForm(){
    formRevert.submit();
    return true;
}
</script>
```

JSP 页面 managerRevert07.jsp 的主体代码如表 7-47 所示。

表 7-47　JSP 页面 managerRevert07.jsp 的代码

```
<body>
<c:if test="${empty message or empty manager}">
    <c:set scope="request" var="error" value="您无权访问此页！"></c:set>
    <jsp:forward page="error07.jsp"></jsp:forward>
</c:if>
<jsp:include page="top07.jsp" />
<div class="qn_main login" style="width:308px;">
    <div class="qn_header">
        <div class="title">回复留言</div>
    </div>
        <div class="qn_pa10 qn_lh"   style="padding-bottom:1px;">
        <span>留言标题：</span>
        <input type="tel" name="title" placeholder="请输入留言的标题" maxlength="11"
                value="${message.title}">
        <span>留言内容：</span>
        <textarea name="content" placeholder="请输入您的意见，500 字以内"
                    maxlength="500">${message.content}</textarea>
```

续表

```
18      <span>网友：</span>
19      <input type="tel" name="title" placeholder="" maxlength="11"
20              value="${message.user.username}">
21      </div>
22      <div class="qn_pa10 qn_lh">
23      <span>回复留言：</span>
24      <form action="managerServlet" method="post" id="formRevert"    name="formRevert">
25     <input type="hidden" name="method" value="saveOrUpdateRevert">
26     <input type="hidden" name="id" value="${message.id}">
27       <textarea name="content" placeholder="" maxlength="500"    rows="5" cols="50" >
28                  ${message.revert.content}
29       </textarea>
30       <div class="qn_btn qn_plr10">
31               <input name="submit1" type="button" value="回复" onclick="submitForm();">
32       </div>
33     </form>
34     </div>
35   </div>
36   <jsp:include page="bottom07.jsp"></jsp:include>
37   </body>
```

表 7-47 中第 2 行通过<c:if>标签判断用户是否为管理员身份，如果不是以管理员身份登录，则第 3 行通过<c:set>标签设置错误信息为“您无权访问此页！”，第 4 行将页面跳转到 error07.jsp 页面。

（2）扩充与完善 MessageDao 类中的方法

打开项目 project07 的包 dao 中的类 MessageDao，在该类添加 deleteMessage()和 getMessage()方法。deleteMessage()方法用于删除留言信息，其入口参数留言 ID 标识 getMessage()方法用于加载留言信息，相关代码如表 7-48 所示。

表 7-48　MessageDao 类及 deleteMessage()和 getMessage()方法的相关代码

```
/**
  * 删除留言信息
  * @param id
  */
public void deleteMessage(Integer id){
   Session session = null;                //Session 对象
   try {
      session = HibernateUtil.getSession();   //获取 Session
      session.beginTransaction();          //开启事务
      //加载指定 id 的留言信息
      Message message = (Message)session.get(Message.class, id);
      session.delete(message);                     //删除留言
      session.getTransaction().commit();           //提交事务
   } catch (Exception e) {
      e.printStackTrace();                         //打印异常信息
      session.getTransaction().rollback() ;    //回滚事务
   }finally{
```

续表

```
            HibernateUtil.closeSession();           //关闭 Session
        }
    }
    /**
     * 通过 id 加载留言信息
     * @param id 留言 id
     * @return Message 对象
     */
    public Message getMessage(Integer id){
        Session session = null;                     //Session 对象
        Message message = null;                     //Message 对象
        try {
            session = HibernateUtil.getSession();      //获取 Session
            session.beginTransaction();                //开启事务
            message = (Message)session.get(Message.class, id);   //加载 Message
            session.getTransaction().commit();         //提交事务
        } catch (Exception e) {
            e.printStackTrace();                       //打印异常信息
        }finally{
            HibernateUtil.closeSession();              //关闭 Session
        }
        return message;
    }
```

Hibernate 中，删除数据与保存数据不同，它先要对数据进行加载，然后再实现删除操作。由于留言对象与回复对象存在一对一的关联关系，并且其映射文件中又配置了级联关系，所以对回复信息的持久化操作可通过留言信息进行控制。当对回复信息进行添加和修改时，只需将回复信息保存到留言对象中，Hibernate 将会对两者进行级联更新操作。

17．创建字符编码过滤器 CharacterEncodingFilter

在项目 project07 的包 util 中创建 CharacterEncodingFilter 类，该类用于实现字符编码过滤器功能，其代码如表 7-49 所示。

表 7-49 CharacterEncodingFilter 类的代码

```
package package07.util;
import java.io.IOException;
import javax.servlet.Filter;
import javax.servlet.FilterChain;
import javax.servlet.FilterConfig;
import javax.servlet.ServletException;
import javax.servlet.ServletRequest;
import javax.servlet.ServletResponse;
/**
 * 字符编码过滤器
 */
public class CharacterEncodingFilter implements Filter{
    protected String encoding = null;
    protected FilterConfig filterConfig = null;
```

续表

```
    public void init(FilterConfig filterConfig) throws ServletException {
        this.filterConfig = filterConfig;
        this.encoding = filterConfig.getInitParameter("encoding");
    }
    public void doFilter(ServletRequest request, ServletResponse response, FilterChain chain)
            throws IOException, ServletException {
        if (encoding != null) {
            request.setCharacterEncoding(encoding);
            response.setContentType("text/html; charset="+encoding);
        }
        chain.doFilter(request, response);
    }
    public void destroy() {
        this.encoding = null;
        this.filterConfig = null;
    }
}
```

18．创建 JSP 页面 index.jsp

在项目 project07 中创建 JSP 页面 index.jsp，该页面是留言模块的起始页面，其主体代码如下所示。

```
<jsp:forward
page="messageServlet?method=view"></jsp:forward>
```

19．运行程序输出结果

运行 JSP 页面 indexjsp，显示 JSP 页面 messageList07.jsp，如图 7-10 所示。

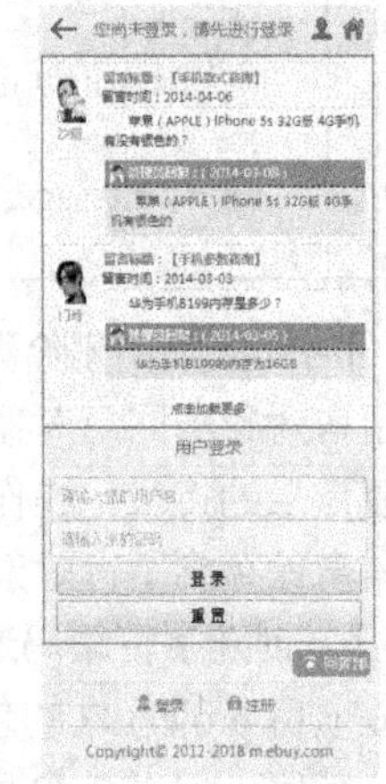

图 7-10　显示留言信息

在“用户登录”区域的“用户名”文本框中输入“向海”，在“密码”输入框中输入“666”，如图 7-11 所示，然后单击按钮【登录】，以普通用户身份成功登录留言系统，并在页面顶部显示当前登录用户名称。

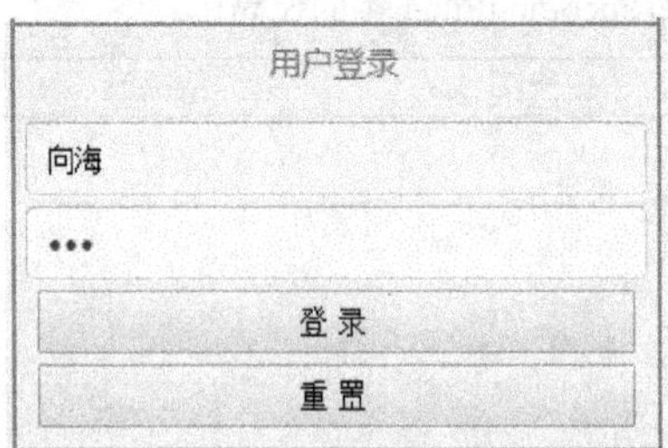

图 7-11　在“用户登录”区域的输入框中输入普通用户登录信息

在“我要留言”区域的“留言标题”文本框中输入“手机性能咨询”，在“留言内容”文本框中输入“三星手机 N7102 云石白是否为双卡双待？”，如图 7-12 所示。

单击【留言】按钮，提交留言，并在留言显示页面显示留言信息，如图 7-13 所示。

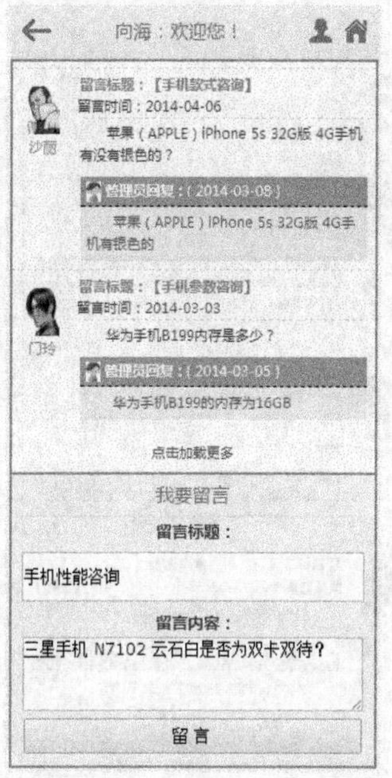

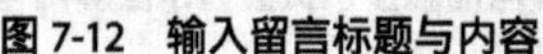
图 7-12　输入留言标题与内容

图 7-13　显示新留言的相关信息

在留言显示页面，单击底部的【退出】按钮，退出普通用户的登录状态。

接下来以管理员身份进行登录，在“用户登录”区域的“用户名”文本框中输入“admin”，在“密码”输入框中输入“123456”，如图 7-14 所示，然后单击按钮【登录】，以管理员身份成功登录留言系统，并显示留言信息以及相关按钮，如图 7-15 所示。

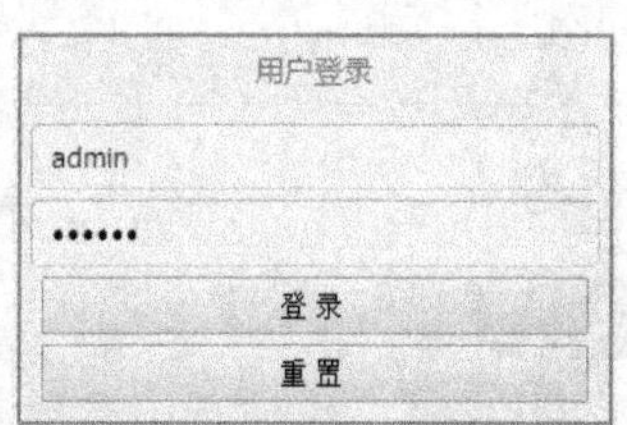

图 7-14　输入管理员用户的登录信息

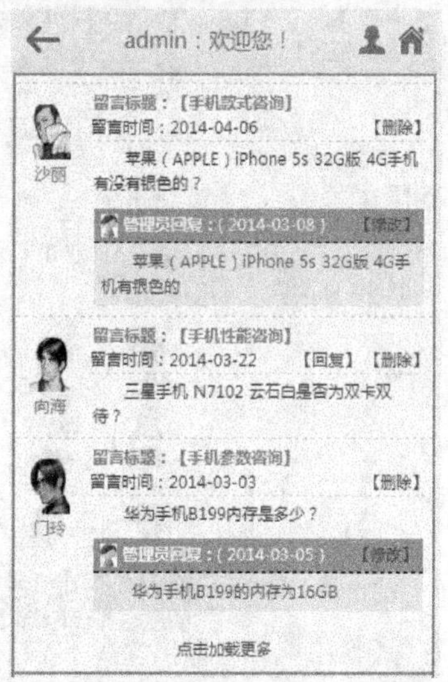

图 7-15　管理员用户成功并显示留言信息

在图 7-15 所示的页面单击中部未回复的留言信息位置的【回复】超链接，打开回复留言页面，在该页面“回复留言”文本框中输入“三星手机 N7102 云石白是双卡双待”，如图 7-16 所示，然后单击【回复】按钮，即可回复留言，并在留言显示页面显示回复内容等，如图 7-17 所示。在留言显示页面单击【修改】超链接，也会打开如图 7-16 所示的回复留言页面，可以重新修改回复内容，然后再一次单击【回复】按钮即可。

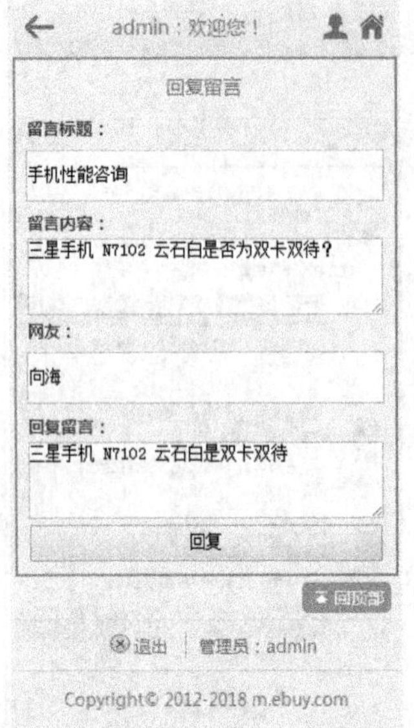

图 7-16 “回复留言”页面

图 7-17 在留言信息显示页面显示回复内容等信息

在图 7-17 所示的留言信息显示页面单击【删除】超链接即可删除对应的留言内容以及回复内容。在图 7-16 中单击【退出】按钮可以退出管理员的登录状态。接着单击【注册】超链接，打开如图 7-18 所示的“注册页面”，在该页面输入正确的用户名、密码和邮箱地址，选择合适的头像，然后单击【注册】即可实现用户注册。

图 7-18 留言模块的用户注册页面

【单元小结】

Hibernate是一个开放源代码的对象关系映射框架，为快速开发应用程序提供了底层的支持。Hibernate对JDBC进行了轻量级的对象封装，使得Java程序员可以使用对象编程思维来操纵数据库，有助于提高开发效率。Hibernate可以应用在任何使用JDBC的场合，既可以在Java的客户端程序实用，也可以在Servlet/JSP的Web应用中使用，最具革命意义的是，Hibernate可以在应用EJB的Java EE架构中取代CMP，完成数据持久化的重任。

Hibernate有自己的面向对象的查询语言HQL，其功能强大，支持目前大部分主流的数据库，如Microsoft SQL Server、Oracle、MySQL、DB2等，是目前应用最广泛的O/R映射工具。O/R mapping 技术是为了解决关系型数据库和面向对象的程序设计之间不匹配的矛盾而产生的。Hibernate是目前最为流行的O/R mapping框架，它在关系型数据库和Java对象之间做了一个自动映射，使得程序员可以以非常简单的方式实现对数据库的操作。

本单元主要探讨了购物网站中用户留言功能的实现方法。

PART 8 单元 8 购物网站订单模块设计和多模块集成（JSP+Struts 2+Spring+Hibernate）

Spring 是一个轻量级的开源框架，它为 Java 带来了一种全新的编程思想，其目的是解决企业应用开发的复杂性。Spring 以 IoC 和 AOP 两种先进技术为基础完美地简化了企业级开发的复杂度，降低了开发成本并整合了各种流行框架。

Spring 的一个最大的目的就是使 Java EE 开发更加容易，Spring 不同于 Struts、Hibernate 等单层框架，它致力于以统一的、高效的方式构造整个应用系统，并且可以将单层框架以最佳的组合揉和在一起，建立一个连贯的体系。可以说 Spring 是一个提供了更完善开发环境的框架，可以为 POJO（Plain Old Java Object）对象提供企业级的服务。

轻量级 Java EE 软件架构主要由主流的开源框架 Struts、Spring、Hibernate 根据其各自的应用特性而进行整合而成，选择以 Spring 框架为核心并整合 Struts 和 Hibernate 的框架组合。基于 SSH 框架的应用系统从职责上分为 4 层：表示层、业务层、持久层和域模块层，以帮助开发人员在短期内搭建结构清晰、可复用性好、维护方便的 Web 应用程序。其中使用 Struts 作为系统的整体基础架构，负责 MVC 的分离，在 Struts 框架的模型部分，控制业务跳转，使用 Hibernate 框架对持久层提供支持，使用 Spring 管理 struts 和 hibernate。

SSH 分为 SSH 1 和 SSH 2，区别主要在于 Struts 的版本，即 SSH1 框架集成了 Struts 1，SSH 2 框架集成了 Struts2，本单元的应用程序开发是基于 SSH 2，即 Struts 2+Spring+Hibernate 的集成。

【知识梳理】

1. Spring 简介

Spring 是一个为了解决企业应用开发的复杂性而创建的开源框架，由 Rod Johnson 创建。Spring 使用基本的 JavaBean 来完成以前只可能由 EJB 完成的事情。然而，Spring 的用途不仅限于服务器端的开发。从简单性、可测试性和松耦合的角度而言，任何 Java 应用都可以从 Spring 中受益。

Spring 是一个解决了许多 Java EE 开发中常见问题并能够替代 EJB 技术的强大的轻量级框架。这里所说的轻量级指的是 Spring 框架本身，而不是指 Spring 只能用于轻量级的应用开发。Spring 的轻盈体现在其框架本身的基础结构以及对其他应用工具的支持和装配能力。与 EJB 这种庞然大物相比，Spring 可使程序研发人员把各技术层次之间的风险降低。

Spring 提供了管理业务对象的一致方法并且鼓励对接口编程而不是对类编程的良好习惯。Spring 提供了唯一的数据访问抽象，包括简单和有效率的 JDBC 框架，极大地改进了效率并且减少了可能的错误。Spring 的数据访问架构还集成了 Hibernate 和其他 O/R Mapping 解决方案。Spring 还提供了唯一的事务管理抽象，它能够在各种底层事务管理技术，如 JTA 或者 JDBC 事务提供一个一致的编程模型。Spring 提供了一个用标准 Java 语言编写的 AOP 框架，它给 POJO 提供了声明式的事务管理和其他企业事务。Spring 框架使得应用程序能够抛开 EJB 的复杂性，同时享受着和传统 EJB 相关的关键服务。Spring 还提供了可以和 IoC 容器集成的强大而灵活的 MVC Web 框架。

Spring 框架的核心是控制翻转 IoC（Inversion of Control）/依赖注入 DI（Dependence Injection）机制。IoC 是指由容器中控制组件之间的关系（这里，容器是指为组件提供特定服务和技术支持的一个标准化的运行时的环境）而非传统实现中由程序代码直接操控，这种将控制权由程序代码到外部容器的转移，称为“翻转”。DI 是对 IoC 更形象的解释，即由容器在运行期间动态地将依赖关系（如构造参数、构造对象或接口）注入到组件之中。Spring 采用设值注入（使用 Setter 方法实现依赖）和构造注入（在构造方法中实现依赖）的机制，通过配置文件管理组建的协作对象，创建可以构造组件的 IoC 容器。这样，不需要编写工厂模式、单实例模式或者其他构造的方法，就可以通过容器直接获取所需的业务组件。

2．Spring 的特性

Spring 是一个轻量级的控制反转（IoC）和面向切面（AOP）的容器框架。

① 轻量：从大小与开销两方面而言 Spring 都是轻量的。完整的 Spring 框架可以在一个大小只有 1MB 多的 JAR 文件里发布。并且 Spring 所需的处理开销也是微不足道的。此外，Spring 是非侵入式的，Spring 应用中的对象不依赖于 Spring 的特定类。

② 控制反转：Spring 通过一种称作控制反转（IoC）的技术促进了松耦合，其核心是轻量级的 IoC 容器。当系统应用了 IoC，一个对象依赖的其他对象会通过被动的方式传递进来，而不是这个对象自己创建或者查找依赖对象。IoC 不是对象从容器中查找依赖，而是容器在对象初始化时不等对象请求就主动将依赖传递给它。

③ 面向切面：Spring 提供了面向切面编程的丰富支持，允许通过分离应用的业务逻辑与系统级服务（如审计和事务管理）进行内聚性的开发。应用对象只实现它们应该做的（完成业务逻辑）。它们并不负责其他的系统级关注点，如日志或事务支持。

④ 容器：Spring 包含并管理应用对象的配置和生命周期，在这个意义上它是一种容器，可以基于一个可配置原型（prototype）配置每一个 Bean 如何被创建，Bean 可以创建一个单独的实例或者每次需要时都生成一个新的实例。然而，Spring 不应该被混同于传统的重量级的 EJB 容器，EJB 经常是庞大与笨重的，难以使用。

⑤ 框架：Spring 可以将简单的组件配置组合成为复杂的应用。在 Spring 中，应用对象被声明式地组合，典型地是在一个 XML 文件里。Spring 也提供了很多基础功能（事务管理、持久化框架集成等），将应用逻辑的开发留给了应用开发人员。

所有 Spring 的这些特性使程序员能够编写更干净、更可管理、并且更易于测试的代码。它们也为 Spring 中的各种模块提供了基础支持。

Spring 希望为企业应用提供一站式（one-stopshop）的解决方案，其目标是为 Java EE 应用提供了全方位的整合框架，在 Spring 框架下实现多个子框架的组合，这些子框架之间可以彼此独立，也可以使用其他的框架方案加以代替。

3．Spring 框架的组成模块

Spring 框架由 7 个定义明确的模块组成，且每个模块或组件都可以单独使用，或者与其他一个或多个模块组合使用，灵活方便的部署可以使开发的程序更加简洁。Spring Core Container 是一个用来管理业务组件的 IoC 容器，是 Spring 应用的核心；Spring DAO 和 Spring ORM 不仅提供数据访问的抽象模块，还集成了对 Hibernate、JDO 和 iBatis 等流行的对象关系映射框架的支持模块，并且提供了缓冲连接池、事务处理等重要的服务功能，保证了系统的性能和数据的完整性；Sprnig Web 模块提供了 Web 应用的一些抽象封装，可以将 Struts、Webwork 等 Web 框架与 Spring 整合成为适用于自己的解决方案。

（1）Spring Core 模块

该模块是 Spring 框架的核心容器，这是 Spring 框架最基础的部分，它提供了依赖注入（DependencyInjection）特征来实现容器对 Bean 的配置与管理。

核心容器的主要组件是 BeanFactory，它是工厂模式的一个实现。BeanFactory 使用控制反转（IoC）模式将应用程序的配置和依赖性规范从实际的应用程序代码中分离出来。

（2）Spring Context（应用上下文）模块

核心模块的 BeanFactory 使 Spring 成为一个容器，而 Spring Context 模块使它成为一个框架。这个模块扩展了 BeanFactory 的概念，增加了对事件处理、国际化（I18N）消息、资源加载及数据验证的支持。另外，这个模块提供了框架式的 Bean 访问方式和许多企业级服务，如电子邮件、JNDI 访问、支持 EJB、远程及时序调度（scheduling）服务。也包括了对模板框架（如 Velocity 和 FreeMarker）集成的支持。

（3）Spring AOP 模块

Spring 在它的 AOP 模块中提供了对面向切面编程的丰富支持，这个模块是在 Spring 应用中实现切面编程的基础。为了确保 Spring 与其他 AOP 框架的互用性，Spring 的 AOP 支持基于 AOP 联盟定义的 API。AOP 联盟是一个开源项目，它的目标是通过定义一组共同的接口和组件来促进 AOP 的使用以及不同的 AOP 实现之间的互用性。

Spring 的 AOP 模块也将元数据编程引入了 Spring，使用 Spring 的元数据支持，可以为编写的源代码增加注释，指示 Spring 在何处以及如何应用切面函数。

（4）Spring DAO 模块

直接使用 JDBC 编写程序访问数据库，实现取得连接、创建语句、处理结果集，然后关闭连接等功能，会导致大量的重复代码。Spring 的 JDBC 和 DAO 模块抽取了这些重复代码，因此可以保持数据库访问代码的干净简洁，并且可以防止因关闭数据库资源失败而引起的问题。

这个模块还在几种数据库服务器给出的错误消息之上建立了一个有意义的异常层，使编程者不用再试图破译神秘的私有的 SQL 错误消息。另外，这个模块还使用了 Spring 的 AOP 模块为 Spring 应用中的对象提供了事务管理服务。

（5）Spring ORM（对象/关系映射）集成模块

Spring 提供的 ORM 模块，对现有 ORM 框架提供了支持。Spring 并不试图实现它自己的 ORM 解决方案，而是为几种流行的 ORM 框架提供了集成方案，包括 Hibernate、JDO 和 iBATIS SQL 映射。Spring 的事务管理支持这些 ORM 框架中的每一个（也包括 JDBC）。

（6）Spring Web 模块

Spring Web 模块建立于 Spring Context（应用上下文）模块之上，提供了一个适合于 Web 应用的上下文。另外，这个模块还提供了一些面向服务支持，如实现文件上传的 multipart 请求，也提供了 Spring 和其他 Web 框架的集成，如 Struts、WebWork。

（7）Spring MVC 框架

Spring 为构建 Web 应用提供了一个功能全面的 MVC 框架。虽然 Spring 可以很容易地与其他 MVC 框架集成，如 Struts，但 Spring 的 MVC 框架使用 IoC 对控制逻辑和业务对象提供了完全的分离。此外，Spring 的 MVC 框架还可以利用 Spring 的任何其他服务，如国际化信息与验证。

4．SSH 框架

著名的软件大师 Ralph Johnson 对框架（Framework）进行了如下的定义：框架是整个系统或系统的一部分的可重用设计，由一组抽象的类及其实例间的相互作用方式组成。

框架一般具有即插即用的可重用性、成熟的稳定性及良好的团队协作性。Java EE 复杂的多层结构决定了大型的 Java EE 项目需要运用框架和设计模式来控制软件质量。目前，市场上出现了一些商业的、开源的基于 Java EE 应用框架，其中主流的框架技术有基于 MVC 模式的 Struts 框架、基于 IoC 模式的 Spring 框架和基于对象/关系映射框架 Hibernate 等。

SSH 框架就是指 Struts、Spring、Hibernate 这三大流行框架的集成。

（1）Struts

Struts 主要负责表示层的实现，它提供的丰富标签用于 View，同时 Struts 也充当了实现 Control 的功能，实现接收参数和视图分发功能。

Struts 是一个在 JSP Model2 基础上实现的 MVC 框架，主要是采用 Servlet 和 JSP 技术来实现的。Struts 能充分满足应用开发的需求，且简单易用、敏捷迅速。Struts 把 Servlet、JSP、自定义标签和信息资源（message resources）整合到一个统一的框架中，开发人员利用其进行开发时不用自己编码实现全套 MVC 模式，极大地节省了时间，所以说 Struts 是一个非常不错的应用框架。

（2）Spring

Spring 利用它的 IoC 和 AOP 来处理控制业务，降低层与层间耦合度的，所有的类都可以由 Spring 统一创建，用时只需注入即可。

在 SSH 整合的架构中，Spring 充当了一个容器的作用，Spring 使用 IoC 和 AOP 技术接管了 Hibernate 的 DAO 和 Struts 的 Action 对象，因而能充分管理事务和代理 request 请求。经过 IoC 容器的处理后，使软件项目的分层更明确。

（3）Hibernate

Hibernate 主要是数据的持久化到数据库，是底层基于 JDBC 的 ORM（对象关系映射）持久化框架，即表与类的映射，字段与属性的映射，记录与对象的映射。

Hibernate 通过对 JDBC 的封装，向程序员屏蔽了底层的数据库操作，使程序员专注于 OO 程序的开发，有助于提高开发效率。程序员访问数据库所需要做的就是为持久化对象编制 XML 映射文件。

Hibernate 通过映射（Mapping）文件将对象（Object）与关系型数据（Relational）相关联，因此需要编写和数据库表相对应的 Java 持久化类以及对应的映射文件。有了 Java 持久化类后就可以在此基础上实现数据访问类。在 Spring 框架中，数据访问类可以从辅助类 HibernateDaoSupport 继承，这极大地方便了 Hibernate 框架在 Spring 中的使用。

集成 SSH 框架的系统框架图如图 8-1 所示，基于 SSH 框架的应用系统从职责上分为 4 层：表示层、业务逻辑层、数据持久层和域模块层。其中使用 Struts 作为系统的整体基础架构，负责 MVC 的分离，利用 Hibernate 框架对持久层提供支持，业务层使用 Spring 支持。具体做法是：用面向对象的分析方法根据需求提出一些模型，将这些模型实现为基本的 Java 对象，然后编写基本的 DAO 接口，并给出 Hibernate 的 DAO 实现，采用 Hibernate 架构实现的 DAO 类来实现 Java 类与数据库之间的转换和访问，最后由 Spring 完成业务逻辑。

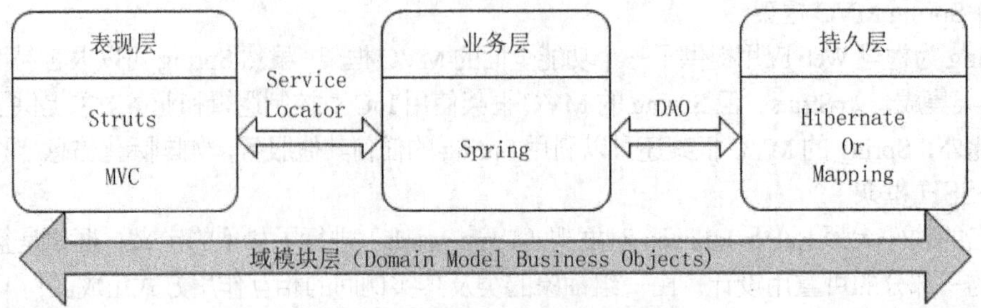

图 8-1　集成 SSH 框架的系统架构图

系统的基本业务流程是：在表示层中，首先通过 JSP 页面实现交互界面，负责接收请求（Request）和传送响应（Response），然后 Struts 根据配置文件（struts-config.xml）将 ActionServlet 接收到的 Request 委派给相应的 Action 处理。在业务层中，管理服务组件的 Spring IoC 容器负责向 Action 提供业务模型（Model）组件以及该组件的协作对象数据处理组件完成业务逻辑，并提供事务处理、缓冲池等容器组件以提升系统性能和保证数据的完整性。而在持久层中，则依赖于 Hibernate 的对象化映射和数据库交互，处理 DAO 组件请求的数据，并返回处理结果。

① 表示层。

表示层结合 JSP 和 Struts 的 TagLib 库处理显示功能，利用 ActionServlet 将用户请求映射到相应的 Action，并由 Action 调用业务逻辑的服务组件，然后根据处理结果跳转到 Forword 对象指定的响应页面。

② 业务逻辑层。

业务逻辑层由 Spring 框架支持，提供了处理业务逻辑的服务组件。开发者需要对业务对象建模，抽象出业务模型并封装在 Model 组件中。由于数据持久层实现了 Java 持久化类并且封装了数据访问对象（DAO），因此可以在 Model 组件中方便地调用 DAO 组件来存取数据。Spring 的 IoC 容器负责统一管理 Model 组件和 DAO 组件以及 Spring 所提供的事务处理、缓冲连接池等服务组件。

③ 数据持久层。

数据持久层由 Java 对象持久化类和数据访问对象（DAO）组成。每个数据库表都对应着一个持久化对象，这样就给予了开发者使用 OO 思想设计和开发的便利，同时也屏蔽了具体的数据库和具体的数据表、字段，消除了对数据库操作的硬编码在重用性上的弊端。

采用上述开发模型，不仅实现了视图、控制器与模型的彻底分离，而且还实现了业务逻辑层与持久层的分离。这样无论前端如何变化，模型层只需很少的改动，并且数据库的变化也不会对前端有所影响，大大提高了系统的可复用性。而且由于不同层之间耦合度小，一方面有利于团队成员并行工作，大大提高了开发效率，缩短系统开发周期；另一方面使系统具有良好的扩展能力和可维护性。

【应用技巧】

本单元的应用技巧如下所示。

① SSH2（Struts 2+Spring 3+Hibernate 4）开发环境的正确配置。

② 利用泛型工具类获取实体对象的类型方法。

③ 利用 DAO 模式封装数据库的基本操作方法。

④ 随机生成订单号，确保订单编号的唯一性。

⑤ 配置编码过滤器，确保中文字符的正常显示，避免产生乱码。

⑥ 利用 Struts 2 的拦截器控制用户必须先登录，才允许购买商品。

⑦ 利用 Struts 2 的字段验证器编写风格针对字段进行验证。

⑧ 在 Struts 2 的配置文件 struts.xml 中应用通配符配置 Action 对象，达到简化配置的效果。

⑨ 应用 Hibernate 的 find()方法实现数据分页。

⑩ 利用 Session 对象实现购物车功能。

⑪ 应用 Hibernate 框架中的多对一和一对一关联关系映射。

【环境创设】

① 下载与配置 Spring。

Spring 官方网站的网址是 http://www.springsource.org，在该网站上可以获取 Spring 的最新版本的 jar 包及帮助文档，本书所使用的 Spring 开发包为 spring 3.1.1 版本。

在 Sping 的应用项目开发之前需要添加 Spring 的类库支持，即将 jar 包复制到 WEB-INF\lib 文件夹中，Web 服务器启动时会自动加载 lib 中的所有 jar 文件。在使用 Eclipse 开发工具时，也可以将这些包配置为一个用户库，然后在需要应用 Spring 的项目中，加载这个用户库即可。

Spring 的支持类库如图 8-2 所示。

```
aopalliance.jar
commons-logging.jar
org.springframework.aop-3.1.1.RELEASE.jar
org.springframework.asm-3.1.1.RELEASE.jar
org.springframework.aspects-3.1.1.RELEASE.jar
org.springframework.beans-3.1.1.RELEASE.jar
org.springframework.context-3.1.1.RELEASE.jar
org.springframework.context.support-3.1.1.RELEASE.jar
org.springframework.core-3.1.1.RELEASE.jar
org.springframework.expression-3.1.1.RELEASE.jar
org.springframework.instrument-3.1.1.RELEASE.jar
org.springframework.instrument.tomcat-3.1.1.RELEASE.jar
org.springframework.jdbc-3.1.1.RELEASE.jar
org.springframework.jms-3.1.1.RELEASE.jar
org.springframework.orm-3.1.1.RELEASE.jar
org.springframework.oxm-3.1.1.RELEASE.jar
org.springframework.spring-library-3.1.1.RELEASE.libd
org.springframework.test-3.1.1.RELEASE.jar
org.springframework.transaction-3.1.1.RELEASE.jar
org.springframework.web-3.1.1.RELEASE.jar
org.springframework.web.portlet-3.1.1.RELEASE.jar
org.springframework.web.servlet-3.1.1.RELEASE.jar
org.springframework.web.struts-3.1.1.RELEASE.jar
```

图 8-2　Spring 的支持类库

② 下载 Servlet 支持类库 servlet-api.jar、JDBC 支持类库 sqljdbc4.jar、Struts 2 支持类库的 jar 包和 Hibernate 支持类库的 jar 包。

③ 在 Microsoft SQL Server 2008 数据库 eshop 中创建本单元所需多个数据表，其中“商品数据表”已在前面的单元中创建完成。本单元只创建“订单信息表”、“订单商品详情表”和“注册信息表”。

“订单信息表”的结构信息如表 8-1 所示。

表 8-1 “订单信息表”的结构信息

字段名	数据类型	字段名	数据类型
订单编号	nvarchar(30)	送货方式	nvarchar(20)
收货人姓名	nvarchar(30)	订单总金额	money
送货地址	nvarchar(80)	下单时间	datetime
联系电话	varchar(11)	订单状态	nvarchar(20)
支付方式	nvarchar(20)	客户 ID	int

“订单商品详情表”的结构信息如表 8-2 所示。

表 8-2 “订单商品详情表”的结构信息

字段名	数据类型	字段名	数据类型
商品条目 ID	int	商品价格	money
订单编号	nvarchar(30)	优惠价格	money
商品 ID	int	购买数量	int
商品名称	nvarchar(50)		

“注册信息表”的结构信息如表 8-3 所示。

表 8-3 “注册信息表”的结构信息

字段名	数据类型	字段名	数据类型
注册用户 ID	int	地址	nvarchar(100)
注册名称	nvarchar(30)	Email	nvarchar(50)
密码	nvarchar(20)	联系电话	varchar(11)
真实姓名	nvarchar(30)		

④ 准备开发 Web 应用程序所需的图片文件、CSS 样式文件和 JavaScript 文件。

⑤ 在计算机的【资源管理器】中创建文件夹 unit08。

在 E 盘文件夹“移动平台的 Java Web 实用项目开发”中创建子文件夹“unit08”，以文件夹“unit08”作为 Java Web 项目的工作空间。

⑥ 启动 Eclipse，设置工作空间为 unit08，然后进入 Eclipse 的开发环境。

⑦ 在 Eclipse 集成开发环境中配置与启动 Tomcat 服务器。

⑧ 新建动态 Web 项目，命名为 project08。

⑨ 将 Jar 包文件 servlet-api.jar 和 sqljdbc4.jar、Struts 2 支持类库的 jar 包、Hibernate 支持类库的 jar 包、Spring 支持类库的 jar 包拷贝到 Web 项目 project08 的文件夹“WebContent\WEB-INF\lib”下，并在 Eclipse 集成开发环境的“项目资源管理器”刷新各个 Web 项目。

⑩ 为了便于应用程序的管理和维护，建立好 Java 类的包结构，本单元的 Web 项目 project08 的包结构如图 8-3 所示。其中包 action 存放基本的 action 类，包 dao 存放 DAO 类，包 model 存放基本的实体类，包 tools 和 util 存放工具类。

为了提高应用系统的安全性，避免用户直接输入网址就可以访问 JSP 页面，将所有 JSP 页面存放在 WEB-INF 文件夹中，Web 项目 project08 的 JSP 页面资源的存放文件夹如图 8-4 所示。其中文件夹 css 存放 CSS 样式文件，文件夹 images 存放图片文件，文件夹 pages 存放 JSP 页面文件。

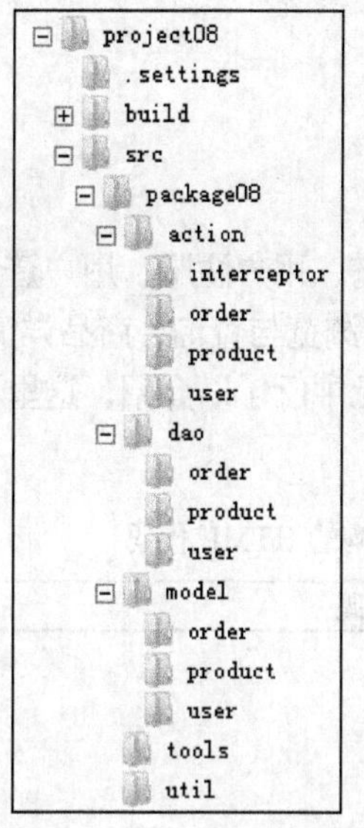

图 8-3 Web 项目 project08 的包结构

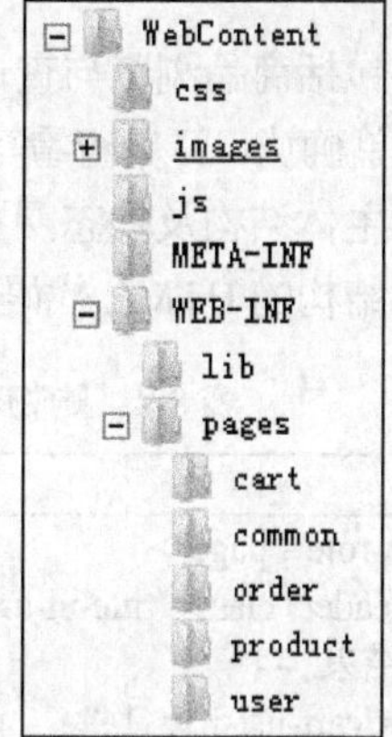

图 8-4 Web 项目 project08 页面资源的文件夹

【任务描述】

基于 SSH2 创建 Java Web 应用程序，实现购物网站的用户注册、用户登录、商品浏览、商品查询和购物功能，购物网站的部分功能结构及购物流程如图 8-5 所示。

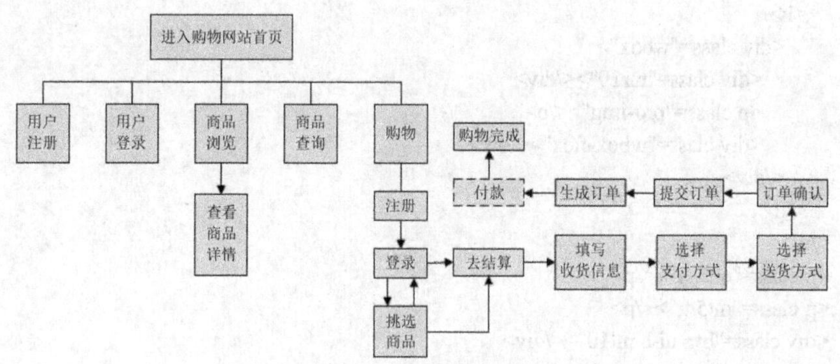

图 8-5 购物网站的部分功能结构及购物流程

【任务 8-1】基于 SSH2 的商品浏览与查询模块的设计

基于 SSH2 创建 Java Web 应用程序，实现购物网站的浏览与查询商品功能。

【任务 8-2】基于 SSH2 的用户登录模块的设计

基于 SSH2 创建 Java Web 应用程序，实现购物网站的普通用户登录功能。

【任务 8-3】基于 SSH2 的用户注册模块的设计

基于 SSH2 创建 Java Web 应用程序，实现购物网站的用户注册功能。

【任务 8-4】基于 SSH2 的购物车模块的设计

基于 SSH2 创建 Java Web 应用程序，实现购物网站的购物车功能。

【任务 8-5】基于 SSH2 的订单模块的设计

基于 SSH2 创建 Java Web 应用程序，实现购物网站的订单功能。

【任务实施】

【网页结构设计】

购物网站主要包括商品浏览与查询、商品详情浏览、用户注册、用户登录、购物车商品浏览、订单添加、订单确认、订单查看等页面，其中商品浏览与查询、商品详情浏览、用户注册、用户登录等页面的主体结构及静态网页设计在前面单元中已予以介绍，这里不再赘述。购物车商品浏览页面主体结构的HTML代码如表8-4所示。

表8-4　购物车查看页面主体结构的HTML代码

HTML 代码

```
<body data-role="page">
<div id="header" class="title-ui-a w"></div>
<!-- 头部结束 -->
<div class="cart-list-1 w f14">
  <ul class="cart-list list-ui-c" id="Cart_List">
      <li>
          <div class="wbox">
              <div class="mr10"></div>
              <p class="pro-img"></p>
              <div class="wbox-flex"></div>
          </div>
      </li>
      <li>
          <div class="wbox">
              <div class="mr10"></div>
              <p class="pro-img"></p>
              <div class="wbox-flex"></div>
          </div>
      </li>
   </ul>
   <p class="mt5 tr"></p>
   <p class="mt5 tr"></p>
   <div class="btn-ui-b mt10"></div>
   <div class="btn-ui-c mt10"></div>
   <div class="btn-ui-b mt10"></div>
</div>
<!-- 底部开始 -->
<div id="footer" class="w"></div>
</body>
```

订单确认页面主体结构的HTML代码如表8-5所示。

表8-5　订单确认页面主体结构的HTML代码

代码

```
<body data-role="page">
<div id="header" class="title-ui-a w"></div>
<!-- 头部结束 -->
<div class="cart-2 w">
```

续表

```
<form id="formorder" name="formorder" action="" method="post">
    <div class="title-sub-ui-a mt10"></div>
    <h4 class="mt10"></h4>
    <ul class="cart-list-info-2-2 list-ui-d mt10 f14">
        <li></li>
    </ul>
    <h4 class="mt10"></h4>
    <ul class="cart-list-info-2 list-ui-c f14">
        <li>
            <div class="wbox"></div>
        </li>
        <li>
            <div class="wbox"></div>
        </li>
    </ul>
    <div class="cart-ticket f14">
        <p class="wbox"></p>
        <p class="wbox"></p>
        <p class="wbox"></p>
    </div>
    <div class="btn-ui-b mt10"></div>
  </form>
</div>
<!-- 底部开始 -->
<div id="footer" class="w"></div>
</body>
```

【网页 CSS 设计】

在 Dreamweaver CS6 开发环境中创建多个 CSS 文件：module.css、cart.css、ticket.css、base.css、view.css 和 member.css。module.css 文件中主要的 CSS 代码如表 8-6 所示，cart.css 文件中主要的 CSS 代码如表 8-7 所示。这 6 个 CSS 文件具体的代码见本书提供的电子资源。

表 8-6　module.css 文件中主要的 CSS 代码

```
body{
    -webkit-text-size-adjust: none;
    font-family: "microsoft yahei", Verdana,
                    Arial, Helvetica, sans-serif;
    font-size: 1em;
    min-width: 320px;
    background: #eee;
}
#header{
    height: 40px;
    line-height: 40px;
    font-weight: 700;
    font-size: 14px;
    overflow: hidden;
```

```
.wbox{
    display:-webkit-box;
}
.btn-ui-b,.btn-ui-b-a{
    height: 40px;
    line-height: 40px;
    font-size: 16px;
    text-shadow: -1px -1px 0 #D25000;
    border-radius: 3px;
    color: #fff;
    background: -webkit-gradient(linear,
          0% 0%, 0% 100%,
          from(#FF8F00),to(#FF6700));
    border: 1px solid #FF6700;
```

续表

```css
}
.w{
  width: 320px !important;
  margin:0 auto;
}
.title-ui-a{
  position: relative;
  background: -webkit-gradient(linear,
      50% 0%, 50% 100%,
      from(#0D9BFF),to(#0081DC));
  border-top: 1px solid #4CB5FF;
  color: #fff;
  text-align: center;
  padding: 0 5px;
  height: 40px;
  line-height: 40px;
  font-weight: 700;
  font-size: 14px;
  overflow: hidden;
}
.title-sub-ui-a{
  font-size: 16px;
  padding-bottom: 5px;
  border-bottom: 1px solid #ccc;
  box-shadow: 0 1px 0 #fbfbfb;
}
.list-ui-d,.box-ui-a{
  border: 1px solid #ccc;
  border-radius: 4px;
  padding: 10px;
  background: #fff;
}
.list-ui-d li{
  position:relative;
}
.list-ui-d li:after{
  content: '';
  position: absolute;
  top: 43%;
  right: 0;
  width: 8px;
  height: 8px;
  border: #999 solid;
  border-width: 2px 2px 0 0;
  -webkit-transform: rotate(45deg);
}
.list-ui-c li{
  border-bottom: 1px solid #ccc;
  -webkit-box-shadow: 0 1px 0 #fbfbfb;
}
```

```css
  text-align: center;
  -webkit-box-shadow: 0 1px 0
                    #FFAD2B inset;
}
#footer{
  clear: both;
  font-size: 14px;
}
.wbox-flex{
  -webkit-box-flex: 1;
  word-wrap: break-word;
  word-break: break-all;
}
.list-ui-a li,.list-ui-b li,.list-ui-div{
  position: relative;
  height: 38px;
  line-height: 38px;
  overflow: hidden;
  background: -webkit-gradient(linear,
           50% 0%, 50% 100%,
           from(#eee),to(#ddd));
  border-top: 1px solid #ccc;
  font-size: 14px;
}
.list-ui-div{
  border-bottom: 1px solid #ccc;
}

.list-ui-b li,.list-ui-div{
  background: -webkit-gradient(linear,
            50% 0%, 50% 100%,
            from(#F9F9F9),to(#eee));
}

.btn-ui-c,.btn-ui-c-a{
  height: 40px;
  line-height: 40px;
  font-size: 16px;
  text-shadow: -1px -1px 0 #024CAB;
  border-radius: 3px;
  color: #fff;
  background: -webkit-gradient(linear,
        0% 0%, 0% 100%,
        from(#0D9AFE),to(#0081DC));
  border: 1px solid #0284E0;
  text-align: center;
  -webkit-box-shadow: 0 1px 0
                    #3CAEFF inset;
}
```

表 8-7　cart.css 文件中主要的 CSS 代码

```css
.cart-list-info-2 li {
    padding: 10px 0;
}
.cart-list li {
    position: relative;
    padding: 5px 0;
}
.cart-list li p {
    margin: 2px 0;
}
.cart-list li .pro-img {
    margin-right: 10px;
    margin-top: 5px;
}
.cart-list li .pro-img a {
    display: block;
    height: 100%;
    border: 1px solid #ccc;
}
.cart-list-2 li {
    display: block;
    margin: 10px 0;
    position: relative;
}
.cate-list dt {
    color: #333;
    font-size: 16px;
    padding: 0 16px;
    margin-top: -1px;
    font-weight: 700;
}
.cate-list dd li {
    float: left;
    width: 50%;
}
.cate-list dt:after {
    content: ' ';
    position: absolute;
    top: 12px;
    right: 20px;
    width: 8px;
    height: 8px;
    border: #999 solid;
    border-width: 2px 2px 0 0;
    -webkit-transform: rotate(135deg);
}
.cate-list dt.cur:after {
    -webkit-transform: rotate(-45deg);
    top: 15px;
}
.cate-list dt a {
    display: block;
    color: #3367CD;
    font-size: 14px;
}

.cate-list dd {
    background: #fff;
    display: none;
}

.cate-list dd a,.cate-list dd span {
    display: block;
    height: 39px;
    line-height: 39px;
    text-align: center;
    overflow: hidden;
    border-bottom: 1px solid #ccc;
    border-right: 1px solid #ccc;
}
```

【静态网页设计】

1．创建购物车商品浏览的静态网页 cart_list.html

在 Dreamweaver CS6 中创建静态网页 cart_list.html，该网页的初始 HTML 代码如表 1-5 所示。在网页 cart_list.html 中<head>和</head>之间编写如下所示的代码，引入所需的 CSS 样式文件。

```html
<link rel="stylesheet" type="text/css" href="css/module.css">
<link rel="stylesheet" type="text/css" href="css/cart.css">
```

在网页 cart_list.html 的标签<body>和</body>之间编写代码，实现网页所需的布局和内容。网页 cart_list.html 头部的 HTML 代码如表 8-8 所示。

表 8-8 网页 cart_list.html 头部的 HTML 代码

```
<div id="header" class="title-ui-a w">
  <div class="back-ui-a">
    <a href="javascript:history.back(1)">返回</a>
  </div>
  <div class="header-title">购物车</div>
  <div class="site-nav">
    <ul class="fix">
      <li class="mysn"><a href="">我的订单</a></li>
      <li class="mycart"><a href="">我的购物车</a></li>
      <li class="home"><a href="">返回首页</a></li>
    </ul>
  </div>
</div>
```

网页 cart_list.html 底部的 HTML 代码如表 8-9 所示。

表 8-9 网页 cart_list.html 底部的 HTML 代码

```
<div id="footer" class="w">
  <div class="layout fix user-info">
    <div class="user-name fl" id="footerUserName">当前用户:
    <span class="a">good</span>
    </div>
    <div class="fr"><a id="backTop" href="javascript:;">回顶部</a></div>
  </div>
  <ul class="list-ui-a">
    <li>
      <div class="w user-login">
        <a href="">登录</a>
        <a href="">注册</a>
        <a href="">退出</a>
      </div>
    </li>
  </ul>
  <div class="copyright">Copyright© 2012-2018 m.ebuy.com</div>
</div>
```

网页 cart_list.html 主体内容对应的 HTML 代码如表 8-10 所示。

表 8-10 网页 cart_list.html 主体内容对应的 HTML 代码

```
<body data-role="page">
<!-- 页面头部 HTML 代码如表 8-8 所示 -->
<div class="cart-list-1 w f14">
 <ul class="cart-list list-ui-c" id="Cart_List">
    <li>
      <div class="wbox">
        <div class="mr10" style="margin-top:32px;">
          <input type="checkbox" class="input-checkbox-a"
```

续表

HTML 代码

```
            onclick="doForSelectSNShop(&#39;1&#39;);" name="checkbox_1"
            id="checkbox_1" checked="CHECKED">
    </div>
    <p class="pro-img"><span>
    <img src="images/103699102_ls.jpg" alt="三星手机 GT-I8552"></span></p>
    <div class="wbox-flex">
      <p><span class="attr">编号:</span>103699102</p>
      <p class="pro-name"><span class="attr">名称:</span>
        <a id="name_1" href="" title="三星手机 GT-I8552">三星手机 GT-I8552</a>
      </p>
      <div class="count">
        <span class="attr">数量:</span>
        <div class="countArea">
          <a href="javascript:void(0)" class="min" ></a>
          <input class="count-input" type="text" value="1" name="quantity" >
          <a href="javascript:void(0)" class="add" ></a>
        </div>
      </div>
      <p>
      <span class="attr">易购价:</span>
      <span class="price">￥1200.0</span>
      </p>
      <p>
      <span class="attr">已节省:</span>
      <span class="price">￥198.0</span>
      </p>
      <div class="trash" onclick="javascript:deleteCartItem(this);">
    <span class="lid"></span><span class="can"></span>
      </div>
    </div>
  </div>
</li>
<li>
  <div class="wbox">
    <div class="mr10" style="margin-top:32px;">
      <input type="checkbox" class="input-checkbox-a"
             name="checkbox_1" id="checkbox_1" checked="CHECKED">
    </div>
    <p class="pro-img"><span>
    <img src="images/106339636_ls.jpg" alt="HTC 手机 D310w"></span></p>
    <div class="wbox-flex">
      <p><span class="attr">编号:</span>106339636</p>
      <p class="pro-name">
        <span class="attr">名称:</span>
        <a id="name_1" href="" title="HTC 手机 D310w">HTC 手机 D310w</a>
      </p>
      <div class="count">
        <span class="attr">数量:</span>
        <div class="countArea">
          <a href="javascript:void(0)" class="min" ></a>
```

续表

```
                <input class="count-input" type="text" value="1" name="quantity" >
                <a href="javascript:void(0)" class="add" ></a>
              </div>
            </div>
            <p>
              <span class="attr">易购价:</span>
              <span class="price">￥880.0</span>
            </p>
            <p>
              <span class="attr">已节省：</span>
              <span class="price">￥119.0</span>
            </p>
              <div class="trash" onclick="javascript:deleteCartItem(this);">
                  <span class="lid"></span><span class="can"></span>
              </div>
          </div>
        </div>
      </li>
    </ul>
    <p class="mt5 tr">商品总计:
      <span><em id="userPayAllprice">￥2080.0</em></span>
      <span id="promotionAmountSpan">-  优惠:<em>￥317.0</em>
      </span>
    </p>
    <p class="mt5 tr">应付总额(未含运费)：
      <span class="price"><em id="userPayAllpriceList">￥2080.0</em></span>
    </p>
    <div class="btn-ui-b mt10" id="checkOutButton">
    <a href=""><span title="去结算">去结算</span></a>
    </div>
    <div class="btn-ui-c mt10">
    <a href=""><span title="继续购物">&lt;&lt;继续购物</span></a>
    </div>
    <div class="btn-ui-b mt10" id="checkOutButton">
    <a href=""><span title="清空购物车">清空购物车</span></a>
    </div>
  </div>
  <!-- 页面底部的 HTML 代码如表 8-9 所示 -->
  </body>
```

网页 cart_list.html 在 Chrome 浏览器中的浏览效果如图 8-6 所示。

图 8-6 网页 cart_list.html 的浏览效果

2．创建订单确认的静态网页 order_confirm.html

在 Dreamweaver CS6 中创建静态网页 order_confirm.html，该网页的初始 HTML 代码如表 1-5 所示。在网页 order_confirm.html 中<head>和</head>之间编写如下所示的代码，引入所需的 CSS 样式文件。

```
<link rel="stylesheet" type="text/css" href="css/module.css">
<link rel="stylesheet" type="text/css" href="css/cart.css">
<link rel="stylesheet" type="text/css" href="css/ticket.css">
```

在网页 order_confirm.html 的标签<body>和</body>之间编写如表 8-11 所示的代码，实现网页所需的布局和内容。

表 8-11 网页 order_confirm.html 主体内容对应的 HTML 代码

```
<body data-role="page">
<!-- 页面头部代码省略 -->
<div class="cart-2 w">
 <form id="formorder" name="formorder" action="" method="post">
    <input type="hidden" name="name" value="good" id="formorder_name">
    <input type="hidden" name="address" value="湖南省株洲市" id="formorder_address">
    <input type="hidden" name="phone" value="18966668888" id="formorder_phone">
    <input type="hidden" name="paymentWay" value="货到付款"
           id="formorder_paymentWay">
    <div class="title-sub-ui-a mt10">送货方式:配送</div>
    <h4 class="mt10">客户信息</h4>
    <ul class="cart-list-info-2-2 list-ui-d mt10 f14">
      <li>
        <p><span class="grayA">收货姓名:</span>good</p>
        <p><span class="grayA">联系电话:</span>18966668888</p>
        <p><span class="grayA">收货地址:</span>湖南省株洲市</p>
        <p><span class="grayA">支付方式:</span>货到付款</p>
```

续表

```
        </li>
    </ul>
    <h4 class="mt10">商品信息</h4>
    <ul class="cart-list-info-2 list-ui-c f14">
        <li>
            <div class="wbox">
                <div class="mr10" style="margin-top:32px;">
                    <input type="checkbox" class="input-checkbox-a" name="checkbox_1"
                            checked="CHECKED">
                </div>
                <p class="pro-img"><span>
                <img src="images/103699102_ls.jpg" alt="三星手机 GT-I8552"></span></p>
                <div class="wbox-flex">
                    <p><span class="attr">编号:</span>103699102</p>
                    <p class="pro-name"><span class="attr">名称:</span>
                    <a id="name_1" href="" title="三星手机 GT-I8552">三星手机 GT-I8552</a>
                    </p>
                    <div class="count">
                        <span class="attr">数量:</span>
                        <div class="countArea">
                        <input class="count-input" type="text" value="1" name="quantity"
                                id="quantity_1" disabled="disabled">
                        </div>
                    </div>
                    <p>
                    <span class="attr">易购价:</span>
                    <span class="price">¥1200.0</span>
                    </p>
                    <p>
                    <span class="attr">已节省:</span>
                    <span class="price">¥198.0</span>
                    </p>
                </div>
            </div>
        </li>
        <li>
            <div class="wbox">
                <div class="mr10" style="margin-top:32px;">
                    <input type="checkbox" class="input-checkbox-a" name="checkbox_1"
                            checked="CHECKED">
                </div>
                <p class="pro-img"><span>
                <img src="images/106339636_ls.jpg" alt="HTC 手机  D310w"></span></p>
                <div class="wbox-flex">
                    <p><span class="attr">编号:</span>106339636</p>
                    <p class="pro-name"><span class="attr">名称:</span>
                    <a id="name_1" href="" title="HTC 手机  D310w">HTC 手机  D310w</a>
                    </p>
                    <div class="count">
                        <span class="attr">数量:</span>
```

续表

```
                <div class="countArea">
                <input class="count-input" type="text" value="1" name="quantity"
                        id="quantity_1" disabled="disabled">
                </div>
              </div>
              <p>
              <span class="attr">易购价:</span>
              <span class="price">￥880.0</span>
              </p>
              <p>
              <span class="attr">已节省:</span>
              <span class="price">￥119.0</span>
              </p>
            </div>
          </div>
        </li>
      </ul>
      <div class="cart-ticket f14">
        <p class="wbox">
          <span class="cart-ticket-infotitle">商品金额</span>
          <span class="price">￥2080.0</span>
        </p>
        <p class="wbox">
          <span class="cart-ticket-infotitle">优惠金额</span>
          <span class="price">￥317.0</span>
        </p>
        <p class="wbox"><span class="cart-ticket-infotitle bold">应付金额</span>
          <span class="price">￥2080.0</span>
          <span class="cr">（免运费）</span>
        </p>
      </div>
      <div class="btn-ui-b mt10">
         <a id="PayAccounts" href="javascript:void(0);" >提交订单</a>
      </div>
   </form>
</div>
<!-- 页面底部代码省略 -->
</body>
```

网页 order_confirm.html 在 Chrome 浏览器中的浏览效果如图 8-7 所示。

图 8-7　网页 order_confirm.html 的浏览效果

【网页功能实现】

1．创建与编写配置文件

（1）创建与编写 Struts 2 的配置文件 Struts 2.xml

在 Eclipse 的【项目资源管理器】的子文件夹“src”中创建配置文件 Struts 2.xml，其代码如表 8-12 所示。

表 8-12　配置文件 Struts 2.xml 的代码

```
<?xml version="1.0" encoding="UTF-8"?>
<!DOCTYPE struts PUBLIC
   "-//Apache Software Foundation//DTD Struts Configuration 2.3//EN"
   "http://struts.apache.org/dtds/struts-2.3.dtd">
<struts>
   <!-- 公共视图的映射 -->
   <include file="package08/action/struts-default.xml" />
   <!-- 前台管理的 Struts2 配置文件 -->
   <include file="package08/action/struts-front.xml" />
</struts>
```

配置文件 Struts 2.xml 使用 include 指令包含 2 个配置文件，在包 action 分别创建 2 个配置文件，分别为 struts-default.xml 和 struts-front.xml，这 2 个配置文件的代码如表 8-13 和表 8-14

所示，表 8-13 和表 8-14 中所省略的部分代码参见表 8-12。

（2）创建与编写配置文件 struts-default.xml

配置文件 struts-default.xml 用于设置公共视图映射，其主要代码如表 8-13 所示。

表 8-13　配置文件 struts-default.xml 的主要代码

```
<struts>
    <!-- ognl 可以使用静态方法 -->
    <constant name="struts.ognl.allowStaticMethodAccess" value="true"/>
    <package name="eshop-default" abstract="true" extends="struts-default">
      <global-results>
          <!-- 程序主页面 -->
          <result name="index" type="redirectAction">index</result>
          <!--用户注册 -->
          <!--用户登录-->
      </global-results>
    </package>
</struts>
```

（3）创建与编写配置文件 struts-front.xml

配置文件 struts-front.xml 用于设置前台请求的 Action 和视图映射，其初始代码如表 8-14 所示。

表 8-14　配置文件 struts-front.xml 的初始代码

```
<struts>
    <!-- 前台登录 -->
    <package name="front" extends="eshop-default">
          <!-- 配置拦截器 -->
          <interceptors>
             <!-- 验证用户登录的拦截器 -->
             <interceptor name="loginInterceptor"
                            class="package08.action.interceptor.CustomerLoginInteceptor"/>
             <interceptor-stack name="customerDefaultStack">
                <interceptor-ref name="loginInterceptor"/>
                <interceptor-ref name="defaultStack"/>
             </interceptor-stack>
          </interceptors>
          <action name="index" class="indexAction">
                  <result>/WEB-INF/pages/index.jsp</result>
          </action>
    </package>
    <!-- 客户 Action -->
    <!-- 商品 Action -->
    <!-- 购物车 Action -->
    <!-- 订单 Action -->
</struts>
```

（4）创建与编写 Hibernate 的配置文件 hibernate.cfg.xml

Hibernate 的配置文件 hibernate.cfg.xml 主要用于配置数据库的连接信息和映射文件，其代码如表 8-15 所示。

表 8-15　配置文件 hibernate.cfg.xml 的代码

```
行号 代码
01 <?xml version="1.0" encoding="GB18030"?>
02 <!DOCTYPE hibernate-configuration PUBLIC
03           "-//Hibernate/Hibernate Configuration DTD 3.0//EN"
04           "http://www.hibernate.org/dtd/hibernate-configuration-3.0.dtd">
05 <hibernate-configuration>
06   <session-factory>
07   <!-- 数据库驱动 -->
08   <property name="hibernate.connection.driver_class">
09           com.microsoft.sqlserver.jdbc.SQLServerDriver</property>
10   <!-- 数据库连接信息 -->
11   <property name="hibernate.connection.url">
12           jdbc:sqlserver://localhost:1433;DatabaseName=eshop</property>
13   <property name="hibernate.connection.username">sa</property>
14   <property name="hibernate.connection.password">123456</property>
15   <!-- 打印 SQL 语句 -->
16   <property name="hibernate.show_sql">true</property>
17   <!-- 不格式化 SQL 语句 -->
18   <property name="hibernate.format_sql">false</property>
19   <!-- 为 Session 指定一个自定义策略 -->
20   <property name="hibernate.current_session_context_class">
21           org.springframework.orm.hibernate4.SpringSessionContext</property>
22   <!-- 数据库方言 -->
23   <property name="hibernate.dialect">org.hibernate.dialect.SQLServer2008Dialect</property>
24   <!-- C3P0 JDBC 连接池 -->
25   <property name="hibernate.c3p0.max_size">20</property>
26   <property name="hibernate.c3p0.min_size">5</property>
27   <property name="hibernate.c3p0.timeout">120</property>
28   <property name="hibernate.c3p0.max_statements">100</property>
29   <property name="hibernate.c3p0.idle_test_period">120</property>
30   <property name="hibernate.c3p0.acquire_increment">2</property>
31   <property name="hibernate.c3p0.validate">true</property>
32   <!-- 映射文件 -->
33   <mapping resource="package08/model/user/Customer.hbm.xml"/>
34   <mapping resource="package08/model/product/ProductInfo.hbm.xml"/>
35   <mapping resource="package08/model/order/Order.hbm.xml"/>
36   <mapping resource="package08/model/order/OrderItem.hbm.xml"/>
37   </session-factory>
38 </hibernate-configuration>
```

表 8-15 中的 C3P0 是一个随 Hibernate 一起开发的 JDBC 连接池，如果在配置文件中设置了 hibernate.c3p0.*的相关属性，代码如表 8-15 中第 25 行至第 31 行所示，Hibernate 会使用 C3P0ConnectionProvider 来缓存 JDBC 连接。

（5）创建与编写 Spring 的配置文件 applicationContext-common.xml

applicationContext-common.xml 是 Spring 的核心配置文件，主要用于加载 Hibernate 的配置文件及 Session 管理类，代码如表 8-16 所示。

表 8-16　配置文件 applicationContext-common.xml 的代码

```
<?xml version="1.0" encoding="UTF-8"?>
<beans xmlns="http://www.springframework.org/schema/beans"
   xmlns:xsi="http://www.w3.org/2001/XMLSchema-instance"
   xmlns:context="http://www.springframework.org/schema/context"
   xmlns:aop="http://www.springframework.org/schema/aop"
   xmlns:tx="http://www.springframework.org/schema/tx"
   xsi:schemaLocation="http://www.springframework.org/schema/beans
       http://www.springframework.org/schema/beans/spring-beans-3.0.xsd
       http://www.springframework.org/schema/context
       http://www.springframework.org/schema/context/spring-context-3.0.xsd
       http://www.springframework.org/schema/aop
       http://www.springframework.org/schema/aop/spring-aop-3.0.xsd
       http://www.springframework.org/schema/tx
       http://www.springframework.org/schema/tx/spring-tx-3.0.xsd">
   <context:annotation-config/>
   <context:component-scan base-package="package08"/>
   <!--  配置 sessionFactory -->
   <bean id="sessionFactory"
          class="org.springframework.orm.hibernate4.LocalSessionFactoryBean">
   <property name="configLocation">
      <value>classpath:hibernate.cfg.xml</value>
   </property>
   </bean>
   <!--  配置事务管理器  -->
   <bean id="transactionManager"
   class="org.springframework.orm.hibernate4.HibernateTransactionManager">
   <property name="sessionFactory">
      <ref bean="sessionFactory" />
   </property>
   </bean>
   <tx:annotation-driven transaction-manager="transactionManager" />
</beans>
```

（6）创建与编写配置文件 web.xml

配置文件 web.xml 是项目的基本配置文件，通过该文件设置实例化 Spring 容器、过滤器、Struts 2 及默认执行的操作，其代码如表 8-17 所示。

表 8-17　配置文件 web.xml 的代码

```
<?xml version="1.0" encoding="UTF-8"?>
<web-app xmlns:xsi="http://www.w3.org/2001/XMLSchema-instance"
xmlns="http://java.sun.com/xml/ns/javaee"      xsi:schemaLocation="http://java.sun.com/xml/ns/javaee
http://java.sun.com/xml/ns/javaee/web-app_3_0.xsd" id="WebApp_ID" version="3.0">
   <listener>
      <listener-class>org.springframework.web.context.ContextLoaderListener</listener-class>
   </listener>
   <context-param>
      <param-name>contextConfigLocation</param-name>
```

续表

```
    <param-value>classpath:applicationContext-*.xml</param-value>
  </context-param>
  <filter>
    <filter-name>openSessionInViewFilter</filter-name>
    <filter-class>
        org.springframework.orm.hibernate4.support.OpenSessionInViewFilter</filter-class>
  </filter>
  <filter-mapping>
    <filter-name>openSessionInViewFilter</filter-name>
    <url-pattern>/*</url-pattern>
  </filter-mapping>
  <filter>
    <filter-name>struts2</filter-name>
    <filter-class>
        org.apache.struts2.dispatcher.ng.filter.StrutsPrepareAndExecuteFilter</filter-class>
  </filter>
  <filter-mapping>
    <filter-name>struts2</filter-name>
    <url-pattern>/*</url-pattern>
  </filter-mapping>
  <welcome-file-list>
    <welcome-file>index.jsp</welcome-file>
  </welcome-file-list>
</web-app>
```

2．创建与设计公共类

在项目中创建一些公共类，有利于代码重用和提高程序开发效率，购物网站中的公共类主要包括泛型工具类、字符串工具类、页面错误提示信息类、数据持久化类和数据分页类。

（1）创建泛型工具类 GenericsUtils

为了将一些公用的持久化方法提取出来，首先需要实现获取实体对象的类型方法，这里通过创建一个泛型工具类来达到此目的。在包 package08.util 中创建泛型工具类 GenericsUtils，该类的代码如表 8-18 所示。

表 8-18　泛型工具类 GenericsUtils 的代码

```
package package08.util;
import java.lang.reflect.ParameterizedType;
import java.lang.reflect.Type;
/**
 * 泛型工具类
 */
public class GenericsUtils {
    /**
     * 获取泛型的类型
     * @param clazz
     * @return Class
     */
    @SuppressWarnings({ "rawtypes" })
```

续表

```
    public static Class getGenericType(Class clazz){
        Type genType = clazz.getGenericSuperclass();                    //得到泛型父类
        Type[] types = ((ParameterizedType) genType).getActualTypeArguments();
        if (!(types[0] instanceof Class)) {
                return Object.class;
            }
        return (Class) types[0];
    }
    /**
     * 获取类名称
     * @param clazz
     * @return 类名称
     */
    @SuppressWarnings("rawtypes")
    public static String getGenericName(Class clazz){
        return clazz.getSimpleName();
    }
}
```

（2）创建字符串工具类 StringUitl

在包 package08.util 中创建字符串工具类文件 StringUitl.java，该类中声明的所有方法都是静态方法，以便在其他类中可以通过 StringUitl 类名直接调用。在该类中定义多个方法，其代码如表 8-19 所示。

表 8-19　字符串工具类文件 StringUitl.java 的代码

```
package package08.util;
import java.text.SimpleDateFormat;
import java.util.Date;
import java.util.Random;
public class StringUitl {
    public static Random random = new Random();
    /**
     * 获取当前时间字符串
     * @return 当前时间字符串
     */
    public static String getStringDate(){
        Date date = new Date();                                          //获取当前系统时间
        SimpleDateFormat sdf = new SimpleDateFormat("yyyyMMdd");         //设置格式化格式
        return sdf.format(date);                                         //返回格式化后的时间
    }
    /**
     * 生成订单号
     * @return 订单号
     */
    public static String createOrderCode(){
        StringBuffer sb = new StringBuffer();          //定义字符串对象
        sb.append(getStringDate());                    //向字符串对象中添加当前系统时间
        for (int i = 0; i < 3; i++) {                  //随机生成 3 位数
```

续表

```
        sb.append(random.nextInt(9));           //将随机生成的数字添加到字符串对象中
    }
    return sb.toString();                       //返回字符串
}
/**
 * 验证字符串的有效性
 * @param s 验证字符串
 * @return 是否有效的布尔值
 */
public static boolean validateString(String s){
    if(s != null && s.trim().length() > 0){     //如果字符串不为空返回 true
        return true;
    }
    return false;                               //字符串为空返回 false
}
/**
 * 验证浮点对象的有效性
 * @param f 浮点对象
 * @return 是否有效的布尔值
 */
public static boolean validateFloat(Float f){
    try {
        if(f != null && f > 0){
            return true;
        }
    } catch (Exception e) {}
    return false;
}
}
```

StringUitl 类中定义的方法 getStringDate()是一个日期格式转换方法，该方法主要是在操作数据库时作为一个有效字段使用，如生成订单编号时使用日期形式的字符串。该方法通过 new Date()方法获取当前的系统日期，通过 SimpleDateFormat 的 format()方法将日期格式转换为指定的日期格式。

StringUitl 类中定义的方法 createOrderCode()用于自动生成订单编号，为了确保每个订单编号的唯一性，StringBuffer 对象将当前系统日期和随机生成的 3 位数字拼接的字符串作为订单编号。

为了验证信息的合法性，防止用户将非法信息添加到数据库中，在 StringUitl 类中定义方法 validateString()验证字符串是否为空，定义方法 validateFloat()验证浮点数的有效性，这两个方法的返回值都为布尔常量。

（3）创建页面错误提示信息类 AppException 及其方法

在包 package08.util 中创建页面错误提示信息的类 AppException，在该类定义多个构造方法和获取错误提示信息的方法，其代码如表 8-20 所示。

表 8-20　页面错误提示信息类 AppException 及其方法的代码

```java
package package08.util;
public class AppException extends RuntimeException {
    private static final long serialVersionUID = 1L;
    private String message;
    private String[] args;
    private String defaultMessage;
    public AppException(String message){
        this.message = message;
    }
    public AppException(String message, String...args){
        this.message = message;
        if(args != null && args.length > 0){
        }
    }
    public AppException(String message, String[] args, String defaultMessage) {
        this.message = message;
        this.args = args;
        this.defaultMessage = defaultMessage;
    }
    public String getMessage() {
        return message;
    }
    public String[] getArgs() {
        return args;
    }
    public String getDefaultMessage() {
        return defaultMessage;
    }
}
```

（4）创建编码过滤器类 CharacterEncodingFilter

在包 package08.tools 中创建编码过滤器，即类 CharacterEncodingFilter，该类实现了接口 Filter，其代码如表 8-21 所示。

表 8-21　编码过滤器类 CharacterEncodingFilter 的代码

```java
package package08.tools;
import java.io.IOException;
import javax.servlet.Filter;
import javax.servlet.FilterChain;
import javax.servlet.FilterConfig;
import javax.servlet.ServletException;
import javax.servlet.ServletRequest;
import javax.servlet.ServletResponse;
import javax.servlet.annotation.WebFilter;
import javax.servlet.annotation.WebInitParam;
/**
 * @function  编码过滤器
```

续表

```
*/
  //配置过滤器
@WebFilter(
  urlPatterns = { "/*" },
  initParams = {
    @WebInitParam(name = "encoding", value = "UTF-8")
  })
public class CharacterEncodingFilter implements Filter{
    protected String encoding = null;
    protected FilterConfig filterConfig = null;
    public void init(FilterConfig filterConfig) throws ServletException {
          this.filterConfig = filterConfig;
          this.encoding = filterConfig.getInitParameter("encoding");
    }
public void doFilter(ServletRequest request, ServletResponse response, FilterChain chain)
          throws IOException, ServletException {
      if (encoding != null) {
          request.setCharacterEncoding(encoding);
          response.setContentType("text/html; charset="+encoding);
      }
    chain.doFilter(request, response);
  }
public void destroy() {
      this.encoding = null;
      this.filterConfig = null;
  }
}
```

（5）创建数据库操作与分页的接口 BaseDao 和类 DaoSupport 及其方法

在包 package08.dao 中创建接口 BaseDao<T>，在该接口中定义基本数据库操作方法和分页操作方法，其代码如表 8-22 所示。

表 8-22　接口 BaseDao<T>的代码

```
package package08.dao;
import java.io.Serializable;
import java.util.Map;
import package08.model.PageModel;
public interface BaseDao<T> {
  public void save(Object obj);                          //保存数据
  public void saveOrUpdate(Object obj);                  //保存或修改数据
  public void update(Object obj);                        //修改数据
  public void delete(Serializable ... ids);              //删除数据
  public T get(Serializable entityId);                   //加载实体对象
  public T load(Serializable entityId);                  //加载实体对象
  public Object uniqueResult(String hql, Object[] queryParams);   //使用 HQL 语句操作
  //分页操作方法
  public long getCount();                                        //获取记录总数
  public PageModel<T> find(int pageNo, int maxResult);          //普通分页操作
```

续表

```
    //搜索信息分页方法
    public PageModel<T> find(int pageNo, int maxResult,String where, Object[] queryParams);
    //按指定条件排序分页方法
    public PageModel<T> find(int pageNo, int maxResult,Map<String, String> orderby);
    //按指定条件分页和排序的分页方法
    public PageModel<T> find(String where, Object[] queryParams,
                            Map<String, String> orderby, int pageNo, int maxResult);
}
```

在包 package08.dao 中创建继承接口 BaseDao<T>的类 DaoSupport<T>，在该类中实现接口的自定义方法，其中实现接口基本数据库操作方法的代码如表 8-23 所示。

表 8-23　类 DaoSupport<T>中实现接口基本数据库操作方法的代码

```
package package08.dao;
import java.io.Serializable;
import java.util.List;
import java.util.Map;
import org.hibernate.Query;
import org.hibernate.Session;
import org.hibernate.SessionFactory;
import org.springframework.beans.factory.annotation.Autowired;
import org.springframework.beans.factory.annotation.Qualifier;
import org.springframework.transaction.annotation.Propagation;
import org.springframework.transaction.annotation.Transactional;
import package08.model.PageModel;
import package08.util.GenericsUtils;
/* Dao 支持类 /
@Transactional
@SuppressWarnings("unchecked")
public class DaoSupport<T> implements BaseDao<T>{
    // 泛型的类型
    protected Class<T> entityClass = GenericsUtils.getGenericType(this.getClass());
    /* 获取 Session 对象 */
    @Autowired
    @Qualifier("sessionFactory")
    private SessionFactory sessionFactory;
    protected Session getSession(){
        return sessionFactory.getCurrentSession();
    }
    /* 利用 save()方法保存对象的详细信息 */
    @Override
    public void save(Object obj) {
        getSession().save(obj);
    }
    @Override
    public void saveOrUpdate(Object obj) {
        getSession().saveOrUpdate(obj);
    }
```

续表

```
/*利用 update()方法修改对象的详细信息 */
@Override
public void update(Object obj) {
    getSession().update(obj);
}
@Override
public void delete(Serializable ... ids) {
    for (Serializable id : ids) {
        T t = (T) getSession().load(this.entityClass, id);
        getSession().delete(t);
    }
}
/* 利用 get()方法加载对象，获取对象的详细信息 */
@Transactional(propagation=Propagation.NOT_SUPPORTED,readOnly=true)
public T get(Serializable entityId) {
    return (T) getSession().get(this.entityClass, entityId);
}
/* 利用 load()方法加载对象，获取对象的详细信息 */
@Transactional(propagation=Propagation.NOT_SUPPORTED,readOnly=true)
public T load(Serializable entityId) {
    return (T) getSession().load(this.entityClass, entityId);
}
/* 利用 HQL 语句查找单条信息 */
@Override
@Transactional(propagation=Propagation.NOT_SUPPORTED,readOnly=true)
public Object uniqueResult(final String HQL,final Object[] queryParams) {
    Query query=getSession().createQuery(HQL);
    setQueryParams(query, queryParams);            //设置查询参数
    return query.uniqueResult();
}
/* 对 query 中的参数赋值*/
protected void setQueryParams(Query query, Object[] queryParams){
    if(queryParams!=null && queryParams.length>0){
        for(int i=0; i<queryParams.length; i++){
            query.setParameter(i, queryParams[i]);
        }
    }
}
```

类 DaoSupport<T>中实现接口分页操作方法的代码如表 8-24 所示。

表 8-24 类 DaoSupport<T>中实现接口分页操作方法的代码

```
//这里省略了引入包的代码，详见表 8-23
public class DaoSupport<T> implements BaseDao<T>{
    // 这里省略了实现基本数据库操作的方法，详见表 8-23
    /* 获取指定对象的记录条数 */
    @Transactional(propagation=Propagation.NOT_SUPPORTED,readOnly=true)
    public long getCount() {
```

续表

```
        String HQL = "select count(*) from " + GenericsUtils.getGenericName(this.entityClass);
        return (Long)uniqueResult(HQL,null);
    }
    @Transactional(propagation=Propagation.NOT_SUPPORTED,readOnly=true)
    public PageModel<T> find(final int pageNo, int maxResult) {
        return find(null, null, null, pageNo, maxResult);
    }
    @Transactional(propagation=Propagation.NOT_SUPPORTED,readOnly=true)
    public PageModel<T> find(int pageNo, int maxResult , Map<String, String> orderby) {
        return find(null, null, orderby, pageNo, maxResult);
    }
    @Transactional(propagation=Propagation.NOT_SUPPORTED,readOnly=true)
    public PageModel<T> find(int pageNo, int maxResult, String where,
                    Object[] queryParams) {
        return find(where, queryParams, null, pageNo, maxResult);
    }
    /*  分页查询
     * @param where  查询条件      @param queryParams HQL 参数值
     * @param orderby  排序          @param pageNo 第几页
     * @param maxResult  返回记录数量     return PageModel        */
    @Transactional(propagation=Propagation.NOT_SUPPORTED,readOnly=true)
    public PageModel<T> find(final String where, final Object[] queryParams,
                        final Map<String, String> orderby, final int pageNo,
                        final int maxResult) {
        final PageModel<T> pageModel = new PageModel<T>();        //实例化分页对象
        pageModel.setPageNo(pageNo);                              //设置当前页数
        pageModel.setPageSize(maxResult);                         //设置每页显示记录数
        String HQL = new StringBuffer().append("from ")           //添加 form 字段
            .append(GenericsUtils.getGenericName(entityClass))    //添加对象类型
            .append(" ")                                          //添加空格
            .append(where == null ? "" : where)        //若 where 为 null 就添加空格
            .append(createOrderBy(orderby))            //添加排序条件参数
            .toString();                               //转化为字符串
        Query query = getSession().createQuery(HQL);      //执行查询
        setQueryParams(query,queryParams);               //为参数赋值
        List<T> list = null;                           //定义 List 对象
        // 如果 maxResult<0，则查询所有
        if(maxResult < 0 && pageNo < 0){
        list = query.list();                           //将查询结果转化为 List 对象
        }else{
        list = query.setFirstResult(getFirstResult(pageNo, maxResult))    //设置分页起始位置
                .setMaxResults(maxResult)                 //设置每页显示的记录数
                .list();                                  //将查询结果转化为 List 对象
        //定义查询总记录数的 HQL 语句
        HQL = new StringBuffer().append("select count(*) from ")      //添加 HQL 语句
                .append(GenericsUtils.getGenericName(entityClass))    //添加对象类型
                .append(" ")                                          //添加空格
                .append(where == null ? "" : where)    //如果 where 为 null 就添加空格
                .toString();                          //转化为字符串
        query = getSession().createQuery(HQL);           //执行查询
```

续表

```
        setQueryParams(query,queryParams);                    //设置 HQL 参数
        int totalRecords = ((Long) query.uniqueResult()).intValue();   //类型转换
        pageModel.setTotalRecords(totalRecords);                      //设置总记录数
        }
        pageModel.setList(list);                         //将查询的 list 对象放入实体对象中
        return pageModel;                                  //返回分页的实体对象
    }
    /* 获取分页查询中结果集的起始位置        @param pageNo 第几页
     * @param maxResult 页面显示的记录数    @return 起始位置  */
    protected int getFirstResult(int pageNo , int maxResult){
        int firstResult = (pageNo-1) * maxResult;
        return firstResult < 0 ? 0 : firstResult;
    }
    /* 创建排序 HQL 语句      @param orderby     @return 排序字符串    */
    protected String createOrderBy(Map<String, String> orderby){
        StringBuffer sb = new StringBuffer("");
        if(orderby != null && orderby.size() > 0){
            sb.append(" order by ");
            for(String key : orderby.keySet()){
                sb.append(key).append(" ").append(orderby.get(key)).append(",");
            }
            sb.deleteCharAt(sb.length() - 1);
        }
        return sb.toString();
    }
}
```

在上述代码中使用 StringBuffer 类的 append()方法拼接查询的 HQL 语句，通过 toString()方法将拼接的 HQL 语句转换为字符串。通过 getFirstResult()方法获取分页的起始位置。

3．创建基本 Action 类 BaseAction

在包 package08.action 中创建一个基本 Action 类 BaseAction，该类是其他 Action 的父类，其代码如表 8-25 所示。

表 8-25　基本 Action 类 BaseAction 的代码

```
package package08.action;
import java.util.HashSet;
import java.util.Map;
import java.util.Set;
import org.apache.struts2.interceptor.ApplicationAware;
import org.apache.struts2.interceptor.RequestAware;
import org.apache.struts2.interceptor.SessionAware;
import org.springframework.beans.factory.annotation.Autowired;
import package08.dao.order.OrderDao;
import package08.dao.order.OrderDao;
import package08.model.order.OrderItem;
import package08.dao.product.ProductDao;
```

续表

```
import package08.dao.user.CustomerDao;
import package08.model.user.Customer;
import com.opensymphony.xwork2.ActionSupport;
/**
 * 基本 Action 类，其他 Action 的父类
 */
@SuppressWarnings("unused")
public class BaseAction extends ActionSupport implements RequestAware,SessionAware ,
            ApplicationAware {
  private static final long serialVersionUID = 1L;
  protected int pageSize = 5;
  public static final String LIST = "list";
  public static final String EDIT = "edit";
  public static final String ADD = "add";
  public static final String SELECT = "select";
  public static final String QUERY = "query";
  public static final String INDEX = "index";
  public static final String Register = "register";
  public static final String CUSTOMER_LOGIN = "customerLogin";
  public static final String LOGOUT = "logout";
  // 获取普通用户对象
  public Customer getLoginCustomer(){
    if(session.get("customer") != null){
      return (Customer) session.get("customer");
    }
    return null;
  }
  // 从 session 中取出购物车
  @SuppressWarnings("unchecked")
  protected Set<OrderItem> getCart(){
    Object obj = session.get("cart");
    if(obj == null){
      return new HashSet<OrderItem>();
    }else{
      return (Set<OrderItem>) obj;
    }
  }
  // 注入 Dao
  @Autowired
  protected ProductDao productDao;
  @Autowired
  protected OrderDao orderDao;
  @Autowired
  protected CustomerDao customerDao;
  // Map 类型的 request
  protected Map<String, Object> request;
  // Map 类型的 session
  protected Map<String, Object> session;
  // Map 类型的 application
  protected Map<String, Object> application;
```

续表

```
@Override
public void setRequest(Map<String, Object> request) {
    // 获取 Map 类型的 request 赋值
    this.request = request;
}
@Override
public void setApplication(Map<String, Object> application) {
    // 获取 Map 类型的 application 赋值
    this.application = application;
}
@Override
public void setSession(Map<String, Object> session) {
    // 获取 Map 类型的 session 赋值
    this.session = session;
}
// 处理方法
public String execute() throws Exception {
    return SUCCESS;
}
public String index() throws Exception {
    return INDEX;
}
public String add() throws Exception {
    return ADD;
}
public String select() throws Exception {
    return SELECT;
}
public String query() throws Exception{
    return QUERY;
}
public String register() throws Exception{
    return Register;
}
// getter()和 setter()方法
protected int pageNo = 1;
public int getPageNo() {
    return pageNo;
}
public void setPageNo(int pageNo) {
    this.pageNo = pageNo;
}
}
```

4．创建普通用户登录拦截器 CustomerLoginInteceptor

在包 package08.action.interceptor 中创建普通用户登录拦截器，即 Action 类 CustomerLoginInteceptor，该类继承自 AbstractInterceptor 类，对应类文件 CustomerLoginInteceptor.java 的代码如表 8-26 所示。配置文件 struts-front.xml 中对用户登录拦截器的配置代码如表 8-14 所示。

表 8-26　类文件 CustomerLoginInteceptor.java 的代码

```java
package package08.action.interceptor;
import java.util.Map;
import package08.action.BaseAction;
import com.opensymphony.xwork2.ActionContext;
import com.opensymphony.xwork2.ActionInvocation;
import com.opensymphony.xwork2.interceptor.AbstractInterceptor;
/**
 * 普通用户登录拦截器
*/
public class CustomerLoginInteceptor extends AbstractInterceptor{
  private static final long serialVersionUID = 1L;
  @Override
  public String intercept(ActionInvocation invocation) throws Exception {
     ActionContext context = invocation.getInvocationContext();  // 获取 ActionContext
     Map<String, Object> session = context.getSession();         // 获取 Map 类型的 session
     if(session.get("customer") != null){                        // 判断用户是否登录
        return invocation.invoke();                              // 调用执行方法
     }
     return BaseAction.CUSTOMER_LOGIN;                           // 返回登录
  }
}
```

5．创建与设计公共 JSP 页面

（1）创建 JSP 页面 top08.jsp

在子文件夹 common 中创建 JSP 页面 top08.jsp，其代码如表 8-27 所示。

表 8-27　JSP 页面 top08.jsp 的代码

```jsp
<%@ page language="java" contentType="text/html; charset=UTF-8"
       pageEncoding="UTF-8"%>
<%@ taglib prefix="s" uri="/struts-tags"%>
<!-- 公用头部导航 -->
<nav class="nav nav-sub pr w">
   <a class="goback" href="javascript:history.back(1)">返回</a>
   <div class="nav-title wb">商品列表</div>
   <s:a action="customer_login" namespace="/customer">
      <span class="my-account" ></span>
   </s:a>
   <s:a action="cart_list" namespace="/product">
      <span class="my-cart my-cart-in"></span>
   </s:a>
   <s:a action="index" namespace="/">
      <span class="home"></span>
   </s:a>
</nav>
```

（2）创建 JSP 页面 bottom08.jsp

在子文件夹 common 中创建 JSP 页面 bottom08.jsp，其代码如表 8-28 所示。

表 8-28　JSP 页面 bottom08.jsp 的代码

```
<%@ page language="java" contentType="text/html; charset=UTF-8"
    pageEncoding="UTF-8"%>
<%@ taglib prefix="s" uri="/struts-tags"%>
<!-- 公用尾部 -->
<footer class="footer w">
  <div class="layout fix user-info">
  <div class="tr"><a href="#" class="backTop" id="backTop">回顶部</a></div>
  </div>
  <ul class="list-ui-a foot-list tc">
    <li>
      <s:a action="customer_login" namespace="/customer"   class="foot1">登录</s:a> |
      <s:a action="customer_register" namespace="/customer"   class="foot2">注册</s:a>
    </li>
    <li>
      <s:if test="#session.customer != null">欢迎
      <s:property value="#session.customer.username"/>
      <s:a action="customer_logout" namespace="/customer">【退出】</s:a>
      </s:if>
      <s:else> 请先进行登录</s:else>
  </li>
  </ul>
  <div class="tc copyright">Copyright© 2012-2018 m.ebuy.com</div>
</footer>
```

（3）创建 JSP 页面 page08.jsp

在子文件夹 common 中创建 JSP 页面 page08.jsp，其代码如表 8-29 所示。

表 8-29　JSP 页面 page08.jsp 的代码

```
<%@ page language="java" contentType="text/html; charset=UTF-8"
    pageEncoding="UTF-8"%>
<%@ taglib prefix="s" uri="/struts-tags"%>
<s:if test="pageModel.pageNo > 1">
    <a href="${first}">首页</a>   <a href="${previous}">上一页</a>
</s:if>
<s:else>
  <span>首页   上一页</span>
</s:else>
  <span style="color: red;">
      【<s:property value="pageModel.pageNo"/>】
  </span>
<s:if test="pageModel.pageNo < pageModel.bottomPageNo">
  <a href="${next}">下一页</a>   <a href="${last}">末页</a>
</s:if>
<s:else>
  <span>下一页   末页</span>
</s:else>
```

（4）创建 JSP 页面 error08.jsp

在子文件夹 common 中创建 JSP 页面 error08.jsp，在该页面的头部添加以下代码：

```
<%@ taglib uri="http://java.sun.com/jsp/jstl/core" prefix="c"%>
<%@ taglib prefix="s" uri="/struts-tags"%>
<s:set var="context_path"
      value="#request.get('javax.servlet.forward.context_path')"></s:set>
```

在 JSP 页面 error08.jsp 的<head>和</head>之间编写如下所示的代码，引入所需的 CSS 样式文件。

```
<link rel="stylesheet" type="text/css" href="${context_path}/css/base.css">
```

JSP 页面 error08.jsp 的主体代码如表 8-30 所示。

表 8-30　JSP 页面 error08.jsp 的主体代码

```
<body>
<jsp:include page="top08.jsp"/>
<div class="info w">
   <img alt="页面出错"   src="images/error_img.gif">
</div>
<div class="info w">
   <c:if test="${!empty error}">
            ${error}
   </c:if>
</div>
<div class="info w">
    <a href="javascript:history.go(-1);">返  回</a>
</div>
<jsp:include page="bottom08.jsp"></jsp:include>
</body>
```

6．基于 SSH2 的商品浏览与查询模块的设计

（1）创建与设计商品实体类文件 ProductInfo.java

在包 package08.model.product 中创建商品实体类文件 ProductInfo.java，其代码如表 8-31 所示。

表 8-31　商品实体类文件 ProductInfo.java 的代码

```
package package08.model.product;
import java.io.Serializable;
import java.util.Date;
/**
 * 商品信息
 */
public class ProductInfo implements Serializable {
   private static final long serialVersionUID = 1L;
   // 商品 ID
   private Integer id;
   public Integer getId() {
      return id;
   }
```

续表

```java
public void setId(Integer id) {
    this.id = id;
}
// 商品编号
private String goodsCode;
public String getGoodsCode() {
    return goodsCode;
}
public void setGoodsCode(String code) {
    this.goodsCode = code;
}
// 商品名称
private String name;
public String getName() {
    return name;
}
public void setName(String name) {
    this.name = name;
}
// 型号参数
private String model;
public String getModel() {
    return model;
}
public void setModel(String model) {
    this.model = model;
}
// 价格
private Double goodsPrice;
public Double getGoodsPrice() {
    return goodsPrice;
}
public void setGoodsPrice(Double price) {
    this.goodsPrice = price;
}
// 优惠价格
private Double goodsPreferentialPrice;
public Double getGoodsPreferentialPrice() {
    return goodsPreferentialPrice;
}
public void setGoodsPreferentialPrice(Double newPrice) {
    this.goodsPreferentialPrice = newPrice;
}
// 库存数量
private Integer goodsStockNumber;
public Integer getGoodsStockNumber() {
    return goodsStockNumber;
}
public void setGoodsStockNumber(Integer number) {
    this.goodsStockNumber = number;
```

续表

```
    }
    //图片地址
    private String goodsImageAddress;
    public String getGoodsImageAddress() {
        return goodsImageAddress;
    }
    public void setGoodsImageAddress(String image) {
        this.goodsImageAddress = image;
    }
    //大图片地址
    private String bigImageAddress;
    public String getBigImageAddress() {
        return bigImageAddress;
    }
    public void setBigImageAddress(String image) {
        this.bigImageAddress = image;
    }
    // 上架时间
    private Date createTime = new Date();
    public Date getCreateTime() {
        return createTime;
    }
    public void setCreateTime(Date createTime) {
        this.createTime = createTime;
    }
    // 是否是推荐商品（默认值为 false）
    private Boolean commend = false;
    public Boolean getCommend() {
        return commend;
    }
    public void setCommend(Boolean commend) {
        this.commend = commend;
    }
    // 销售数量
    private Integer sellCount = 0;
    public Integer getSellCount() {
        return sellCount;
    }
    public void setSellCount(Integer sellCount) {
        this.sellCount = sellCount;
    }
}
```

（2）创建与设计商品实体对象的映射文件 ProductInfo.hbm.xml

在包 package08.model.product 中创建商品实体对象的映射文件 ProductInfo.hbm.xml，其代码如表 8-32 所示。

表 8-32　商品实体对象的映射文件 ProductInfo.hbm.xml 的代码

```xml
<?xml version="1.0" encoding="UTF-8"?>
<!DOCTYPE hibernate-mapping PUBLIC
            "-//Hibernate/Hibernate Mapping DTD 3.0//EN"
            "http://www.hibernate.org/dtd/hibernate-mapping-3.0.dtd">
<hibernate-mapping package="package08.model.product">
   <class name="ProductInfo" table="商品数据表">
   <!-- 商品 ID -->
   <id name="id" type="integer" >
      <column name="商品 ID" />
      <!-- 设置主键生成方式，自动适应 -->
      <generator class="native"></generator>
   </id>
   <!-- 商品编码 -->
   <property name="goodsCode" type="string">
     <column name="商品编码" length="10">
       <comment>商品编码</comment>
     </column>
   </property>
   <!-- 商品名称 -->
   <property name="name" type="string">
     <column name="商品名称" length="100">
       <comment>商品名称</comment>
     </column>
   </property>
   <!-- 型号参数 -->
   <property name="model" type="string">
     <column name="型号参数" length="100">
       <comment>型号参数</comment>
     </column>
   </property>
   <!-- 价格 -->
   <property name="goodsPrice" type="double">
     <column name="价格" >
       <comment>价格</comment>
     </column>
   </property>
   <!-- 优惠价格 -->
   <property name="goodsPreferentialPrice" type="double">
     <column name="优惠价格" >
       <comment>优惠价格</comment>
     </column>
   </property>
   <!-- 库存数量 -->
   <property name="goodsStockNumber">
     <column name="库存数量">
       <comment>库存数量</comment>
     </column>
   </property>
   <!-- 图片地址 -->
```

续表

```
    <property name="goodsImageAddress" type="string">
      <column name="图片地址">
        <comment>图片地址</comment>
      </column>
    </property>
    <!-- 大图片地址 -->
    <property name="bigImageAddress" type="string">
      <column name="大图片地址">
        <comment>大图片地址</comment>
      </column>
    </property>
    <!-- 上架时间 -->
    <property name="createTime">
      <column name="上架时间">
        <comment>上架时间</comment>
      </column>
    </property>
    <!-- 是否推荐 -->
    <property name="commend">
      <column name="是否推荐">
        <comment>是否推荐</comment>
      </column>
    </property>
    <!-- 销售数量 -->
    <property name="sellCount" >
      <column name="售出数量">
        <comment>售出数量</comment>
      </column>
    </property>
  </class>
</hibernate-mapping>
```

（3）创建与设计分页实体类文件 PageModel.java

在包 package08.model 中创建分页实体类文件 PageModel.java，该实体类中封装了分页的基本属性信息和分页过程中使用的获取页码的方法，其代码如表 8-33 所示。

表 8-33　分页实体类文件 PageModel.java 的代码

```
package package08.model;
import java.util.List;
/**
 * 分页
 * @param <T> 实体对象
 */
public class PageModel<T> {
  private int totalRecords;          //总记录数
  private List<T> list;              //结果集
  private int pageNo;                //当前页
  private int pageSize;              //每页显示多少条
```

续表

```
/**
 * 取得第一页
 * @return 第一页
 */
public int getTopPageNo() {
    return 1;
}
/**
 * 取得上一页
 * @return 上一页
 */
public int getPreviousPageNo() {
    if (pageNo <= 1) {
        return 1;
    }
    return pageNo -1;
}
/**
 * 取得下一页
 * @return 下一页
 */
public int getNextPageNo() {
    if (pageNo >= getTotalPages()) {
        return getTotalPages() == 0 ? 1 : getTotalPages();
    }
    return pageNo + 1;
}
/**
 * 取得最后一页
 * @return 最后一页
 */
public int getBottomPageNo() {
    return getTotalPages() == 0 ? 1 : getTotalPages();
}
/**
 * 取得总页数
 * @return
 */
public int getTotalPages() {
    return (totalRecords + pageSize - 1) / pageSize;
}
public int getTotalRecords() {
    return totalRecords;
}
public void setTotalRecords(int totalRecords) {
    this.totalRecords = totalRecords;
}
public List<T> getList() {
    return list;
}
```

续表

```java
    public void setList(List<T> list) {
        this.list = list;
    }
    public int getPageSize() {
        return pageSize;
    }
    public void setPageSize(int pageSize) {
        this.pageSize = pageSize;
    }
    public int getPageNo() {
        return pageNo;
    }
    public void setPageNo(int pageNo) {
        this.pageNo = pageNo;
    }
}
```

（4）创建起始 JSP 页面 task08.jsp

在 Web 项目 project08 中创建起始页面 task08.jsp，其代码如表 8-34 所示。

表 8-34　JSP 页面 task08.jsp 的代码

```jsp
<%@ page language="java" contentType="text/html; charset=UTF-8"
        pageEncoding="UTF-8"%>
<!DOCTYPE HTML>
<html>
<head>
<meta http-equiv="Content-Type" content="text/html; charset=UTF-8">
<meta http-equiv="Refresh" content="0;URL=index.html">
</head>
<body>
<div style="text-align: center;">
    <img src="<%=request.getContextPath()%>/images/load.gif"><br>
    <p>页面加载中……</p>
</div>
</body>
</html>
```

（5）创建 Action 类 indexAction

配置文件 struts-default.xml 有关 index 的配置内容如下所示。

```xml
<result name="index" type="redirectAction">index</result>
```

配置文件 struts-front.xml 有关 index 对象映射的<action>元素配置内容如下所示。

```xml
<action name="index" class="indexAction">
    <result>/WEB-INF/pages/index.jsp</result>
</action>
```

在包 package08.action 中创建 Action 类 indexAction，对应类文件 indexAction.java 的代码如表 8-35 所示。

表 8-35　类文件 indexAction.java 的代码

```java
package package08.action;
import java.util.List;
import org.springframework.context.annotation.Scope;
import org.springframework.stereotype.Controller;
import package08.model.product.ProductInfo;
@Scope("prototype")
@Controller("indexAction")
public class IndexAction extends BaseAction {
    private static final long serialVersionUID = 1L;
    // 推荐商品
    private List<ProductInfo> product_commend;
    public List<ProductInfo> getProduct_commend() {
        return product_commend;
    }
    public void setProduct_commend(List<ProductInfo> productCommend) {
        product_commend = productCommend;
    }
    @Override
    public String execute() throws Exception {
        // 查询推荐的商品
        product_commend = productDao.findCommend();
        return SUCCESS;
    }
}
```

（6）创建与设计接口 ProductDao

在包 package08.dao.product 中创建接口 ProductDao，该接口继承自类 BaseDao，对应接口文件 ProductDao.java 的代码如表 8-36 所示。

表 8-36　接口文件 ProductDao.java 的代码

```java
package package08.dao.product;
import java.util.List;
import package08.dao.BaseDao;
import package08.model.product.ProductInfo;
public interface ProductDao extends BaseDao<ProductInfo>{
    public List<ProductInfo> findCommend();
}
```

（7）创建与设计类 ProductDaoImpl

在包 package08.dao.product 中创建类 ProductDaoImpl，该类继承自类 DaoSupport，实现接口 ProductDao 中的方法，对应类文件的代码如表 8-37 所示。

表 8-37　类文件 ProductDaoImpl.java 的代码

```java
package package08.dao.product;
import java.util.HashMap;
import java.util.List;
```

续表

```
import java.util.Map;
import org.springframework.stereotype.Repository;
import org.springframework.transaction.annotation.Propagation;
import org.springframework.transaction.annotation.Transactional;
import package08.dao.DaoSupport;
import package08.model.PageModel;
import package08.model.product.ProductInfo;
@Repository("productDao")
@Transactional
public class ProductDaoImpl extends DaoSupport<ProductInfo> implements ProductDao {
  /**
   * 查询推荐商品的前 10 件，按上架时间降序排序
   */
  @Override
  @Transactional(propagation=Propagation.NOT_SUPPORTED,readOnly=true)
  public List<ProductInfo> findCommend() {
    String where = "where commend=?";
    Object[] parames = {true};
    Map<String, String> orderby = new HashMap<String, String>();
    orderby.put("createTime", "desc");
    PageModel<ProductInfo> pageModel = find(where , parames , orderby , 1 , 10);
    return pageModel.getList();
  }
}
```

（8）在配置文件 struts-front.xml 中添加有关商品 Action 的配置内容

在配置文件 struts-front.xml 中添加如下所示的代码。

```
<package name="product" extends="eshop-default" namespace="/product">
    <action name="product_*" method="{1}" class="productAction" >
      <result name="list">/WEB-INF/pages/product/product_list.jsp</result>
      <result name="select">/WEB-INF/pages/product/product_select.jsp</result>
    </action>
</package>
```

（9）创建与设计 JSP 页面 index.jsp

在文件夹 WEB-INF 的子文件夹 pages 中创建 JSP 页面 index.jsp，该 JSP 页面的关键代码如下所示。

```
<s:action name="product_findCommendProduct" namespace="/product"
        executeResult="true"></s:action>
```

在 JSP 代码的顶部添加以下代码，引入 Struts 2 的标签库。

```
<%@ taglib prefix="s" uri="/struts-tags"%>
```

（10）创建与设计 Action 类 ProductAction

在包 package08.action.product 中创建商品 Action 类 ProductAction，该类继承自 BaseAction 类，实现了接口 ModelDriven，对应类文件的代码如表 8-38 所示。

表 8-38　Action 类文件 ProductAction.java 的代码

```java
package package08.action.product;
import java.util.HashMap;
import java.util.Map;
import org.springframework.context.annotation.Scope;
import org.springframework.stereotype.Controller;
import package08.action.BaseAction;
import package08.model.PageModel;
import package08.model.product.ProductInfo;
import com.opensymphony.xwork2.ModelDriven;
/**
 * 商品 Action
 */
@Scope("prototype")
@Controller("productAction")
public class ProductAction extends BaseAction implements ModelDriven<ProductInfo>{
    private static final long serialVersionUID = 1L;
    // 分页
    private PageModel<ProductInfo> pageModel;
    public PageModel<ProductInfo> getPageModel() {
        return pageModel;
    }
    public void setPageModel(PageModel<ProductInfo> pageModel) {
        this.pageModel = pageModel;
    }
    // 商品对象
    private ProductInfo product = new ProductInfo();
    public ProductInfo getProduct() {
        return product;
    }
    public void setProduct(ProductInfo product) {
        this.product = product;
    }
    //实现继承的抽象方法
    @Override
    public ProductInfo getModel() {
        return product;
    }
    /**
     * 推荐商品
     * @return
     * @throws Exception
     */
    public String findCommendProduct() throws Exception{
        Map<String, String> orderby = new HashMap<String, String>();   //定义 Map 集合
        orderby.put("createTime", "desc");                            //为 Map 集合赋值
        String where = "where commend = ?";                           //设置条件语句
        Object[] queryParams = {true};                                //设置参数值
        pageModel = productDao.find(where, queryParams, orderby, pageNo, pageSize);
        return "list";                                                //返回商品列表页面
```

续表

```java
    }
    /**
     * 根据 id 查看商品信息
     * @return String
     * @throws Exception
     */
    public String select() throws Exception {
        if(product.getId() != null && product.getId() > 0){
            product = productDao.get(product.getId());
            productDao.update(product);
        }
        return SELECT;
    }
    /**
     * 根据名称模糊查询
     * @return String
     * @throws Exception
     */
    public String findByName() throws Exception {
        if(product.getName() != null){
            String where = "where name like ?";                                    //查询的条件语句
            Object[] queryParams = {"%" + product.getName() + "%"};               //为参数赋值
            pageModel = productDao.find(pageNo, pageSize, where, queryParams );   //执行查询方法
        }
        return LIST;                                                               //返回列表首页
    }
}
```

（11）创建与设计 JSP 页面 product_list.jsp

在文件夹 WEB-INF\pages 的子文件夹 product 中创建 JSP 页面 product_list.jsp，在该页面的头部添加以下代码：

```jsp
<%@ taglib prefix="s" uri="/struts-tags"%>
<s:set var="context_path"
    value="#request.get('javax.servlet.forward.context_path')"></s:set>
```

在 JSP 页面 product_list.jsp 的<head>和</head>之间编写如下所示的代码，引入所需的 CSS 样式文件。

```html
<link rel="stylesheet" type="text/css" href="${context_path}/css/base.css">
<link rel="stylesheet" type="text/css" href="${context_path}/css/view.css">
```

在 JSP 页面 product_list.jsp 的<head>和</head>之间编写如表 8-39 所示的代码，引入所需的 JavaScript 文件、编写所需的 JavaScript 代码。

表 8-39　JSP 页面 product_list.jsp 中<head>和</head>之间的 JavaScript 代码

```html
<script type="text/javascript" src="${context_path}/js/jquery.min.js"></script>
<script type="text/javascript">
    $(function(){
```

续表

```javascript
        pHolder();
    });
    //搜索框获取焦点后文本变空
    function pHolder(){
        var elem = $("#keywordsTop");
        var dValue = $("#keywordsTop").val();
        elem.focus(function(){
            if(elem.val() == dValue){
                elem.val("");
            }
        });
        elem.blur(function(){
            if(elem.val() == ""){
                elem.val(dValue);
            }
        });
    }
</script>
```

JSP 页面 product_list.jsp 的主体代码如表 8-40 所示。

表 8-40　JSP 页面 product_list.jsp 的主体代码

```jsp
<body>
<div id="filterPage">
    <!-- 公用头部导航 -->
    <%@include file="/WEB-INF/pages/common/top08.jsp"%>
    <!-- 用于取出搜索关键字 -->
    <div class="search-box w" style="position:relative;top:0;margin-top:10px;">
        <s:form action="product_findByName" method="post" namespace="/product">
            <div id="sou">
                <input type="search" name="name" id="keywordsTop" class="search-input"
                        autocomplete="off"   />
            </div>
            <div id="sou_zi">
                <input type="submit" class="search-btn" style="border:none;text-indent:-99em;">
                <input type="hidden" name="ERROEVIEW" value="SNMWErrorView">
            </div>
        </s:form>
    </div>
    <s:if test="pageModel != null && pageModel.list.size() > 0">
     <div class="search-list w">
        <ul class="my-order-list pro-list list-ui-c" id="productList">
        <s:iterator value="pageModel.list">
            <li>
                <div class="wbox">
                    <div class="pro-img">
                    <s:a action="product_select" namespace="/product" >
                    <s:param name="id" value="id"></s:param>
```

续表

```
                        <img width="100" height="100"
                            src="${context_path}/<s:property value="goodsImageAddress" />"
                            alt="<s:property value="name" />">
                        </s:a>
                        </div>
                        <div class="pro-info">
                          <p class="pro-name">
                          <s:a action="product_select" namespace="/product" >
                            <s:param name="id" value="id"></s:param>
                            <s:property value="name" />
                          </s:a>
                          </p>
                          <p class="pro-tip gray6 mt10"><s:property value="model" /></p>
                          <p class="mt10">
                            <span class="snPrice" style="font-size:14px;">¥
                                <em><s:property value="goodsPreferentialPrice" /></em>
                            </span>
                          </p>
                          <p class="pleft">
                          <s:a action="cart_add" namespace="/product" >
                              <s:param name="productId" value="id"></s:param>
                              <img alt="购买" src="${context_path}/images/but_buy.gif" />
                          </s:a>
                          <img alt="收藏" src="${context_path}/images/bookz_save.gif" />
                          </p>
                        </div>
                      </div>
                      <span class="arrow"></span>
                </li>
            </s:iterator>
            </ul>
        </div>
        <div id="more_load w">
            <div class="load-more-lay" style="display: block;" id="loadingMore">
            <s:url var="first">
                <s:param name="pageNo" value="1"></s:param>
            </s:url>
            <s:url var="previous">
                <s:param name="pageNo" value="pageModel.pageNo-1"></s:param>
            </s:url>
            <s:url var="last">
                <s:param name="pageNo" value="pageModel.bottomPageNo"></s:param>
            </s:url>
            <s:url var="next">
                <s:param name="pageNo" value="pageModel.pageNo+1"></s:param>
            </s:url>
            </div>
            <div class="w page">
                <s:include value="/WEB-INF/pages/common/page08.jsp"></s:include>
            </div>
```

续表

```
  </div>
  <div id="BottomSearchDiv" class="search-box w mt5" style="position:relative;">
   <s:form action="product_findByName" method="post" namespace="/product">
       <div id="sou">
         <input type="search" name="name" id="keywordsTop" class="search-input"
               autocomplete="off"   />
       </div>
       <div id="sou_zi">
          <input type="submit" class="search-btn" style="border:none;text-indent:-99em;">
          <input type="hidden" name="ERROEVIEW" value="SNMWErrorView">
       </div>
   </s:form>
  </div>
  </s:if>
  <s:else>
  <div id="more_load w">
  <div class="w page">
      <span>对不起，还没有添加商品信息。</span><br />
      <s:a action="index" namespace="/">返回主页</s:a>
  </div>
  </div>
  </s:else>
  <!-- 公用尾部 -->
  <%@include file="/WEB-INF/pages/common/bottom08.jsp"%>
</div>
</body>
```

（12）创建与设计 JSP 页面 product_select.jsp

在文件夹 WEB-INF\pages 的子文件夹 product 中创建 JSP 页面 product_select.jsp，其主体代码如表 8-41 所示。

表 8-41　JSP 页面 product_select.jsp 的主体代码

```
<body>
<input type="hidden" id="resourceType" value="wap">
<input type="hidden" id="ga_itemDataBean_itemID" value="id">
<nav class="nav nav-sub pr w">
  <a class="goback" href="javascript:history.back(1)">返回</a>
  <div class="nav-title wb">商品信息详情</div>
  <a href="#" class="my-account" ></a>
  <a href="#" class="my-cart my-cart-in"></a>
  <a href="index.jsp" class="home"></a>
</nav>
<!-- 公用头部导航结束 -->
<div class="detailBox w" id="DetailBox">
  <s:push value="product">
    <div class="tabBox mt10">
      <div class="pro_gallery w" id="Detail_Gallery">
        <div class="pro_gallery_box">
```

续表

```
                <ul class="slide_ul">
                    <li>
                      <img width="260" src="${context_path}/<s:property value="bigImageAddress"/>"
                                          alt="<s:property value="name" />">
                    </li>
                    </ul>
                </div>
            </div>
            <h1 id="productName" class="pro-h1">商品编码:<s:property value="goodsCode" />
                <br /> 商品名称:<s:property value="name" /></h1>
            <ul class="pro_buy_detail">
              <li class="pdtn bbc">
                <div class="attr">优惠价格:</div>
                <div class="data-box">
                  <span class="snPrice f16" id="mainPrice">¥
                        <s:property value="goodsPreferentialPrice"/></span>
                </div>
              </li>
            </ul>
            <div class="w">
              <div id="comAddCart" class="wbox">
                <div class="mt10" style="margin-right:10px;">
                     <img id="changeImg" src="${context_path}/images/fav2.png"
                         width="80" height="40">
                </div>
                <div class="btn-sn-b mt10 wbox-flex" style="">
                     <s:a action="cart_add" namespace="/product">
                         <s:param name="productId" value="id"></s:param>
                         <span>放入购物车</span>
                     </s:a>
                </div>
                <div class="btn-sn-e mt10 wbox-flex" style="display: none;" id="productWarning">
                     <span>暂时无货</span></div>
              </div>
            </div>
        </div>
    </s:push>
</div>
<!-- 公用尾部 -->
<%@include file="/WEB-INF/pages/common/bottom08.jsp"%>
</body>
```

（13）运行程序输出结果

打开 Chrome 浏览器，在地址栏中输入“http://localhost:8080/project08/index.html”后，回车，首先显示如图 8-8 所示等待加载数据的页面，等待一会后显示如图 8-9 所示的 JSP 页面 product_list.jsp。

在商品信息浏览页面单击上边第一款手机的图片，显示如图 8-10 所示的 JSP 页面 product_select.jsp，在该页面可以查看对应商品的详细信息。

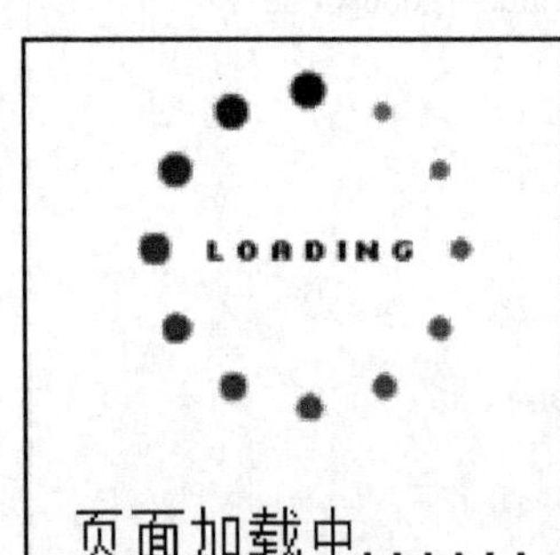

图 8-8 页面加载中所显示的页面

图 8-9 商品信息浏览页面的外观

图 8-10 商品详细信息浏览页面的外观

在商品信息浏览页面的搜索文本框中输入商品名称的部分或全部，如“三星”，然后单击【搜索】按钮，就可以查看对应搜索商品的信息。

7．基于 SSH2 的用户注册模块和用户登录模块的设计

（1）创建与设计普通用户实体类文件 Customer.java

在包 package08.model.user 中创建普通用户实体类文件 Customer.java，其代码如表 8-42 所示。

表 8-42 普通用户实体类文件 Customer.java 的代码

```
package package08.model.user;
import java.io.Serializable;
/**
 * 普通用户
 */
public class Customer implements Serializable{
    private static final long serialVersionUID = 1L;
    private int id;                     // 用户 ID
    private String username;            // 用户名
    private String password ;           // 密码
    private String realname;            // 真实姓名
    private String address;             // 住址
    private String email;               // E-mail 邮箱
    private String phone;               // 联系电话
    public Integer getId() {
        return id;
    }
    public void setId(Integer id) {
        this.id = id;
```

续表

```
}
public String getUsername(){
    return username;
}
public void setUsername(String name){
    this.username=name;
}
public String getPassword(){
    return password;
}
public void setPassword(String password){
    this.password=password;
}
public String getRealname() {
    return realname;
}
public void setRealname(String name) {
    this.realname = name;
}
public String getAddress() {
    return address;
}
public void setAddress(String address) {
    this.address = address;
}
public String getEmail(){
    return email;
}
public void setEmail(String mail){
    this.email=mail;
}
public String getPhone() {
    return phone;
}
public void setPhone(String phone) {
    this.phone = phone;
}
}
```

（2）创建与设计普通用户实体对象的映射文件 Customer.hbm.xml

在包 package08.model.user 中创建普通用户实体对象的映射文件 Customer.hbm.xml，其代码如表 8-43 所示。

表 8-43　普通用户实体对象的映射文件 Customer.hbm.xml 的代码

```
<?xml version="1.0" encoding="UTF-8"?>
<!DOCTYPE hibernate-mapping PUBLIC
        "-//Hibernate/Hibernate Mapping DTD 3.0//EN"
        "http://www.hibernate.org/dtd/hibernate-mapping-3.0.dtd">
```

续表

```
<hibernate-mapping package="package08.model.user">
  <class name="Customer" table="注册信息表">
  <!-- 注册用户 ID -->
  <id name="id" column="注册用户 ID" type="integer" >
    <generator class="native"></generator>
  </id>
  <!-- 注册用户名称 -->
  <property name="username" column="注册名称" type="string" length="30">
  </property>
  <!-- 密码 -->
  <property name="password" column="密码" type="string" length="20">
  </property>
  <!-- 真实姓名 -->
  <property name="realname" column="真实姓名" type="string" length="30">
  </property>
  <!--地址 -->
  <property name="address" column="地址" type="string" length="100">
  </property>
  <!-- Email -->
  <property name="email" column="Email" type="string" length="50">
  </property>
  <!--联系电话 -->
  <property name="phone" column="联系电话" type="string" length="11">
  </property>
  </class>
</hibernate-mapping>
```

（3）在配置文件 struts-default.xml 中添加有关用户注册和用户登录的配置内容

在配置文件 struts-default.xml 中添加如下所示的代码。

```
<result name="register">/WEB-INF/pages/user/customer_register08.jsp</result>
<result name="customerLogin">/WEB-INF/pages/user/customer_login08.jsp</result>
```

（4）在配置文件 struts-front.xml 中添加有关客户 Action 的配置内容

在配置文件 struts-front.xml 中添加如下所示的代码。

```
<package name="customer" extends="eshop-default" namespace="/customer">
  <action name="customer_*" method="{1}" class="customerAction">
    <result name="input">/WEB-INF/pages/user/customer_register08.jsp</result>
  </action>
</package>
```

（5）创建与设计接口 CustomerDao

在包 package08.dao.user 中创建接口 CustomerDao，该接口继承自类 BaseDao，接口文件 CustomerDao.java 对应的代码如表 8-44 所示。其父类 BaseDao 中定义了保存数据的方法 save()，其代码如表 8-22 所示，在 BaseDao 类的子类 DaoSupport<T>中实现了该方法，其代码如表 8-23 所示。

表 8-44　接口文件 CustomerDao.java 对应的代码

```java
package package08.dao.user;
import package08.dao.BaseDao;
import package08.model.user.Customer;
public interface CustomerDao extends BaseDao<Customer> {
    public Customer login(String username, String password);
    public boolean isUnique(String username);
}
```

（6）创建与设计类 CustomerDaoImpl

在包 package08.dao.user 中创建类 CustomerDaoImpl，该类继承自类 DaoSupport，实现了接口 CustomerDao，类文件 CustomerDaoImpl.java 的对应代码如表 8-45 所示。

表 8-45　类文件 CustomerDaoImpl.java 的代码

```java
package package08.dao.user;
import java.util.List;
import org.springframework.stereotype.Repository;
import org.springframework.transaction.annotation.Propagation;
import org.springframework.transaction.annotation.Transactional;
import package08.dao.DaoSupport;
import package08.model.user.Customer;
@Repository("customerDao")
@Transactional
public class CustomerDaoImpl extends DaoSupport<Customer> implements CustomerDao {
    @Transactional(propagation=Propagation.NOT_SUPPORTED,readOnly=true)
    public Customer login(String username, String password) {
        if(username != null && password != null){
            String where = "where username=? and password=?";
            Object[] queryParams = {username,password};
            List<Customer> list = find(-1, -1, where, queryParams).getList();
            if(list != null && list.size() > 0){
                return list.get(0);
            }
        }
        return null;
    }
    @SuppressWarnings("rawtypes")
    @Transactional(propagation=Propagation.NOT_SUPPORTED,readOnly=true)
    public boolean isUnique(String username) {
        Object[] queryParams = {username};//设置参数对象数组
        List list = (List)super.uniqueResult("from Customer where username = ?", queryParams);
        if(list != null && list.size() > 0){
            return false;
        }
        return true;
    }
}
```

（7）创建与设计 Action 类 CustomerAction

在包 package08.action.user 中创建用户 Action 类 CustomerAction，该类继承自 BaseAction 类，实现了接口 ModelDriven，对应类文件 CustomerAction.java 的主要代码如表 8-46 所示。

表 8-46　类文件 CustomerAction.java 的主要代码

```java
package package08.action.user;
import org.springframework.context.annotation.Scope;
import org.springframework.stereotype.Controller;
import package08.action.BaseAction;
import package08.model.user.Customer;
import package08.util.AppException;
import com.opensymphony.xwork2.ModelDriven;
@Scope("prototype")
@Controller("customerAction")
public class CustomerAction extends BaseAction implements ModelDriven<Customer>{
    private static final long serialVersionUID = 1L;
    // 客户
    private Customer customer = new Customer();
    // 确认密码
    private String repassword;
    public Customer getCustomer() {
        return customer;
    }
    public void setCustomer(Customer customer) {
        this.customer = customer;
    }
    public String getRepassword() {
        return repassword;
    }
    public void setRepassword(String repassword) {
        this.repassword = repassword;
    }
    @Override
    public Customer getModel() {
        return customer;
    }
    public String login() throws Exception{
        return CUSTOMER_LOGIN;
    }
    /**
     * 用户注册
     * @return
     * @throws Exception
     */
    public String save() throws Exception{
        boolean unique = customerDao.isUnique(customer.getUsername());   //判断用户名是否可用
        if(unique){                                                       //如果用户名可用
            customerDao.save(customer);                                   //保存注册信息
            return CUSTOMER_LOGIN;                                        //返回会员登录页面
        }else{
```

续表

```
            throw new AppException("此用户名不可用");//否则返回页面错误信息
        }
    }
    /**
     * 用户登录
     * @return
     * @throws Exception
     */
    public String logon() throws Exception{
        //验证用户名和密码是否正确
        Customer loginCustomer = customerDao.login(customer.getUsername(),
                                                   customer.getPassword());
        if(loginCustomer != null){                          //如果通过验证
            session.put("customer", loginCustomer);         //将登录会员信息保存在 Session 中
        }else{                                              //验证失败
            addFieldError("", "用户名或密码不正确！ ");       //返回错误信息
            return CUSTOMER_LOGIN;                          //返回会员登录页面
        }
        return INDEX;                                       //返回网站首页
    }
    /**
     * 用户退出
     * @return String
     * @throws Exception
     */
    public String logout() throws Exception{
        if(session != null && session.size() > 0){
            session.clear();
        }
        return INDEX;
    }
}
```

CustomerAction 类的父类 BaseAction 中所定义的方法 register()的有关代码如下所示。

```
public static final String Register = "register";
public String register() throws Exception{
    return Register;
}
```

（8）创建验证文件 CustomerAction-customer_save-validation.xml

在包 package08.action.user 中创建验证文件 CustomerAction-customer_save-validation.xml，其中，“CustomerAction”表示 Action 对象的名称，“customer_save”表示需要验证表单的 action 属性名称。该验证文件用于验证注册表单控件中所输入数据的合法性，其主要代码如表 8-47 所示。

表 8-47 CustomerAction-customer_save-validation.xml 文件的代码

```
<?xml version="1.0" encoding="UTF-8"?>
<!DOCTYPE validators PUBLIC "-//Apache Struts//XWork Validator 1.0.2//EN"
```

续表

```
          "http://struts.apache.org/dtds/xwork-validator-1.0.2.dtd">
<validators>
   <field name="username">
   <field-validator type="requiredstring" >
      <message>用户名不能为空</message>
   </field-validator>
   <field-validator type="stringlength">
      <param name="minLength">5</param>
      <param name="maxLength">32</param>
      <message>用户名长度必须在${minLength}到${maxLength}之间</message>
   </field-validator>
   </field>
   <field name="password">
   <field-validator type="requiredstring">
      <message>密码不能为空</message>
   </field-validator>
   <field-validator type="stringlength">
      <param name="minLength">6</param>
      <message>密码长度必须在${minLength}位以上</message>
   </field-validator>
   </field>
   <field name="repassword">
   <field-validator type="requiredstring" short-circuit="true">
      <message>确认密码不能为空</message>
   </field-validator>
   <field-validator type="fieldexpression">
      <param name="expression">password == repassword</param>
      <message>两次密码不一致</message>
   </field-validator>
   </field>
   <field name="email">
   <field-validator type="requiredstring">
      <message>邮箱不能为空</message>
   </field-validator>
   <field-validator type="email">
      <message>邮箱格式不正确</message>
   </field-validator>
   </field>
</validators>
```

验证文件 CustomerAction-customer_save-validation.xml 中利用 requiredstring 校验器对 CustomerAction 类中字段进行非空验证，利用 stringlength 校验器对 CustomerAction 类中的字段长度进行验证，利用 email 校验器对邮箱地址的格式进行验证。

（9）创建与设计 JSP 页面 customer_register08.jsp

在文件夹 WEB-INF\pages 的子文件夹 user 中创建 JSP 页面 customer_register08.jsp，在该页面的头部添加以下代码：

```
<%@ taglib prefix="s" uri="/struts-tags"%>
<s:set var="context_path"
```

```
value="#request.get('javax.servlet.forward.context_path')"></s:set>
```

在 JSP 页面 customer_register08.jsp 的<head>和</head>之间编写如下所示的代码，引入所需的 CSS 样式文件。

```
<link rel="stylesheet" type="text/css" href="${context_path}/css/module.css">
<link rel="stylesheet" type="text/css" href="${context_path}/css/member.css">
```

在 JSP 页面 customer_register08.jsp 的<head>和</head>之间编写如表 8-48 所示的 JavaScript 代码。

表 8-48　JSP 页面 customer_register08.jsp 中<head>和</head>之间的 JavaScript 代码

行号	JavaScript 代码
01	<script type="text/javascript">
02	function registerSubmit(){
03	registerForm.submit();
04	return true;
05	}
06	</script>

JSP 页面 customer_register08.jsp 顶部导航的代码如表 8-49 所示。

表 8-49　JSP 页面 customer_register08.jsp 顶部导航的代码

行号	HTML 代码
01	<nav class="nav nav-sub pr">
02	<s:a action="index" namespace="/">
03	<span class="goback">返回首页</span>
04	</s:a>
05	<div class="nav-title wb">
06	<span>用户注册</span>
07	</div>
08	<div class="title-submit-ui-a">
09	<s:a action="customer_login" namespace="/customer"> 登录 </s:a>
10	</div>
11	</nav>

JSP 页面 customer_register08.jsp 中部的主体代码如表 8-50 所示。

表 8-50　JSP 页面 customer_register08.jsp 中部的主体代码

行号	代码
01	<div class="login layout f14">
02	<div class="signup layout f14" id="Sign_Check">
03	<div class="regist-box" id="Login_Check">
04	<div class="signup-tab-box tabBox ">
05	<s:form action="customer_save" name="/user" method="post" id="registerForm" >
06	<s:fielderror></s:fielderror>
07	<ul class="input-list mt10">
08	<li>
09	<s:textfield name="username" cssClass="input-ui-a"
10	placeholder="请输入您的用户名"></s:textfield>
11	</li>
12	<li>
13	<s:password name="password" cssClass="input-ui-a"

续表

```
                    placeholder="请输入 6-20 位密码"></s:password>
            </li>
            <li>
                <s:password name="repassword" cssClass="input-ui-a"
                    placeholder="请再次输入您的密码"></s:password>
            </li>
            <li>
                <s:textfield name="realname" cssClass="input-ui-a"
                    placeholder="请输入您的真实姓名"></s:textfield>
            </li>
            <li>
                <s:textfield name="address" cssClass="input-ui-a"
                    placeholder="请输入您的地址"></s:textfield>
            </li>
            <li>
                <s:textfield name="email" cssClass="input-ui-a"
                    placeholder="请输入您的邮箱地址"></s:textfield>
            </li>
        </ul>
        <div class="btn-ui-b mt10">
            <a  href="javascript:void(0);" onclick="return registerSubmit();">注册</a>
        </div>
        <div class="wbox a label-bind zhmm mt10">
            <label><input type="checkbox" class="input-checkbox-a f-les m-tops"
                    id="epp_email_checked"></label>
            <div class="wbox-flex">
                <p>同意易购网触屏版会员章程</p>
                <p>同意易付宝协议，创建易付宝账户</p>
                <p class="err-tips mt5 hide" id="epp_email_checked_error">请确认此协议！</p>
            </div>
        </div>
      </s:form>
    </div>
  </div>
</div>
</div>
```

JSP 页面 customer_register08.jsp 底部的代码如表 8-51 所示。

表 8-51　JSP 页面 customer_register08.jsp 底部的代码

```
<div id="footer">
    <ul class="list-ui-a">
        <li>
            <div class="w user-login">
                <s:a action="customer_login" namespace="/customer"> 登录 </s:a>
                <s:a action="cart_list" namespace="/product" >购物车</s:a>
                <s:a action="order_findByCustomer" namespace="/product" >我的订单</s:a>
            </div>
```

续表

```
        </li>
    </ul>
    <div class="copyright">Copyright© 2012-2018 m.ebuy.com</div>
</div>
```

（10）创建与设计 JSP 页面 customer_login08.jsp

在文件夹 WEB-INF\pages 的子文件夹 user 中创建 JSP 页面 customer_login08.jsp，在该页面的头部添加以下代码：

```
<%@ taglib prefix="s" uri="/struts-tags"%>
<s:set var="context_path"
      value="#request.get('javax.servlet.forward.context_path')"></s:set>
```

在 JSP 页面 customer_login08.jsp 的<head>和</head>之间编写如下所示的代码，引入所需的 CSS 样式文件。

```
<link rel="stylesheet" type="text/css" href="${context_path}/css/module.css">
<link rel="stylesheet" type="text/css" href="${context_path}/css/member.css">
```

在 JSP 页面 customer_login08.jsp 的<head>和</head>之间编写如表 8-52 所示的 JavaScript 代码。

表 8-52　JSP 页面 customer_login08.jsp 中<head>和</head>之间的 JavaScript 代码

```
<script type="text/javascript">
function logonSubmit(){
    if(checkForm()){
      formlogon.submit();
        return true;
        }else{
        return false;
    }
}
function checkForm(){
    if(formlogon.elements["username"].value == ""){
      alert("用户名不能空！");
      return false;
    }
  if(formlogon.elements["password"].value == ""){
      alert("密码不能空！");
      return false;
  }
  return true;
}
</script>
```

JSP 页面 customer_login08.jsp 顶部导航的代码如表 8-53 所示。

表 8-53　JSP 页面 customer_login08.jsp 顶部导航的代码

行号	HTML 代码
01	<nav class="nav nav-sub pr">
02	<s:a action="index" namespace="/">
03	<span class="goback">返回首页</span>
04	</s:a>
05	<div class="nav-title wb">
06	<span>用户登录</span>
07	</div>
08	<div class="title-submit-ui-a">
09	<s:a action="customer_register" namespace="/customer">注册</s:a>
10	</div>
11	</nav>

JSP 页面 customer_login08.jsp 中部的主体代码如表 8-54 所示。

表 8-54　JSP 页面 customer_login08.jsp 中部的主体代码

行号	代码
01	<div class="login layout f14">
02	<s:form action="customer_logon" namespace="/customer" method="post" id="formlogon" >
03	<s:fielderror></s:fielderror>
04	<ul class="input-list mt10" id="Login_Check">
05	<li>
06	<s:textfield name="username" cssClass="input-ui-a" size="18"
07	placeholder="用户名："></s:textfield>
08	<p class="err-tips mt5 hide" id="logonIdErrMsg">请输入用户名！</p>
09	</li>
10	<li>
11	<s:password name="password" cssClass="input-ui-a" size="18"
12	placeholder="密码："></s:password>
13	<p class="err-tips mt5 hide" id="passwordErrMsg">请输入密码！</p>
14	</li>
15	</ul>
16	<div class="btn-ui-b mt10">
17	<a href="javascript:void(0);" onclick="return logonSubmit();">登录</a>
18	</div>
19	</s:form>
20	</div>

JSP 页面 customer_login08.jsp 底部的代码如表 8-55 所示。

表 8-55　JSP 页面 customer_login08.jsp 底部的代码

行号	代码
01	<div id="footer">
02	<ul class="list-ui-a">
03	<li>
04	<div class="w user-login">
05	<s:a action="customer_register" namespace="/customer" id="footerRegister">注册</s:a>
06	<s:a action="cart_list" namespace="/product" >购物车</s:a>
07	<s:a action="order_findByCustomer" namespace="/product" >我的订单</s:a>
08	</div>

续表

行号	代码
09	</li>
10	</ul>
11	<div class="copyright">Copyright© 2012-2018 m.ebuy.com</div>
12	</div>

（11）运行程序输出结果

打开 Chrome 浏览器，在地址栏中输入“http://localhost:8080/project08/index.html”后，回车，首先显示等待加载数据的页面，等待一会后显示商品列表页面 product_list.jsp，在该页面底部导航栏（如图 8-11 所示）中单击【注册】超链接打开“用户注册”页面。

在“用户注册”页面各个表单控件中输入合适的数据，例如，在“用户名”文本框中输入“admin8”，在“设置密码”和“确认密码”输入框中输入“123456”，在“邮箱地址”文本框中输入“admin8@163.com”，如图 8-12 所示，然后单击【注册】按钮。

图 8-11　JSP 页面 product_list.jsp 的底部导航栏　图 8-12　在“用户注册”页面的各个表单控件中输入合适的数据

如果注册成功，则会自动切换到“用户登录”页面，如图 8-13 所示，在“用户名”文本框自动显示刚才注册成功的用户名，然后在“密码”输入框中输入对应的密码，单击【登录】按钮，登录成功则会自动跳转到“商品列表”页面浏览商品信息。

图 8-13　在【用户登录】页面输入用户名和密码

8．基于 SSH2 的购物车模块的设计

（1）在配置文件 struts-front.xml 中添加有关购物车 Action 的配置内容

在配置文件 struts-front.xml 中添加如下所示的代码。

```
<package name="cart" extends="front" namespace="/product">
  <action name="cart_*" class="cartAction" method="{1}">
      <result name="list">/WEB-INF/pages/cart/cart_list.jsp</result>
      <interceptor-ref name="customerDefaultStack"/>
```

```
    </action>
</package>
```

（2）创建与设计 Action 类 CartAction

在包 package08.action.order 中创建购物车 Action 类 CartAction，该类继承自 BaseAction 类，在该类中定义往购物车中添加商品信息的方法 add()、修改购物数量的方法 editNum()、查看购物车中商品信息的方法 list()、从购物车中删除商品的方法 delete()和清空购物车的方法 clear()，对应类文件 CartAction.java 的代码如表 8-56 所示。

表 8-56　类文件 CartAction.java 的代码

```java
package package08.action.order;
import java.util.Iterator;
import java.util.Set;
import org.springframework.context.annotation.Scope;
import org.springframework.stereotype.Controller;
import package08.action.BaseAction;
import package08.model.order.OrderItem;
import package08.model.product.ProductInfo;
/**
 * 购物车 Action
 */
@Scope("prototype")
@Controller("cartAction")
public class CartAction extends BaseAction {
    private static final long serialVersionUID = 1L;
    // 商品 id
    private Integer productId;
    public Integer getProductId() {
        return productId;
    }
    public void setProductId(Integer productId) {
        this.productId = productId;
    }
    // 数量变化标识
    private String flag;
    public String getFlag() {
        return flag;
    }
    public void setFlag(String flag) {
        this.flag = flag;
    }
    // 向购物车中添加商品
    @Override
    public String add() throws Exception {
    if(productId != null && productId > 0){
        // 获取购物车
        Set<OrderItem> cart = getCart();
        // 标记添加的商品是否是同一件商品
        boolean same = false;
        for (OrderItem item : cart) {
```

续表

```
        if(item.getProductId() == productId){
            // 购买相同的商品，更新数量
            item.setBuyNum(item.getBuyNum() + 1);
            same = true;
        }
        }
        // 不是同一件商品
        if(!same){
        OrderItem item = new OrderItem();
        ProductInfo product = productDao.load(productId);
        item.setProductId(product.getId());
        item.setProductName(product.getName());
        item.setProductPrice(product.getGoodsPrice());
        item.setProductPreferentialPrice(product.getGoodsPreferentialPrice());
        item.setImageAddress(product.getGoodsImageAddress());
        item.setProductCode(product.getGoodsCode());
        cart.add(item);
        }
        session.put("cart", cart);
    }
    return LIST;
    }
    // 查看购物车
    public String list() throws Exception {
        return LIST;          //返回购物车页面
    }
    // 修改购物数量
    public String editNum() throws Exception {
    Set<OrderItem> cart = getCart();// 获取购物车
    // 此处使用 Iterator，否则出现 java.util.ConcurrentModificationException
    Iterator<OrderItem> it = cart.iterator();
    while(it.hasNext()){                    //使用迭代器遍历商品订单条目信息
        OrderItem item = it.next();
        if(item.getProductId() == productId){
        // 购买相同的商品，更新数量
        if(flag.equals("add"))
        {
            item.setBuyNum(item.getBuyNum() + 1);
        }
        else
        {
            item.setBuyNum(item.getBuyNum() - 1);
        }
        }
    }
    session.put("cart", cart);             //将清空后的信息重新放入 Session 中
    return LIST;                           //返回购物车页面
    }
    // 从购物车中删除商品
    public String delete() throws Exception {
```

续表

```
      Set<OrderItem> cart = getCart();        // 获取购物车
      // 此处使用 Iterator，否则出现 java.util.ConcurrentModificationException
      Iterator<OrderItem> it = cart.iterator();
      while(it.hasNext()){                    //使用迭代器遍历商品订单条目信息
         OrderItem item = it.next();
         if(item.getProductId() == productId){
            it.remove();                      //移除商品订单条目信息
         }
      }
      session.put("cart", cart);             //将清空后的信息重新放入 Session 中
      return LIST;                           //返回购物车页面
   }
   // 清空购物车
   public String clear() throws Exception {
      session.remove("cart");
      return LIST;
   }
}
```

（3）创建与设计 JSP 页面 cart_list.jsp

在文件夹 WEB-INF\pages 的子文件夹 cart 中创建 JSP 页面 cart_list.jsp，在该页面的头部添加以下代码：

```
<%@ taglib prefix="s" uri="/struts-tags"%>
<s:set var="context_path"
      value="#request.get('javax.servlet.forward.context_path')"></s:set>
```

在 JSP 页面 cart_list.jsp 的<head>和</head>之间编写如下所示的代码，引入所需的 CSS 样式文件。

```
<link rel="stylesheet" type="text/css" href="${context_path}/css/module.css">
<link rel="stylesheet" type="text/css" href="${context_path}/css/cart.css">
```

在 JSP 页面 cart_list.jsp 的<head>和</head>之间编写如下所示的代码，引入所需的 JavaScript 文件。

```
<script type="text/javascript" src="${context_path}/js/jquery.min.js"></script>
<script type="text/javascript" src="${context_path}/js/snmwshopCart1.js"></script>
<script type="text/javascript" src="${context_path}/js/snmwshopCart1_v2.js"></script>
```

JSP 页面 cart_list.jsp 顶部导航的代码如表 8-57 所示。

表 8-57　JSP 页面 cart_list.jsp 顶部导航的代码

```
<s:set value="%{0}" var="sumall"></s:set>
<s:set value="%{0}" var="saveall"></s:set>
<div id="header" class="title-ui-a w">
   <div class="back-ui-a">
      <a href="javascript:history.back(1)">返回</a>
   </div>
   <div class="header-title">购物车</div>
```

续表

HTML 代码

```
    <div class="site-nav">
      <ul class="fix">
        <li class="mysn"><s:a action="order_findByCustomer" namespace="/product">
                                我的订单</s:a></li>
        <li class="mycart"><s:a action="cart_list" namespace="/product">我的购物车</s:a></li>
        <li class="home"><s:a action="index" namespace="/">返回首页</s:a></li>
      </ul>
    </div>
  </div>
```

JSP 页面 cart_list.jsp 中部的主体代码如表 8-58 所示。

表 8-58　JSP 页面 cart_list.jsp 中部的主体代码

代码

```
<div class="cart-list-1 w f14">
  <ul class="cart-list list-ui-c" id="Cart_List">
    <s:iterator value="#session.cart">
    <s:set value="%{#sumall +productPreferentialPrice*buyNum}" var="sumall"/>
    <s:set value="%{#saveall +productPrice*buyNum - productPreferentialPrice*buyNum}"
          var="saveall"/>
      <li>
        <div class="wbox">
          <div class="mr10" style="margin-top:32px;">
            <input type="checkbox" class="input-checkbox-a" name="checkbox_1"
                  id="checkbox_1" checked="CHECKED">
          </div>
          <p class="pro-img">
            <span><img src="${context_path}/<s:property value="imageAddress"/>"
                        alt="<s:property value="productName"/>"></span></p>
          <div class="wbox-flex">
            <p><span class="attr">编号:</span><s:property value="productCode"/></p>
            <p class="pro-name"><span class="attr">名称:</span>
            <a id="name_1" ><s:property value="productName"/>
            </a>
            </p>
            <div class="count">
              <span class="attr">数量:</span>
              <div class="countArea">
              <s:a action="cart_editNum" namespace="/product">
                  <s:param name="productId" value="productId"></s:param>
                  <s:param name="flag">min</s:param>
                  <span class="min" onclick="javascript:lesV2(this,&#39;1&#39;);"></span>
              </s:a>
              <input class="count-input" type="text" value="<s:property value="buyNum"/>"
                    name="quantity" id="quantity_1" >
              <s:a action="cart_editNum" namespace="/product">
                  <s:param name="productId" value="productId"></s:param>
                  <s:param name="flag">add</s:param>
                  <span class="add" onclick="javascript:addV2(this,&#39;1&#39;);"></span>
```

续表

```
                  </s:a>
                </div>
              </div>
              <p>
                <span class="attr">易购价:</span>
                <span class="price">￥<s:property value="productPreferentialPrice"/></span>
              </p>
              <p>
                <span class="attr">已节省:</span>
                <span class="price">￥<s:property value="productPrice*buyNum –
                                        productPreferentialPrice*buyNum"/></span>
              </p>
              <s:a action="cart_delete" namespace="/product">
                <s:param name="productId" value="productId"></s:param>
                <div class="trash" onclick="javascript:deleteCartItem(this);">
                  <span class="lid"></span><span class="can"></span>
                </div>
              </s:a>
            </div>
          </div>
        </li>
      </s:iterator>
    </ul>
    <p class="mt5 tr">商品总计:
      <span><em id="userPayAllprice">￥<s:property value="#sumall"/></em></span>
      <span id="promotionAmountSpan" >- 优惠:<em id="totalPromotionAmount">￥
                                       <s:property value="#saveall"/></em>
      </span>
    </p>
    <p class="mt5 tr">应付总额(未含运费) : <span class="price">
      <em id="userPayAllpriceList">￥<s:property value="#sumall"/></em></span></p>
    <div class="btn-ui-b mt10" id="checkOutButton">
     <s:a action="order_add" namespace="/product">
        <span title="去结算" >去结算</span>
     </s:a>
    </div>
    <div class="btn-ui-c mt10">
     <s:a action="index" namespace="/">
        <span title="继续购物" >&lt;&lt;继续购物</span>
     </s:a>
    </div>
    <div class="btn-ui-b mt10" id="checkOutButton">
     <s:a action="cart_clear" namespace="/product">
      <span title="清空购物车" >清空购物车</span>
     </s:a>
    </div>
  </div>
```

JSP 页面 cart_list.jsp 底部的代码如表 8-59 所示。

表 8-59 JSP 页面 cart_list.jsp 底部的代码

```
<div id="footer" class="w">
    <div class="layout fix user-info">
        <div class="user-name fl" id="footerUserName">当前用户：
        <span class="a">
        <s:if test="#session.customer != null">
            <s:property value="#session.customer.username"/>
        </s:if>
        </span>
        </div>
        <div class="fr"><a id="backTop" href="javascript:;" >回顶部</a></div>
    </div>
    <ul class="list-ui-a">
      <li>
        <div class="w user-login">
          <s:a action="customer_login" namespace="/customer"> 登录</s:a>
          <s:a action="customer_register" namespace="/customer" id="footerRegister">注册</s:a>
          <s:if test="#session.customer != null">
              <s:a action="customer_logout" namespace="/customer">退出</s:a>
          </s:if>
          <s:else>请先进行登录</s:else>
        </div>
      </li>
    </ul>
    <div class="copyright">Copyright© 2012-2018 m.ebuy.com</div>
</div>
```

（4）运行程序输出结果

打开 Chrome 浏览器，在地址栏中输入“http://localhost:8080/project08/index.html”后，回车，首先显示等待加载数据的页面，等待一会后显示商品列表页面 product_list.jsp，在该页面中单击【登录】超链接打开“用户登录”页面 customer_login08.jsp，在“用户登录”页面中输入正确的用户名（如前面已注册的用户 admin8）和密码，然后单击【登录】按钮，成功登录后，跳转到商品列表页面 product_list.jsp。在商品列表页面浏览商品信息，单击中意商品对应的【购买】按钮，将所选中的商品放入购物内，显示的购物车页面 cart_list.jsp 如图 8-14 所示。

图 8-14 购物车页面 cart_list.jsp 的浏览效果

在购物车页面中可以动态增加或减少购物数量，从购物车中删除不需要的商品；也可以单击【继续购物】按钮，返回商品列表页面继续选购商品；还可以单击【清空购物车】按钮全部删除购物车中的商品。这里为了测试程序的运行，暂只选购一种商品，购买数量也为 1。

9．基于 SSH2 的订单模块的设计

（1）创建与设计订单实体类文件 Order.java

在包 package08.model.order 中创建订单实体类文件 Order.java，其代码如表 8-60 所示。

表 8-60　订单实体类文件 Order.java 的代码

```java
package package08.model.order;
import java.io.Serializable;
import java.util.Date;
import java.util.Set;
import package08.model.user.Customer;
/**
 * 订单
 */
public class Order implements Serializable {
    private static final long serialVersionUID = 1L;
    private String orderCode;                    // 订单编号(手动分配)
    private String name;                         // 收货人姓名
    private String address;                      // 送货地址
    private String phone;                        // 收货人联系电话
    private Double totalPrice;                   // 订单总金额
    private Date createTime = new Date();        // 下单时间
    private String paymentWay;                   // 支付方式
    private String orderState;                   // 订单状态
    private Customer customer;                   // 所属客户
    private Set<OrderItem> orderItems;           // 所买商品
    public String getOrderCode() {
        return orderCode;
    }
    public void setOrderCode(String code) {
        this.orderCode = code;
    }
    public String getName() {
        return name;
    }
    public void setName(String name) {
        this.name = name;
    }
    public String getAddress() {
        return address;
    }
    public void setAddress(String address) {
        this.address = address;
    }
    public String getPhone() {
        return phone;
    }
    public void setPhone(String phone) {
        this.phone = phone;
    }
    public Double getTotalPrice() {
```

续表

```
        return totalPrice;
    }
    public void setTotalPrice(Double totalPrice) {
        this.totalPrice = totalPrice;
    }
    public Date getCreateTime() {
        return createTime;
    }
    public void setCreateTime(Date createTime) {
        this.createTime = createTime;
    }
    public String getPaymentWay() {
        return paymentWay;
    }
    public void setPaymentWay(String paymentWay) {
        this.paymentWay = paymentWay;
    }
    public String getOrderState() {
        return orderState;
    }
    public void setOrderState(String orderState) {
        this.orderState = orderState;
    }
    public Customer getCustomer() {
        return customer;
    }
    public void setCustomer(Customer customer) {
        this.customer = customer;
    }
    public Set<OrderItem> getOrderItems() {
        return orderItems;
    }
    public void setOrderItems(Set<OrderItem> orderItems) {
        this.orderItems = orderItems;
    }
}
```

（2）创建与设计订单实体对象的映射文件 Order.hbm.xml

在包 package08.model.order 中创建订单实体对象的映射文件 Order.hbm.xml，其代码如表 8-61 所示。

表 8-61　订单实体对象的映射文件 Order.hbm.xml 的代码

```
<?xml version="1.0" encoding="UTF-8"?>
<!DOCTYPE hibernate-mapping PUBLIC
        "-//Hibernate/Hibernate Mapping DTD 3.0//EN"
        "http://www.hibernate.org/dtd/hibernate-mapping-3.0.dtd">
<hibernate-mapping package="package08.model.order">
    <class name="Order" table="订单信息表">
```

续表

```
<id name="orderCode" type="string" length="30" column="订单编号">
    <generator class="assigned"/>
</id>
<property name="name" type="string" column="收货人姓名"  length="30"/>
<property name="address" type="string" column="送货地址" length="80"/>
<property name="phone" type="string" column="联系电话" length="11"/>
<property name="totalPrice" column="订单总金额" type="java.lang.Double"/>
<property name="createTime" column="下单时间" />
<property name="paymentWay" type="string" column="支付方式" length="20"/>
<property name="orderState" type="string" column="订单状态" length="20"/>
<!-- 多对一映射用户 -->
<many-to-one name="customer" column="客户 ID"/>
<!-- 一对多映射订单项 -->
<set name="orderItems" inverse="true" lazy="extra" cascade="all">
    <key column="订单编号"/>
    <one-to-many class="OrderItem"/>
</set>
</class>
</hibernate-mapping>
```

（3）创建与设计订单中的商品条目实体类文件 OrderItem.java

在包 package08.model.order 中创建订单中的商品条目实体类文件 OrderItem.java，其代码如表 8-62 所示。

表 8-62　订单中的商品条目类文件 OrderItem.java 的代码

```
package package08.model.order;
import java.io.Serializable;
/**
 * 订单中的商品条目
 */
public class OrderItem implements Serializable{
  private static final long serialVersionUID = 1L;
  private Integer id;                              // 商品条目编号
  private Integer productId;                       // 商品 id
  private String productName;                      // 商品名称
  private Double productPrice;                     // 商品价格
  private Double productPreferentialPrice;         // 优惠价格
  private Integer buyNum=1;                        // 购买数量
  private Order order;                             // 所属订单
  private String imageAddress;                     // 图片地址
  private String productCode;                      // 商品编号
  public Integer getId() {
    return id;
  }
  public void setId(Integer id) {
    this.id = id;
  }
  public Integer getProductId() {
```

续表

```java
        return productId;
    }
    public void setProductId(Integer productId) {
        this.productId = productId;
    }
    public String getProductName() {
        return productName;
    }
    public void setProductName(String productName) {
        this.productName = productName;
    }
    public Double getProductPrice() {
        return productPrice;
    }
    public void setProductPrice(Double price) {
        this.productPrice = price;
    }
    public Double getProductPreferentialPrice() {
        return productPreferentialPrice;
    }
    public void setProductPreferentialPrice(Double price) {
        this.productPreferentialPrice = price;
    }
    public Integer getBuyNum() {
        return buyNum;
    }
    public void setBuyNum(Integer num) {
        this.buyNum = num;
    }
    public Order getOrder() {
        return order;
    }
    public void setOrder(Order order) {
        this.order = order;
    }
    public String getImageAddress() {
        return imageAddress;
    }
    public void setImageAddress(String image) {
        this.imageAddress = image;
    }
    public String getProductCode() {
        return productCode;
    }
    public void setProductCode(String code) {
        this.productCode = code;
    }
}
```

（4）创建与设计订单中的商品条目实体对象的映射文件 OrderItem.hbm.xml

在包 package08.model.order 中创建订单中的商品条目实体对象的映射文件 OrderItem.hbm.xml，其代码如表 8-63 所示。

表 8-63　订单中的商品条目实体对象的映射文件 OrderItem.hbm.xml 的代码

```xml
<?xml version="1.0" encoding="UTF-8"?>
<!DOCTYPE hibernate-mapping PUBLIC
            "-//Hibernate/Hibernate Mapping DTD 3.0//EN"
            "http://www.hibernate.org/dtd/hibernate-mapping-3.0.dtd">
<hibernate-mapping package="package08.model.order">
  <class name="OrderItem" table="订单商品详情表">
    <id name="id" column="商品条目 ID">
      <generator class="native"/>
    </id>
    <property name="productId" column="商品 ID"/>
    <property name="productName" column="商品名称" length="50"/>
    <property name="productPrice" column="商品价格" type="java.lang.Double"/>
    <property name="productPreferentialPrice" column="优惠价格" type="java.lang.Double"/>
    <property name="buyNum" column="购买数量"/>
    <!-- 多对一映射订单 -->
    <many-to-one name="order" class="Order" column="订单编号" />
  </class>
</hibernate-mapping>
```

（5）在配置文件 struts-default.xml 中添加有关订单 Action 的配置内容

在配置文件 struts-front.xml 中添加如下所示的代码。

```xml
<package name="order" extends="front" namespace="/product">
  <action name="order_*" class="orderAction" method="{1}">
      <result name="add">/WEB-INF/pages/order/order_add.jsp</result>
      <result name="confirm">/WEB-INF/pages/order/order_confirm.jsp</result>
      <result name="list">/WEB-INF/pages/order/order_list.jsp</result>
      <result name="error">/WEB-INF/pages/order/order_error.jsp</result>
      <result name="input">/WEB-INF/pages/order/order_add.jsp</result>
      <!-- 当输入的数据不符合规定格式时，会默认返回 input -->
      <interceptor-ref name="customerDefaultStack"/>
  </action>
</package>
```

（6）创建与设计接口 OrderDao

在包 package08.dao.order 中创建接口 OrderDao，该接口继承自类 BaseDao，接口文件 OrderDao.java 对应的代码如表 8-64 所示。

表 8-64　接口文件 OrderDao.java 对应的代码

```java
package package08.dao.order;
import package08.dao.BaseDao;
```

续表

```
import package08.model.order.Order;
public interface OrderDao extends BaseDao<Order> {
    public Order findByCustomer(int customerId);
}
```

（7）创建与设计类 OrderDaoImpl

在包 package08.dao.order 中创建类 OrderDaoImpl，该类继承自类 DaoSupport，实现了接口 OrderDao，类文件 OrderDaoImpl.java 的对应代码如表 8-65 所示。

表 8-65　类文件 OrderDaoImpl.java 的代码

```
package package08.dao.order;
import java.util.List;
import org.springframework.stereotype.Repository;
import org.springframework.transaction.annotation.Propagation;
import org.springframework.transaction.annotation.Transactional;
import package08.dao.DaoSupport;
import package08.model.order.Order;
@Repository("orderDao")
@Transactional
public class OrderDaoImpl extends DaoSupport<Order> implements OrderDao {
    @Transactional(propagation=Propagation.NOT_SUPPORTED,readOnly=true)
    public Order findByCustomer(int customerId) {
        String where = "where customer.id = ?";
        Object[] queryParams = {customerId};
        List<Order> list = find(-1, -1, where, queryParams).getList();
        return list.get(0);
    }
}
```

（8）创建与设计 Action 类 OrderAction

在包 package08.action.order 中创建订单 Action 类 OrderAction，该类继承自 BaseAction 类。在类中 OrderAction 定义以下多个方法：下订单方法 add()，该方法将用户的基本信息从 Session 对象中取出并添加到订单表单对应的控件中；订单确认方法 confirm()；订单保存方法 save()，该方法将订单信息保存到数据表中；订单查询方法 findByCustomer()，该方法以登录用户的 id 为查询条件查询该用户的所有订单信息。对应类文件 OrderAction.java 的代码如表 8-66 所示。

表 8-66　类文件 OrderAction.java 的代码

```
package package08.action.order;
import java.util.HashMap;
import java.util.Map;
import java.util.Set;
import org.springframework.context.annotation.Scope;
import org.springframework.stereotype.Controller;
import package08.action.BaseAction;
import package08.model.PageModel;
```

续表

代码

```java
import package08.model.order.Order;
import package08.model.order.OrderItem;
import package08.model.product.ProductInfo;
import package08.util.StringUitl;
import com.opensymphony.xwork2.ModelDriven;
/**
 * 订单 Action
 */
@Scope("prototype")
@Controller("orderAction")
public class OrderAction extends BaseAction implements ModelDriven<Order>{
  private static final long serialVersionUID = 1L;
  // 订单
  private Order order = new Order();
  public Order getOrder() {
    return order;
  }
  public void setOrder(Order order) {
    this.order = order;
  }
  private PageModel<Order> pageModel;          // 分页组件
  public PageModel<Order> getPageModel() {
    return pageModel;
  }
  public void setPageModel(PageModel<Order> pageModel) {
    this.pageModel = pageModel;
  }
  @Override
  public Order getModel() {
    return order;
  }
  /**
   * 下订单
   */
  public String add() throws Exception {
     order.setName(getLoginCustomer().getUsername());
     order.setAddress(getLoginCustomer().getAddress());
     order.setPhone(getLoginCustomer().getPhone());
     return ADD;
  }
  /**
   * 订单确认
   * @return
   * @throws Exception
   */
  public String confirm() throws Exception {
     return "confirm";        //返回订单确认页面
  }
  /**
   * 将订单保存到数据表
```

续表

```
 * @return String
 * @throws Exception
 */
public String save() throws Exception {
if(getLoginCustomer() != null){                          //如果用户已登录
  String code=StringUitl.createOrderCode();
  order.setOrderCode(code);                              // 设置订单号
  order.setCustomer(getLoginCustomer());                 // 设置所属用户
  Set<OrderItem> cart = getCart();                       // 获取购物车
  if(cart.isEmpty()){                                    //判断条目信息是否为空
     return ERROR;                                       //返回订单信息错误提示页面
  }
  // 依次将更新订单项中的商品的销售数量
  for(OrderItem item : cart){                            //遍历购物车中的订单条目信息
     item.setOrder(order);
     Integer productId = item.getProductId();                          //获取商品 ID
     ProductInfo product = productDao.load(productId);                  //装载商品对象
     product.setSellCount(product.getSellCount() + item.getBuyNum());   //更新商品销售数量
     productDao.update(product);                                        //修改商品信息
  }
  order.setOrderItems(cart);                     // 设置订单项
  order.setOrderState("正在处理中");              // 设置订单状态
  Double totalPrice = 0.0;                       // 计算总额的变量
  for (OrderItem orderItem : cart) {             //遍历购物车中的订单条目信息
     totalPrice += orderItem.getProductPreferentialPrice() * orderItem.getBuyNum();
  }
  order.setTotalPrice(totalPrice);               //设置订单的总价格
  orderDao.save(order);                          //保存订单信息
  session.remove("cart");                        // 清空购物车
}
return findByCustomer();                         //返回客户订单查询的方法
}
/**
 * 查询客户订单
 * @return String
 * @throws Exception
 */
public String findByCustomer() throws Exception {
  if(getLoginCustomer() != null){                                   //如果用户已登录
     String where = "where customer.id = ?";                        //将用户 id 设置为查询条件
     Object[] queryParams = {getLoginCustomer().getId()};           //创建对象数组
     Map<String, String> orderby = new HashMap<String, String>(1);  //创建 Map 集合
     orderby.put("createTime", "desc");//设置排序条件及方式
     pageModel = orderDao.find(where, queryParams, orderby , pageNo, pageSize);
  }
  return LIST;      //返回订单列表页面
 }
}
```

（9）创建验证文件 OrderAction-order_confirm-validation.xml

在包 package08.action.order 中创建验证文件 OrderAction-order_confirm-validation.xml，其中，“OrderAction”表示 Action 对象的名称，“order_confirm”表示需要验证表单的 action 属性名称。该验证文件用于验证订单确认表单控件中所输入数据的合法性，其主要代码如表 8-67 所示。

表 8-67　OrderAction-order_confirm-validation.xml 文件的代码

```
<?xml version="1.0" encoding="UTF-8"?>
<!DOCTYPE validators PUBLIC
        "-//Apache Struts//XWork Validator 1.0.2//EN"
        "http://struts.apache.org/dtds/xwork-validator-1.0.2.dtd">
<validators>
  <field name="name">
  <field-validator type="requiredstring" >
    <message>收货人姓名不能为空</message>
  </field-validator>
  <field-validator type="stringlength">
    <param name="minLength">3</param>
    <param name="maxLength">12</param>
    <message>收货人姓名长度必须在${minLength}到${maxLength}之间</message>
  </field-validator>
  </field>
  <field name="address">
  <field-validator type="requiredstring" >
    <message>收货人地址不能为空</message>
  </field-validator>
  <field-validator type="stringlength">
    <param name="minLength">9</param>
    <param name="maxLength">100</param>
    <message>收货人地址不够详细</message>
  </field-validator>
  </field>
  <field name="phone">
  <field-validator type="requiredstring" >
    <message>联系电话不能为空</message>
  </field-validator>
  <field-validator type="stringlength">
    <param name="minLength">7</param>
    <param name="maxLength">12</param>
    <message>联系电话在${minLength}到${maxLength}之间</message>
  </field-validator>
  </field>
</validators>
```

（10）创建 JSP 页面 order_top08.jsp

在子文件夹 common 中创建 JSP 页面 order_top08.jsp，其代码如表 8-68 所示。

表 8-68 JSP 页面 order_top08.jsp 的代码

```
<%@ page language="java" contentType="text/html; charset=UTF-8"
    pageEncoding="UTF-8"%>
<%@ taglib prefix="s" uri="/struts-tags"%>
<div class="site-nav">
  <ul class="fix">
    <li class="mysn"><s:a action="customer_login" namespace="/customer">登录</s:a></li>
    <li class="mycart"><s:a action="cart_list" namespace="/product">购物车</s:a></li>
    <li class="home"><s:a action="index" namespace="/">返回首页</s:a></li>
  </ul>
</div>
```

（11）创建 JSP 页面 order_bottom08.jsp

在子文件夹 common 中创建 JSP 页面 order_bottom08.jsp，其代码如表 8-69 所示。

表 8-69 JSP 页面 order_bottom08.jsp 的代码

```
<%@ page language="java" contentType="text/html; charset=UTF-8"
    pageEncoding="UTF-8"%>
<%@ taglib prefix="s" uri="/struts-tags"%>
<!-- 底部开始 -->
<div id="footer" class="w">
  <div class="layout fix user-info">
    <div class="user-name fl" id="footerUserName">当前用户:
    <span class="a">
    <s:if test="#session.customer != null">
       <s:property value="#session.customer.username"/>
    </s:if>
    </span>
    </div>
    <div class="fr"><a id="backTop" href="javascript:;" >回顶部</a></div>
  </div>
  <ul class="list-ui-a">
    <li>
      <div class="w user-login">
          <s:a action="customer_login" namespace="/customer"> 登录</s:a>
          <s:a action="cart_list" namespace="/product">购物车</s:a>
          <s:if test="#session.customer != null">
             <s:a action="customer_logout" namespace="/customer">退出</s:a>
          </s:if>
          <s:else>请先进行登录</s:else>
      </div>
    </li>
  </ul>
  <div class="copyright">Copyright© 2012-2018 m.ebuy.com</div>
</div>
```

（12）创建与设计 JSP 页面 order_add.jsp

在文件夹 WEB-INF\pages 的子文件夹 order 中创建 JSP 页面 order_add.jsp，在该页面的头部添加以下代码：

```
<%@ taglib prefix="s" uri="/struts-tags"%>
<s:set var="context_path"
      value="#request.get('javax.servlet.forward.context_path')"></s:set>
```

在 JSP 页面 order_add.jsp 的<head>和</head>之间编写如下所示的代码，引入所需的 CSS 样式文件。

```
<link rel="stylesheet" type="text/css" href="${context_path}/css/module.css">
<link rel="stylesheet" type="text/css" href="${context_path}/css/cart.css">
```

JSP 页面 order_add.jsp 顶部导航的代码如表 8-70 所示。

表 8-70　JSP 页面 order_add.jsp 顶部导航的代码

```
<div id="header" class="title-ui-a w">
    <div class="back-ui-a">
        <a href="javascript:history.back(1)">返回</a>
    </div>
    <div class="header-title">添加订单</div>
    <%@include file="/WEB-INF/pages/common/order_top08.jsp"%>
</div>
```

JSP 页面 order_add.jsp 中部的主体代码如表 8-71 所示。

表 8-71　JSP 页面 order_add.jsp 中部的主体代码

```
<div class="cart-2 w" id="shopCarSendgood">
<s:fielderror></s:fielderror>
<s:form action="order_confirm" namespace="/product" method="post" id="formorder" >
    <ul class="cart-list-2">
    <li id="other1">
    <s:textfield name="name" cssClass="input-ui-a"    maxlength="6"    id="name"
                placeholder="收货人姓名:" onBlur="if(!valDlvReceiver(0))return;"></s:textfield>
    <span id="error0" class="err-tips mt5" style="display:none"></span>
    </li>
    <li id="other2">
    <s:textfield name="phone" cssClass="input-ui-a" maxlength="11" placeholder="手机号码:"
                id="phone" onBlur="if(!valDlvRecMobile(1))return;"></s:textfield>
    <span id="error1" class="err-tips mt5" style="display:none"></span>
    </li>
    <li id="other3">
    <s:textarea name="address" cssClass="textarea-ui-a" cols="50" rows="3"    maxlength="30"
                id="address" placeholder="收货人地址:" ></s:textarea>
    <span id="error6" class="err-tips mt5" style="display:none"></span>
    </li>
    </ul>
    <div class="cate-list">
        <ul class="fix">
            <li>
                <dl>
                    <dt class="list-ui-div cur">支付方式</dt>
                    <dd style="display:block;">
                        <div class="cart3-pay-type label-bind f14" style="padding:10px 25px;">
```

续表

```
                    <p>
                    <input class="input-radio-a" type="radio" name="paymentWay"
                           value="货到付款" checked="CHECKED">货到付款</p>
                    <p><label style="filter:gray; color:gray">
                    <input class="input-radio-a" type="radio" name="paymentWay"
                           value="网上银行" >网上银行</label></p>
                    <p><label style="filter:gray; color:gray">
                    <input class="input-radio-a" type="radio" name="paymentWay"
                           value="移动 POS 机" >移动 POS 机</label></p>
                    <p><label style="filter:gray; color:gray">
                    <input class="input-radio-a" type="radio" name="paymentWay"
                           value="支付宝" >支付宝</label></p>
                    <p><label style="filter:gray; color:gray">
                    <input class="input-radio-a" type="radio" name="paymentWay"
                           value="邮局汇款" >邮局汇款</label></p>
                </div>
              </dd>
            </dl>
          </li>
        </ul>
      </div>
      <div class="btn-ui-c mt10">
      <a id="savaAddr" href="javascript:void(0);" onclick="return orderSubmit();">提交</a>
      </div>
  </s:form>
  </div>
```

JSP 页面 order_add.jsp 底部的代码如下所示。

```
<%@include file="/WEB-INF/pages/common/order_bottom08.jsp"%>
```

（13）创建与设计 JSP 页面 order_confirm.jsp

在文件夹 WEB-INF\pages 的子文件夹 order 中创建 JSP 页面 order_confirm.jsp，在该页面的头部添加以下代码：

```
<%@ taglib prefix="s" uri="/struts-tags"%>
<s:set var="context_path"
      value="#request.get('javax.servlet.forward.context_path')"></s:set>
```

在 JSP 页面 order_confirm.jsp 的<head>和</head>之间编写如下所示的代码，引入所需的 CSS 样式文件。

```
<link rel="stylesheet" type="text/css" href="${context_path}/css/module.css">
<link rel="stylesheet" type="text/css" href="${context_path}/css/cart.css">
<link rel="stylesheet" type="text/css" href="${context_path}/css/ticket.css">
```

JSP 页面 order_confirm.jsp 顶部导航的代码如表 8-72 所示。

表 8-72　JSP 页面 order_confirm.jsp 顶部导航的代码

```
<s:set value="%{0}" var="sumall"></s:set>
<s:set value="%{0}" var="saveall"></s:set>
```

续表

HTML 代码

```
<div id="header" class="title-ui-a w">
    <div class="back-ui-a">
        <a href="javascript:history.back(1)">返回</a>
    </div>
    <div class="header-title">订单确认</div>
    <%@include file="/WEB-INF/pages/common/order_top08.jsp"%>
</div>
```

JSP 页面 order_confirm.jsp 中部的主体代码如表 8-73 所示。

表 8-73　JSP 页面 order_confirm.jsp 中部的主体代码

代码

```
<div class="cart-2 w">
<s:form action="order_save" namespace="/product"   method="post" id="formorder" >
      <s:hidden name="name"></s:hidden>
      <s:hidden name="address"></s:hidden>
      <s:hidden name="phone"></s:hidden>
      <s:hidden name="paymentWay"></s:hidden>
      <s:set value="%{0}" var="sumall"></s:set>
<div class="title-sub-ui-a mt10">送货方式:配送</div>
<h4 class="mt10">客户信息</h4>
<ul class="cart-list-info-2-2 list-ui-d mt10 f14">
   <li>
      <p><span class="grayA">收货姓名:</span><s:property value="name"/></p>
      <p><span class="grayA">联系电话:</span><s:property value="phone"/></p>
      <p><span class="grayA">收货地址:</span><s:property value="address"/></p>
      <p><span class="grayA">支付方式:</span><s:property value="paymentWay"/></p>
   </li>
</ul>
<h4 class="mt10">商品信息</h4>
<ul class="cart-list-info-2 list-ui-c f14">
   <s:iterator value="#session.cart">
   <s:set value="%{#sumall +productPreferentialPrice*buyNum}" var="sumall"/>
    <s:set value="%{#saveall +productPrice*buyNum - productPreferentialPrice*buyNum}"
            var="saveall"/>
      <li>
         <div class="wbox">
            <div class="mr10" style="margin-top:32px;">
               <input type="checkbox" class="input-checkbox-a" name="checkbox_1"
                     checked="CHECKED">
            </div>
            <p class="pro-img"><span>
            <img src="${context_path}/<s:property value="imageAddress"/>"
                  alt="<s:property value="productName"/>"></span></p>
            <div class="wbox-flex">
               <p><span class="attr">编号:</span><s:property value="productCode"/></p>
               <p class="pro-name"><span class="attr">名称：</span>
               <a id="name_1" ><s:property value="productName"/>
               </a>
```

续表

```
                </p>
                <div class="count">
                    <span class="attr">数量:</span>
                    <div class="countArea">
                    <input class="count-input" type="text" value="<s:property value="buyNum"/>"
                            name="quantity" id="quantity_1" disabled="disabled">
                    </div>
                </div>
                <p>
                <span class="attr">易购价:</span>
                <span class="price">¥<s:property value="productPreferentialPrice"/></span>
                </p>
                <p>
                <span class="attr">已节省:</span>
                <span class="price">¥<s:property value="productPrice*buyNum -
                                        productPreferentialPrice*buyNum"/></span>
                </p>
            </div>
        </div>
    </li>
    </s:iterator>
</ul>
<div class="cart-ticket f14">
    <p class="wbox"><span class="cart-ticket-infotitle">商品金额</span>
    <span class="price">¥<s:property value="#sumall"/></span></p>
    <p class="wbox"><span class="cart-ticket-infotitle">优惠金额</span>
    <span class="price">¥<s:property value="#saveall"/></span></p>
    <p class="wbox"><span class="cart-ticket-infotitle bold">应付金额</span>
        <span class="price">¥<s:property value="#sumall"/></span>
        <span class="cr">（免运费）</span></p>
</div>
<div class="btn-ui-b mt10">
    <a id="PayAccounts" href="javascript:void(0);" onclick="return orderSubmit();">提交订单
</a>
</div>
</s:form>
</div>
```

JSP 页面 order_confirm.jsp 底部的代码如下所示。

```
<%@include file="/WEB-INF/pages/common/order_bottom08.jsp"%>
```

（14）创建与设计 JSP 页面 order_list.jsp

在文件夹 WEB-INF\pages 的子文件夹 order 中创建 JSP 页面 order_list.jsp，在该页面的头部添加以下代码：

```
<%@ taglib prefix="s" uri="/struts-tags"%>
<s:set var="context_path"
    value="#request.get('javax.servlet.forward.context_path')"></s:set>
```

在 JSP 页面 order_list.jsp 的<head>和</head>之间编写如下所示的代码，引入所需的 CSS 样式文件。

```
<link rel="stylesheet" type="text/css" href="${context_path}/css/module.css">
<link rel="stylesheet" type="text/css" href="${context_path}/css/member.css">
<link rel="stylesheet" type="text/css" href="${context_path}/css/base.css">
```

JSP 页面 order_list.jsp 顶部导航的代码如表 8-74 所示。

表 8-74　JSP 页面 order_list.jsp 顶部导航的代码

HTML 代码

```
<div id="header" class="title-ui-a w">
  <div class="back-ui-a">
  <a href="javascript:history.back(1)">返回</a>
  </div>
  <div class="header-title">订单详情</div>
  <div class="site-nav">
    <ul class="fix">
      <li class="mysn"><s:a action="order_findByCustomer" namespace="/product">
                我的订单</s:a></li>
      <li class="mycart"><s:a action="cart_list" namespace="/product">购物车</s:a></li>
      <li class="home"><s:a action="index" namespace="/">返回首页</s:a></li>
    </ul>
  </div>
</div>
```

JSP 页面 cart_list.jsp 中部的主体代码如表 8-75 所示。

表 8-75　JSP 页面 order_list.jsp 中部的主体代码

代码

```
<div class="mysuning w f14">
  <s:iterator value="pageModel.list">
  <div class="pbox mt10">
    <p><span class="grayA">订单编号:</span><em><strong>
        <s:property value="orderCode"/></strong></em></p>
    <p><span class="grayA">下单时间:</span>
        <s:date  name="createTime"  format="yyyy 年 MM 月 d 日  HH:mm"/></p>
    <p><span class="grayA">订单状态:</span><s:property value="orderState"/></p>
  </div>
  </s:iterator>
  <div class="pbox mt10">
    <p><span class="grayA">收货姓名:</span><s:property value="name"/></p>
    <p><span class="grayA">联系电话:</span><s:property value="phone"/></p>
    <p><span class="grayA">收货地址:</span><s:property value="address"/></p>
    <p><span class="grayA">付款方式:</span><s:property value="paymentWay"/></p>
    <p><span class="grayA">配送方式:</span>配送</p>
    <p><span class="grayA">商品金额:</span>￥<s:property value="totalPrice"/></p>
    <p><span class="grayA">优惠金额:</span>￥0.00</p>
    <p><span class="grayA">应付金额:</span><span class="price">￥
        <s:property value="totalPrice"/></span></p>
  </div>
  <div class="line"></div>
  <s:url var="first">
      <s:param name="pageNo" value="1"></s:param>
```

续表

```
    </s:url>
    <s:url var="previous">
        <s:param name="pageNo" value="pageModel.pageNo-1"></s:param>
    </s:url>
    <s:url var="last">
        <s:param name="pageNo" value="pageModel.bottomPageNo"></s:param>
    </s:url>
    <s:url var="next">
        <s:param name="pageNo" value="pageModel.pageNo+1"></s:param>
    </s:url>
    <div class="w page">
        <s:include value="/WEB-INF/pages/common/page08.jsp"></s:include>
    </div>
    <div class="line"></div>
</div>
```

JSP 页面 order_list.jsp 底部的代码如下所示。

```
<%@include file="/WEB-INF/pages/common/order_bottom08.jsp"%>
```

（15）创建与设计 JSP 页面 order_error.jsp

在文件夹 WEB-INF\pages 的子文件夹 order 中创建 JSP 页面 order_error.jsp，该页面的主体代码如表 8-76 所示。

表 8-76 JSP 页面 order_error.jsp 的主体代码

```
<body>
<%@include file="/WEB-INF/pages/common/top08.jsp"%>
<div class="info w">
    <img alt="页面出错"   src="${context_path}/images/error_img.gif">
</div>
<%@include file="/WEB-INF/pages/common/bottom08.jsp"%>
</body>
```

（16）运行程序输出结果

打开 Chrome 浏览器，在地址栏中输入“http://localhost:8080/project08/index.html”后，回车，首先显示等待加载数据的页面，等待一会后显示商品列表页面 product_list.jsp，在该页面中单击【登录】超链接打开“用户登录”页面 customer_login08.jsp，在“用户登录”页面中输入正确的用户名（如前面已注册的用户 admin8）和密码，然后单击【登录】按钮，成功登录后，返回到商品列表页面 product_list.jsp。在商品列表页面浏览商品信息，单击中意商品对应的【购买】按钮，将所选中的商品放入购物内，显示购物车页面 cart_list.jsp。然后单击【继续购物】按钮，跳转到商品列表页面 product_list.jsp，选择另一种商品。这里为了测试程序的运行，选购 2 种商品，购买数量分别为 2 和 3，如图 8-15 所示。

图 8-15　选择 2 种商品的购物车页面

2 种商品选购完成后，在购物车页面 cart_list.jsp 中单击【去结算】按钮，进入下订单页面"order_add.jsp"，在该页面输入收货人姓名、收货人联系电话、收货地址，选择支付方式，如图 8-16 所示。

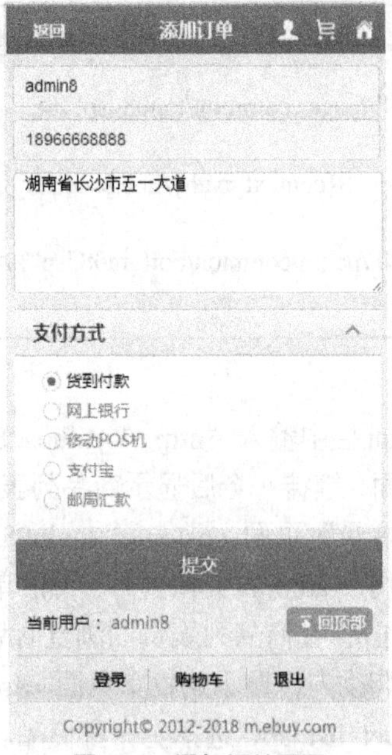

图 8-16　添加订单页面

在下订单页面中输入收货信息，选择支付方式后单击【提交】按钮，进入"订单确认"页面 order_confirm.jsp，如图 8-17 所示。

图 8-17　“订单确认”页面

在“订单确认”页面单击【提交订单】按钮，进入“订单详情”查看页面，如图 8-18 所示。在该页面单击底部的“退出”超链接即可退出当前的登录状态。

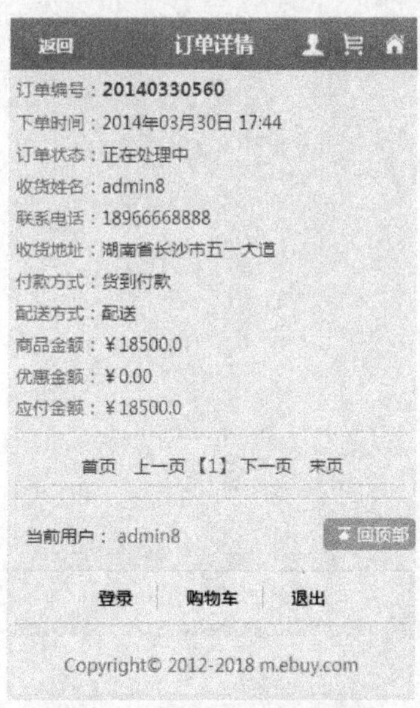

图 8-18　“订单详情”查看页面

【单元小结】

Spring是一个轻量级的开源框架，它为Java带来了一种全新的编程思想。该框架以IoC和AOP两种先进技术为基础完美地简化了企业级Web应用开发的复杂度，降低了开发成本并整合了各种流行框架。Spring框架可以成为企业级应用程序一站式的解决方案，同时它也是模块化的框架，允许开发人员自由地挑选适合自己应用的模块进行开发。Spring框架式是一个松耦合的框架，框架的部分耦合度被设计为最小，在各个层次上具体选用哪个框架取决于开发者的需要。

SSH框架就是指Struts、Spring、Hibernate这三大流行框架的集成，是以Spring框架为核心并整合Struts和Hibernate的框架组合。基于SSH框架的应用系统从职责上分为4层：表示层、业务逻辑层、数据持久层和域模块层，其中使用Struts作为系统的整体基础架构，负责MVC的分离，利用Hibernate框架对持久层提供支持，业务层使用Spring支持。

本单元主要探讨了购物网站订单功能的实现和多模块的集成，通过购物网站的前台商品信息展示与搜索模块、用户登录模块、用户注册模块、购物车模块、订单模块的分析与设计使大家熟悉了基于SSH 2集成框架的Java Web应用程序开发。

附录 岗位需求调研与课程设计

1．职业岗位的工作职责和职位要求调研

Java Web 项目开发职业岗位的工作职责和职位要求调研如下表所示。

企业名称	优讯时代（北京）网络技术有限公司	职位名称	Java Web 软件开发工程师
岗位职责	职位要求		
（1）参与 Web 网站的设计 （2）参与系统功能和架构的设计，核心代码的开发 （3）负责线上系统性能优化，系统质量保证 （4）参与团队技术架构和技术组件库的建设 （5）撰写相关文档	（1）熟练掌握 Java、JSP、JavaScript、HTML 语言 （2）熟悉 J2EE、Struts、Spring、Hibernate、Ajax、XML 等架构和技术 （3）熟悉 Eclipse、Ant、JUnit、UML 等开发工具 （4）具有 Oracle、SQL Server、DB2 等主流数据库的使用经验 （5）责任心强，具有良好的小组协作沟通能力、表达能力 （6）热爱软件开发，工作勤奋、细致、踏实、主动 （7）有社区类网站、搜索类网站、视频类网站等开发经验者优先		
企业名称	广州悦信无线科技有限公司	职位名称	Java Web 开发工程师
岗位职责	职位要求		
（1）从事 Java Web 的设计与开发 （2）按照项目计划，与项目组其他成员协同工作，在保证质量的前提下，按时完成开发任务 （3）能够改进开发技术框架和规范开发模式	（1）熟悉 Spring、Struts、Hibernate 等框架体系 （2）熟悉 SQL Server、Oracle、MySQL 等主流数据库的应用 （3）熟悉主流应用服务器，如 Tomcat 等 （4）精通 JavaScript、Div、CSS、HTML、JSP，熟悉 JQuery、Extjs 和 DWR，并有相关的开发经验 （5）熟练使用 Eclipse、Myeclipse 开发工具；熟悉常用的 Java 设计模式 （6）具有较好的沟通、团队协作和学习能力，工作认真、细致 （7）能将 PS 设计图用 Div+CSS 转换成 HTML 代码		
企业名称	北京厚石人和信息科技有限公司	职位名称	Java Web 开发工程师
岗位职责	职位要求		
（1）参与项目调研，编写软件需求说明书，设计说明书等文档 （2）参与系统设计，并按照项目设计进度要求完成编码和测试 （3）根据开发规范独立完成编码和测试	（1）精通 Java 开发语言，熟练掌握 Eclipse 开发工具 （2）熟练使用 JavaScript 和 Ajax 技术 （3）熟悉 HTML，精通 Apache、JSP、Servlet 等相关技术 （4）精通 Transaction、Security、Persistence 等机制及实现方法，熟悉 IoC、AOP、SOA 等理念及实现方法 （5）熟悉 Struts、Spring、Hibernate 等常用开发框架，熟悉 Grails 更佳 （6）有较强的分析设计能力和方案整合能力，有较强的学习能力 （7）具有良好的表达和交流能力，较强的沟通能力，富有进取心，有简单的项目管理经验 （8）具有阅读相关技术需求文档能力；具有一定的软件设计及文档编写能力		

续表

企业名称	武汉中科创新园高新技术有限公司	职位名称	Java Web 开发工程师
岗位职责	职位要求		
（1）负责公司现有产品 Web 后台代码的实现、优化和改进 （2）根据软件需求、概要设计等完成功能模块开发 （3）编写与整理相关的技术文档 （4）协助项目的测试工作	（1）精通 Web 服务器端程序开发，精通 Java、JavaBean、Servlet 和 JSON （2）熟悉 Eclipse、MyEclipse 开发环境和 MySQL 数据库开发；熟练掌握 Tomcat 服务器的配置与部署 （3）熟练使用 Struts、Spring、Hiberate 等主流开源框架 （4）熟悉 HTML、Div+CSS、JavaScript 等开发技术者优先 （5）熟悉 Linux 操作系统，了解 Shell 脚本语言者优先 （6）有良好的编程习惯及文档编写能力		
企业名称	重庆乐搜信息技术有限公司	职位名称	Java Web 开发工程师
岗位职责	职位要求		
（1）负责 Web 相关产品需求分析、系统的设计方案 （2）独立承担或参与项目需求分析、设计与实现、单元测试和文档书写等工作 （3）独立完成个人承担模块或项目的开发和测试 （4）积极参与产品、功能与技术架构的改进，积极参与相关技术的研究、技术规范的制定，提升团队技术能力	（1）精通 Java 面向对象编程，熟练运用 Servlet、JSP、JDBC；熟练掌握 Struts 2、Spring、Hibernate 等主流开发技术 （2）熟练掌握 Div+CSS 布局，熟悉 HTML、JavaScript；具有较强的 UI 接口、Ajax 设计能力 （3）至少熟练掌握 MySQL、SQLServer、Oracle、Sybase 中的 1 种数据库开发技术 （4）了解网络编程、Socket 和多线程编程，对通信协议有一定了解 （5）对开源软件技术有较深入的认识；具备优秀的分析能力，具备较好的书面表达和沟通能力，能编写清晰、规范的相关文档 （6）具备较强的学力能力，高度的责任感及进取精神，能承担较大的工作压力		
企业名称	杭州万道科技有限公司	职位名称	Java Web 开发工程师
岗位职责	职位要求		
（1）负责公司网站、产品网站及相关管理后台的程序开发 （2）配合团队其他人员开发内部使用的工具 （3）负责数据库开发及日常维护管理工作 （4）负责程序代码优化及缺陷修复	（1）具备 Web 应用开发的扎实基础，熟悉 Java 语言、JSP、Java EE、Servlet、JDBC、JavaScript、HTML、CSS、XML 等开发技术 （2）熟悉 Struts、Hibernate、Spring 等主流开发框架，熟悉 Oralce、MySQL 等主流数据库，了解 B/S 产品项目所需的各项综合技术 （3）熟悉多线程编程及程序性能调优 （4）熟悉主流网站系统架构及分层优化 （5）具有良好的团队合作精神、编程习惯，具有能够独立解决问题的能力，能够承受较大的工作压力		

2．教学单元设计

移动平台的 Java Web 实用项目开发的教学单元设计如下表所示。

单元序号	单元名称	计划课时	考核分值
单元 1	购物网站导航栏和信息提示设计	4	4
单元 2	购物网站访问量统计模块设计	6	6

续表

单元序号	单元名称	计划课时	考核分值
单元 3	购物网站商品展示与查询模块设计	6	6
单元 4	购物网站购物车模块设计	4	4
单元 5	购物网站登录与注册模块设计	6	10
单元 6	购物网站喜爱商品投票统计模块设计	10	10
单元 7	购物网站用户留言模块设计	12	10
单元 8	购物网站订单模块设计和多模块集成	16	20
综合考核		4	30
总计		68	100

3．教学流程设计

移动平台的 Java Web 实用项目开发的教学流程设计如下表所示。

教学环节序号	教学环节名称	说明
1	知识梳理	对必备的理论知识进行条理化、系统化的疏理与归纳
2	应用技巧	列出项目开发过程的应用技巧，明确关键技术的应用要点
3	环境创设	完成开发环境的配置，做好项目开发的各项准备工作
4	任务描述	描述任务目标和内容，提出具体的功能需求
5	任务实施	详细阐述项目的实施步骤和操作过程，细分为网页结构设计→网页 CSS 设计→静态网页设计→网页功能实现 4 个实施环节
6	单元小结	对本单元所学习的知识和训练的技能进行简要归纳总结

4．移动平台的 Java Web 实用项目开发的任务设计

移动平台的 Java Web 实用项目开发任务设计如下表所示。

单元序号	移动平台的 Java Web 实用项目开发任务清单	
	任务名称	任务数量
单元 1	【任务 1-1】在 Dreamweaver CS6 中创建静态网页 task1-1.html 【任务 1-2】在 Eclipse IDE 集成开发环境中创建 JSP 页面 task1-2.jsp 【任务 1-3】将多个页面组合成一个完整的 JSP 页面，并对登录页面中的信息进行处理与显示	3

续表

单元序号	移动平台的 Java Web 实用项目开发任务清单	
	任务名称	任务数量
单元 2	【任务 2-1】应用 Servlet 对象实现网站访问量的统计 【任务 2-2】应用 application 对象实现网站访问量的统计 【任务 2-3】应用 Servlet 过滤器实现网站访问量的统计 【任务 2-4】应用 Servlet 监听器实现网站在线人数的统计 【任务 2-5】应用 JSP+Servlet 技术实现网站访问量的统计	5
单元 3	【任务 3-1】创建 JSP 页面 task3-1.jsp，并在页面中动态显示商品数据 【任务 3-2】使用 JSP+Servlet+JavaBean 获取数据，并在页面中动态显示商品数据	2
单元 4	【任务 4-1】使用 JSP+Servlet+JavaBean 技术实现购物网站的购物车功能	1
单元 5	【任务 5-1】基于 Model2 模式设计用户登录模块 【任务 5-2】基于 Model2 模式设计用户注册模块	2
单元 6	【任务 6-1】基于 JSTL+JavaBean+JFreeChart 组件实现喜爱的手机品牌评选投票 【任务 6-2】基于 Struts 2 实现投票程序的国际化支持	2
单元 7	【任务 7-1】综合运用 JSP、Servlet 和 Hibernate 技术设计购物网站的留言模块	1
单元 8	【任务 8-1】基于 SSH2 的商品浏览与查询模块的设计 【任务 8-2】基于 SSH2 的用户登录模块的设计 【任务 8-3】基于 SSH2 的用户注册模块的设计 【任务 8-4】基于 SSH2 的购物车模块的设计 【任务 8-5】基于 SSH2 的订单模块的设计	5
	任务合计	21

参考文献

[1] 石川. HTML5 移动 Web 开发实战［M］. 北京：人民邮电出版社，2013

[2] 唐俊开. HTML5 移动 Web 开发指南［M］. 北京：电子工业出版社，2013

[3] 范立锋，于合龙，孙丰伟. HTML5 基础开发教程［M］. 北京：人民邮电出版社，2013

[4] Yamoo. HTML5+CSS3+jQuery 应用之美［M］. 北京：人民邮电出版社，2013

[5] 常建功. Java Web 典型模块与项目实战大全［M］. 北京：清华大学出版社，2012

[6] 卢翰，王国辉. JSP 项目开发案例全程实录（第 2 版）. 北京：清华大学出版社，2011

[7] 软件开发技术联盟. Java Web 开发实战［M］. 北京：清华大学出版社，2013

[8] 刘斌. 精通 Java Web 整合开发（第 2 版）［M］. 北京：电子工业出版社，2011

[9] 蒋卫祥，朱利华，於志强. Java Web 应用开发［M］. 北京：清华大学出版社，2010

[10] 涂刚. JSP 程序设计项目化教程［M］. 北京：电子工业出版社，2011

[11] 范新灿. 基于 Struts、Hibernate、Spring 架构的 Web 应用开发［M］. 北京：电子工业出版社，2011

[12] 王颖玲. 基于 Struts 和 Hibernate 技术的 Web 开发应用［M］. 北京：人民邮电出版社，2010

[13] 周国烛，杨洪雪. Java Web 项目开发教程［M］. 北京：机械工业出版社，2012

[14] 李明革，孙佳帝. Java Web 应用教程——网上购物系统的实现［M］. 北京：中国人民大学出版社，2011